国际专利纵览

世界主要专利机构发展动态研究

国家知识产权局专利局审查业务管理部　组织编写

图书在版编目（CIP）数据

国际专利纵览：世界主要专利机构发展动态研究/国家知识产权局专利局审查业务管理部组编. —北京：知识产权出版社，2017.1
ISBN 978-7-5130-4742-5

Ⅰ.①国… Ⅱ.①国… Ⅲ.①专利制度—研究—世界 Ⅳ.①G306.3

中国版本图书馆 CIP 数据核字（2017）第 017712 号

内容提要

本书从专利审查员的独特视角，观察了美国、欧洲、日本、韩国等国家和地区的专利制度发展，以及国际热点的最新发展动向，是研究国际专利体系发展的最新成果。

本书对创新主体市场拓展、企业专利管理和海外专利布局等工作能有所启发，能为建设世界一流审查机构提供参考借鉴，进而助力知识产权强国建设。

读者对象：企业及研究机构专利管理人员、专利行政管理人员

责任编辑：黄清明　　　　　　责任校对：潘凤越
装帧设计：刘　伟　　　　　　责任出版：刘译文

国际专利纵览

世界主要专利机构发展动态研究

国家知识产权局专利局审查业务管理部　组织编写

出版发行：知识产权出版社有限责任公司	网　　址：http://www.ipph.cn
社　　址：北京市海淀区西外太平庄 55 号	邮　　编：100081
责编电话：010-82000860 转 8117	责编邮箱：hqm@cnipr.com
发行电话：010-82000860 转 8101/8102	发行传真：010-82000893/82005070/82000270
印　　刷：北京嘉恒彩色印刷有限责任公司	经　　销：各大网上书店、新华书店及相关专业书店
开　　本：720mm×960mm　1/16	印　　张：19.75
版　　次：2017 年 1 月第 1 版	印　　次：2017 年 1 月第 1 次印刷
字　　数：372 千字	定　　价：76.00 元
ISBN 978-7-5130-4742-5	

出版权专有　侵权必究
如有印装质量问题，本社负责调换。

前　言

2015年12月，国务院第71号文件《关于新形势下加快知识产权强国建设的若干意见》发布，该文件是对"十三五"期间知识产权工作的重大部署，是我国知识产权事业未来发展，特别是知识产权强国建设的重要依据和行动指南。文件中明确提出了"加快建设世界一流专利审查机构"，为国家知识产权局专利审查工作的发展指明了目标和方向。

随着深化改革和经济转型升级的步伐逐步加快，创新驱动发展战略的深入实施，大众创业和万众创新局面的形成，知识产权在经济活动中的地位和作用日益加强，我国的专利申请数量持续快速增长。自2011年以来，国家知识产权局专利申请的受理量已连续五年位居世界第一，成为名副其实的专利大局。与此同时，国家知识产权局积极参与审查业务的国际合作，在国际专利体系中的地位和作用也明显加强。"建设世界一流专利审查机构"目标的提出，为国家知识产权局在专利审查领域由大到强的发展指明了方向。在实现这个目标的过程中，我们需要知晓"世界一流审查机构"的标准，这就需要了解"世界"，明晰"一流"。

国家知识产权局的专利审查员是一个有活力、有朝气、有热情的群体，因为知识产权事业的快速发展而与专利结缘，加入到专利审查队伍中。在保质保量完成专利审查工作的同时，这个群体中的一些同志非常关注国际专利环境的发展变化，工作之余对国际专利制度、世界主要专利机构的最新动态进行追踪研究，并形成了一些研究成果。

本书汇集了从专利审查员对于国际专利体系最新发展的研究成果中精选出来的论文30篇，这些文章从专利审查员的独特视角观察了美国、欧洲、日本、韩国等国家和地区的专利制度发展以及国际热点的最新发展动向。希望本书的内容能使读者了解到专利体系的最新发展以及世界主要专利机构的最新动向，能对创新主体市场拓展、企业专利管理和海外专利布局等工作有所启发，为建设世界一流审查机构提供参考借鉴，进而助力知识产权强国建设。

目录

第一部分 美国动态/美国问题研究

美国专利制度的变革与创新 …………………………… 刘　建 / 003
美国专利保护客体问题的研究 ………………………… 王　瑞 / 018
美国继续申请制度介绍及其思考 ……………… 孙　洁　董统永 / 027
后 AIA 时代的美国专利审判上诉委员会（PTAB）
　　后审程序 ……………………………………………… 刘伟林 / 036
美国专利商标局卫星局建设最新进展 … 俞翰政　刘天佐　赵　洁 / 045
美国专利商标局质量提升计划介绍 …………………… 赵　爽 / 055

第二部分 日本见闻/日本问题研究

海牙体系在日本的建立与实施 ………………………… 张　咪 / 063
日本大学何以培养出具有高度实践力的
　　知识产权专业人才 …………………………………… 张　咪 / 078
试论中小企业知识产权一站式综合服务中心的创设 …… 屠　忻 / 091
日本侵权及申诉程序介绍 ……………………………… 李　梅 / 100
日本知识产权现状及对我国复审无效工作的启示 …… 宋晓晖 / 110

由一件日本判例看申请日后提交实验数据的
　　专利审查 ………………………………………… 王扬平 / 118
浅析中日两局医药化学领域新颖性和创造性
　　评判标准 …………………………………………… 黄　嘉 / 124
日本专利法审查实践中关于权利要求撰写的要求 ………… 王扬平 / 133
浅谈日本局的检索外包 ………………………… 严嬿婉　孙　迪 / 143

第三部分　欧洲风云/欧洲问题研究

欧洲统一专利制度的创建及发展 ……… 史　冉　李　奉　方　华 / 155
芬兰专利审查制度变革与实践 ………………… 刘　建　范文扬 / 171
西班牙专利法改革及影响 ……………………… 焦红芳　李　龙 / 181
欧洲软件专利保护现状分析 ………………………………… 吴江霞 / 189
中欧公开不充分审查标准比较研究
　　………………… 王荣霞　赵永辉　范文扬　孙　洁 / 196
浅谈 ISO 9001 质量管理体系对欧洲专利局的影响
　　………………………………………………… 边钰涵 / 208
浅析美欧日韩外部反馈机制 ………………………………… 李是珅 / 216

第四部分　韩国近况/韩国问题研究

中日韩对于修改的审查之异同分析
　　………………… 张　靳　蒋世超　吴　立　王　红 / 227
中日韩无效宣告制度、业务流程的比较及启示 …………… 熊　洁 / 242
韩国知识产权局特色审查服务介绍及启示 ……… 李　龙　焦红芳 / 252
KIPO 最新专利审查动态介绍 ……………………………… 孙　洁 / 259

第五部分 其他热点/其他热点研究

透过外观设计法条约的制定看外观

    设计制度趋势 …………………………………… 王美芳 / 269

各国商业方法专利制度解析及对我国相关行业的建议 …… 武文琛 / 278

现行动物疾病诊断与治疗方法评判标准在水产养殖动物

    领域适用情况的评析 …………………………… 廖雅静 / 285

如何高效利用专利审查高速路进行海外专利布局

    ………………………………………… 谢青轶　扈智静 / 295

第一部分
美国动态/美国问题研究

美国专利制度的变革与创新

机械发明审查部　刘　建

摘　要：2011年9月16日，奥巴马总统正式签署了《美国发明法案》，美国建立现代专利制度60多年以来的最大变革终于得以实施。《美国发明法案》包括实体和程序多个方面的改革，本文重点对保护客体、发明人先申请制及授权后程序3个方面进行阐述，并分析这些变革与创新对完善我国专利制度的启示和建议。

关键词：美国发明法案　保护客体　发明人先申请制　授权后程序

相比其他国家，美国专利体系有很多独特之处，但与各国相同的是，美国不断调整其专利制度的核心内容，如保护客体、新颖性、创造性、实用性等。因此，了解美国专利制度的变革与创新，可为完善我国专利制度提供参考和借鉴。

一、美国专利制度的历史沿革

美国在建国之初就认识到专利制度会对经济发展产生巨大影响，由其制宪精英们在第一部《宪法》第1条中写入"为了鼓励科学和实用工艺的进步，给予作者及发明人对其作品和发明享有限定年份的专有权"。从此，美国人以他们对专利制度的独特见解和认识，开启美国两百余年的专利制度变革史。

1790年，美国国会依据《宪法》制定了历史上第一部专利法即《实用技术促进法》，同时成立由国务卿、司法部长和国防部长组成的专利委员会对专利申请进行审查。虽然参考了1624年英国的垄断法，但美国第一部专利法对于专利申请的授权持非常慎重的态度，并未沿袭宗主国的登记制度，而是设置了实质审查制度。

1793年，由于专利委员会的组成人员国务卿、司法部长和国防部长工作繁忙，难以应付费时费力的专利审查工作，美国专利申请人对专利审批缓慢深表不满，原来的实审制变成了登记制。

1836年，由于登记注册的专利存在大量质量问题，权利冲突引起的权属纠纷和抄袭欺诈而诉至法院的案件日益增多，美国重新恢复专利申请的实质审查，成立联邦专利局，并制定了世界上第一部专利分类法。

1850年，联邦最高法院 Hotchkiss v. Greenwood 的判例[1]，历史性地引入一项发明不仅应该是新的和有用的而且必须是非显而易见的这一概念，只有符合这三个条件才能取得专利权。

1952年，美国将多年积淀的判例成文化，形成《美国法典》第35篇，搭建了现代专利制度的基本框架，在成文法中第一次规定了授予发明专利权的要求不仅仅是新颖性和实用性，还包括非显而易见性。

1982年，美国成立联邦巡回上诉法院，统一管辖专利侵权案件以及对专利商标局的决定不服而起诉的案件。该法院的成立对专利权的保护具有显著的影响。

1993年后美国主导推动了《与贸易有关的知识产权协议》（TRIPS协议），对知识产权执法标准和程序加以规范，并将违反协议规定直接与经济制裁挂钩，强行提高了世界知识产权保护的水平。

美国在强化专利保护力度和范围的同时，其自身也面临专利申请积压、劣质专利充斥和专利滥诉遍布等困扰。美国各界不断呼吁改革专利制度，改革法案呼之欲出。

自2005年第109届国会提出专利改革法案以来，历经4届国会，长达6年之久以后，美国总统奥巴马最终于2011年9月16日签署《美国发明法案》。这标志着美国建立现代专利制度60多年以来的最大变革终于得以实施。

《美国发明法案》共37条。它的提出导致《美国专利法》大幅修改，总计修改法条74条，其中，废止4条，重新撰写18条，新增17条。

二、美国专利制度的变革与创新

《美国发明法案》包括实体和程序多个方面的改革，本文仅对保护客体、发明人先申请制及授权后程序3个方面进行阐述，分析这些变革与创新对我国专利制度的启示，并提出相关改进建议。

（一）专利保护客体的扩张与限缩

美国认为，为投资和研究提供适当激励的最好办法就是保证专利保护客体的广度而不是过于严格。因此，《美国专利法》没有明确规定哪些主题不能授予专利权，第101条是从正面规定了什么样的主题可以授予专利权："凡发明和发现任何新颖而实用的方法、机器、产品、物质合成，或其任何新颖而实用之改进者，可按本法所规定的条件和要求获得专利。"此外，《美国专利法》第100条（b）对"方法"进行了定义，包括流程、工艺、步骤以及产

---

[1] Hotchkiss v. Greenwood, 52 U.S. 11 How. 248 (1851).

品、机器和组合物的新用途。根据上述规定几乎任何发明都可以获得专利保护，即"阳光下人所制造出来的一切东西"都可以授予专利权。联邦最高法院仅通过判例提出3种不授权的例外，即自然规律、物理现象和抽象观念。

受到美国文化传统的影响，为鼓励新兴技术的发展，其他国家还在观望、犹豫的时候，美国总会在第一时间通过立法和司法判例将一些新兴技术形式纳入知识产权的保护范围。在产业不断发展成熟、专利对相关产业及人们的正常生活带来不利影响时，则会通过判例加以调整和限制。

1. 商业方法保护范围以经济利益为中心不断调整

如图1所示，1978年，由于美国计算机软件产业尚未发展起来，联邦最高法院在 Parker v. Flook❶ 案中以申请方法的新颖、有用之处仅在于公式或运算法则为由，判定计算机软件不可获得专利权。

```
1978年          1998年             2010年      2011年    2014年
───┼──────────────┼────────────────┼──────────┼──────────┼────────→
Parker v. Flook  State Street Bank  Bilski     AIA       CLS Bank
运算法则         数学公式产生有用    抽象概念              抽象概念
×                具体、确实的结果    ×                     ×
```

(×表示不授予专利权，下同)

图1 涉及商业方法的历年判例

随着计算机及网络信息技术革命的到来，1998年，联邦最高法院在 State Street Bank❷ 一案的判决中强调只要数学公式产生"有用、具体、确实的结果"，就可以获得专利权。这显然突破了 Parker v. Flook 一案的基本框架。

State Street Bank 案揭开了美国商业方法专利保护的序幕，带来了其商业方法专利在美国乃至全球范围内的10年扩张。然而，由于没有建立有效的商业方法专利数据库，同时缺乏熟悉商业方法的审查员，造成检索困难，美国专利局授予了大量质量较低、缺少实质价值的专利。其后果是许多金融机构饱受"专利蟑螂"恶意诉讼的困扰，专利诉讼和交易成本的增加已经威胁到行业发展，阻碍创新。据统计，美国专利商标局（USPTO）颁发的涉及商业方法专利占2011年USPTO颁发的所有专利的近20%。❸ 在这样的背景下，2010年，联邦最高法院9位大法官一致同意，Bilski 案所主张的专利方法属于

---

❶ Parker v. Flook, 437 U. S. 584, 593 (1978).

❷ 149 F. 3d 1368; 47 U. S. P. Q. 2D (BNA) 1596. State Street Bank 案涉及一套系统，该系统授权金融人员监控和记录财务信息当中的错误并进行所有必要的计算，来支持合作基金金融服务体系。

❸ 联邦最高法院将许多软件专利拒之门外[EB/OL]. http://www.ipr.gov.cn/guojiiprarticle/guojiipr/guobiehj/gbhjnews/201406/1825364_1.html.

不可专利的抽象概念。❶

2014年6月19日，联邦最高法院在 Alice Corp v. CLS Bank 案❷判决中再次指出：不是所有使用软件或者通过计算机运行的对象都具备专利资格。抽象概念不会简单地因其要使用计算机才能实施而具有专利资格。

在美国国内商业方法专利的质量问题以及专利滥用日渐突出的背景下，《美国发明法案》第18条制定了一项质疑与金融服务及产品相关的商业方法专利有效性的特殊复审程序。该条款2012年9月16日开始生效，有效期为8年。根据这条规定，被指控对"所涵盖的商业方法专利"构成侵权的当事方可以向 USPTO 提起特殊的复审请求，理由不限于《美国专利法》第102条和第103条的新颖性和创造性，证据也不限于公开出版物，并要求法院在此复审期间中止专利侵权诉讼。❸ 截至2014年3月，美国专利审判与上诉委员会受理140件涉及商业方法的特殊复审案件，均是判决专利权无效，虽然生效日期尚短，但实际效果已经显现。

2. 生物技术领域趋向于平衡公众利益与个人利益

美国生物技术专利保护采取了相比商业方法更加积极、开拓性的探索，建立了强有力的生物技术知识产权保护体系，在世界上首开许多生物新技术保护判例。生物技术专利保护的扩张有效地促进生物技术的研究与开发，使美国成为许多现代生物高新技术的源头，拥有大量自主知识产权，掌握巨大价值的无形资产。

如图2所示，1873年，给 Louis Pasteur 授予世界上第一项微生物专利"从有机体病菌分离的作为一种制成品的酵母"。

1873年	1930年	1980年	1987年	2011年	2013年
Louis 首个微生物专利	植物专利法	Diamond v. Chakrabarty 基因技术可专利	哈佛鼠 转基因动物	AIA	Myriad 分离DNA ×

图2 涉及生物技术的历年判例

1930年，国会通过植物专利法案，开启世界上授予植物育种者专利权的立法先河。

---

❶ 545 F. 3d 943, 88 U. S. P. Q. 2d 1385. Bilski 案涉及一种通过对冲以降低商品贸易价格波动风险的方法。

❷ 110 U. S. P. Q. 2d 1976, 2014. 该案中专利权人 Alice Corp 取得的美国专利，涉及能够确保完善的在线证券销售流程的电子托管服务。通过这项服务，买方将所需支付的款项支付给电子托管服务，卖方将出售的证券转移给电子托管服务，随后持有托管物品的第三方将款项转交给卖方并将证券转交给买方，这时交易完成。

❸ 与我国专利制度不同，美国法院的侵权诉讼不会因美国专利商标局的授权确认案件而中止。

1980 年，联邦最高法院在 Diamond v. Chakrabarty 案❶的判决中认为，由遗传工程产生的微生物不排除在《美国专利法》第 101 条的专利保护范围之外，判决打开了基因技术可被授予专利权的大门。

1987 年，专利申诉与抵触委员会裁定动物属于《美国专利法》第 101 条规定的保护主题，授予了世界上第一项遗传工程技术改造的动物新品种即哈佛鼠专利。

对生物技术的过度保护导致该领域的专利申请量越来越多。截至 2012 年 8 月，美国有近 5 000 项专利与人体基因有关。从全世界范围来看，约 20% 的人类基因已被申请专利。❷ 由此专利纠纷也水涨船高，对整个生物技术产业带来了不利影响，阻碍了生物技术的后续创新，甚至影响了医生利用科学信息对病人进行有效治疗。Myriad 案❸正是这期间出现的典型案例。Myriad 公司发现与乳腺癌有关的 BRCA1 和 BRCA2 基因，取得专利后，他人想要使用该基因进行对比检测，必须向其支付高昂的许可费。并且该公司强行在全世界推广该基因诊断，甚至要求受试者必须把所有血样送到美国盐湖城的公司实验室。从这些行为来看，该公司对该基因的使用对后续研发造成了阻碍作用，该公司本身利益虽然得到了保障，公众的生命健康却受到了损害。

2013 年 6 月，联邦最高法院为衡平公众利益与个人利益的冲突，判决 Myriad 公司分离 DNA 不可授予专利。联邦最高法院认为分离 DNA 为未经人为创造修改的信息，即使其分离过程工程浩大，发现本身并不能满足第 101 条的要件。

在这样的背景下，《美国发明法案》改变了数十年来业界对可受专利保护的对象的固有认识，规定"涉及人体组织或包含人体组织的申请不授予专利"。USPTO 也相应修改审查指南，认定分离的 DNA 不具专利适格性，而非自然存在的核酸例如 cDNA（移除非编码片段的内含子）或者已被改变了的核酸除外。

（二）先发明制转向发明人先申请制

从世界各国专利审查实践来看，存在两种专利权授予原则：一是先申请原则，以申请先后为准，只对最先提出申请的申请人授予专利权。二是先发明原则，以发明先后为准，对最先完成发明的发明人授予专利权。目前，世界上绝大多数国家采用先申请原则。加拿大和菲律宾也曾采用过先发明原则，但因为在落实先发明原则的过程中，解决谁是真正的"在先发明人"的程序

---

❶ Diamond v. Chakrabarty, 447 U. S. 303, 206 U. S. P. Q. （BNA） 193 （1980）.
❷ Open Source Biotech [EB/OL]. [2013-08-15].
❸ 689 F. 3d 1303, 1343 （Fed. Cir. 2012）.

非常复杂，所以这两个国家分别于1989年和1998年改为采用先申请原则。

2013年3月16日，《美国发明法案》中最主要的变革"发明人先申请制"付诸实施。美国作为世界上唯一实施先发明制的知识产权大国，为与世界知识产权制度趋于一致，从先发明制转向发明人先申请制，这既是美国各利益相关方相互妥协的结果，也是美国专利制度发展的必然趋势。

1. 先发明原则

先发明制的核心就是确定谁是第一个完成发明的人。先发明制，发明日是事实上的关键日，因此判断一个申请是否发明在先，是美国专利审查中的一个重要问题。在专利审查过程中，由于申请日比发明日更容易确定，因此审查员在没有证据表明何日为发明日的情况下，首先假定申请日为发明日，以此确定《美国专利法》第102条的现有技术。

围绕着"先发明原则"，法院创造出了一系列的制度来确认"先发明"。虽然复杂但美国司法界基于平衡发明人和社会公众的利益，认为这样的诉讼成本是值得的。根据本申请相对于对比文件发明在先还是相对于其他发明在先，在专利审查中主要有两种程序涉及在先发明审查，一种是在审查员使用现有技术或抵触申请的对比文件对申请人的申请作出拒绝时，申请人可以提交宣誓书或宣言证明自己的申请相对于审查员的对比文件属于发明在先。另一种情况，当本申请与他人的申请发生先发明权的争议时，由专利申诉与抵触委员会对涉及争议的各方中哪一方是发明在先进行审理。两种程序虽然在具体程序和实体方面若干不同，但是基本上都通过两种方式主张发明在先，一种是证明自己首先将发明付诸实践，从而将发明日追溯到实际付诸实践日，另一种是证明自己在先形成发明构思，并有适当勤勉，从而将发明日追溯到发明构思日。

"先完成发明者"的认定极其不易，发明人必须记录其完整的发明活动，以确立构思及实施日。为此美国专利商标局设置了文件公开程序（Disclosure Document Program），从发明产生那天起两年之内对公开文件进行保存。公开程序提供了一种比人工邮件保密更加可靠的证明发明产生的证据。

2. 发明人先申请制

《美国专利法》第102条（a）规定："发明人应享有专利权，除非

（1）主张权利的发明在其有效申请日之前已经获得专利，在出版物中已有描述，或者公开使用、销售或者以其他方式为公众所知；或者

（2）主张权利的发明在根据第151条所授予的专利中，或者在根据第122条（b）而公开的专利申请中已有描述，该专利或专利申请的署名为其他发明人，且在该主张权利的发明的有效申请日之前已经有效提出申请。"

与先发明制的新颖性判断条件相比，现第102条发生了如下根本性变化：

（1）现有技术有效日从发明完成日调整为有效申请日，由专利授予最先作出发明的申请者转向专利授予最先申请专利的发明人，这是本次美国专利法改革最重要的内容。

（2）现有技术的地域性，由原来的相对新颖性标准修改为绝对新颖性标准，也就是说全世界范围内的任何形式公开都可以构成现有技术。

（3）第102条（b）的抵触申请规定中，删除多年来一直违反《巴黎公约》成员国的义务并备受指责的希尔默原则，即PCT申请必须指定美国并以英文公开才能享受优先权的要求。

（4）"抵触程序"改为"溯源程序"。虽然由先发明制改为先申请制，但是《美国发明法案》为强调专利原创的重要性，创建了溯源程序，以确保发明人资格能够得到必要的更正，即为了确保首先提交专利申请的人是真正的发明人，被遗漏的发明人可以通过提交自己的专利申请，包含与已有专利申请完全相同（或几乎完全相同）的权利要求，然后请求USPTO启动溯源程序。

3. 先申请制对先发明制的保留——披露在先例外原则（First-to-Disclose Exception）

美国国会的报告中提到："委员会认识到，美国应当转向发明人先申请制，但委员会也承认，如果考虑到发明与研发的本质，那么严格的先申请制之中所固有的那些限制可能显得过于严厉。"[1] 为保证发明人有足够的时间对发明的商业潜力进行评估，消除发明人有意或无意泄露而使其他人获利的担心，《美国发明法案》改为先申请制后，仍然保留了宽限期的相关规定，并在新瓶装旧酒的同时扩大了适用条件。

《美国专利法》第102条（b）规定：发明人在其申请日之前1年内所作的披露不属于现有技术；或者，发明人与他人于申请日之前1年内均有披露，但发明人的披露早于他人的披露的，则他人的披露也不属于现有技术。

可见，这一规则使得美国专利法并未完全实行"先申请制"，实际上采取了一定期限内的"披露在先"原则。也就是说，若发明有效申请日前1年内为他人披露，但在此之前，发明人已经率先披露完全一样的发明内容，可援引该例外条款，提交宣誓书指出发明人的披露日期，并附公开披露文献复本或详述相关细节，证明其自身为实际发明人。

下面通过一个假设的案例（图3）来观察中美专利法的不同处理结果，以更好地理解美国披露在先例外原则。

---

[1] H. R. REP. No. 110-314, at 57-58, 转引自 Joe Matal. A Guide to the Legislative History of the America Invents Act, 21 Fed. Cir. B. J.

```
2013年4月1日    2013年6月1日    2013年7月1日  2013年8月1日   2013年9月1日
    |               |              |             |              |
────┼───────────────┼──────────────┼─────────────┼──────────────┼────────▶
甲完成一项发明    甲披露发明    乙完成相同发明   乙提出申请      甲提出申请
```

图3　假设过程

假如甲于2013年4月1日完成一项产品发明之后未及时申请专利，但他在2013年6月1日的一次学术会议上披露了该产品发明；乙于2013年7月1日也独立完成了相同的发明，并在2013年8月1日提出专利申请；甲在2013年9月1日也提出了专利申请。

如果该案发生在美国，根据《美国专利法》第102条（b），甲的申请在后，但因其披露在先，故只要其在披露自己的发明之后1年的宽限期内提出专利申请，甲可以获得专利权，而无论乙的申请是否在其之前。

如果该案发生在中国，根据中国《专利法》第9条的先申请原则，乙的专利申请早于甲的申请，故甲不能获得专利；再根据《专利法》第22条关于新颖性以及现有技术的规定，甲在乙的申请日之前所作的披露构成现有技术，故**乙也不能获得专利**。

4. 先发明制转向发明人先申请制的原因分析

（1）降低了最先发明人公开发明的风险

对于最先发明人来说，是否先申请并不重要，即使他人以同样的发明先提出申请或已取得专利，但只要能够证明自己是最先发明人，并且未放弃、压制或隐匿该项发明，最先发明人最终仍可取得专利。

（2）判断谁最先作出发明程序复杂

抵触程序，当事人经常要在较长时间内投入很大的精力应对发生的纠纷，同时为了应对可能产生的纠纷，发明人在完成发明创造的过程中需要随时注意保留能够证明自己最先作出该发明的证据，这增加了科研人员的负担，并使获得的专利权变得不够稳定。发明人必须记录其完整的发明行为，以确立构思及实施日，从而认定较早的发明日，而"合理勤勉"的判断，无法建立一个客观的标准，需视不同案件而定。而且，放弃、压制、隐匿发明属于主观判断，并无法律规范。总之，在争议程序和诉讼程序中，这些要素的确定是个非常复杂的事实认定过程，对争议当事人的证据能力要求也颇高，由此导致维权成本高昂效率低下。

（三）增加和调整授权后程序

《美国发明法案》对授权后程序进行了增加和调整，一是增加补充审查程序；二是将"双方再审"改为"授权后复审"和"双方复审"。

1. 增加补充审查程序

USPTO 在其《专利法实施细则》第 56 条中规定，与专利申请的提交以及审查相关的任何个人，均承担坦诚及诚实披露义务，包括向 USPTO 披露其已知晓的所有对专利性具有实质性影响的信息的义务。如未能履行其坦诚及诚实披露义务，即构成不正当行为（Inequitable Conduct）。司法实践中，不正当行为主要包括：一是未能提交申请人所知晓的实质性的现有技术；二是未能就外文参考文献提供解释或者未能提交该文献的全部或者部分译文；三是错误的事实陈述，包括在涉及专利性的证言中作出虚假陈述；四是对发明的错误描述等。被诉侵权人只要证明专利权人故意对信息予以隐瞒或者虚假陈述，并且该信息是实质性的，即可以认定存在不正当行为，以专利权不可实施判定无效。因此，在美国的专利诉讼中，不正当行为是一项极其常见并且十分有效的侵权抗辩策略。

考虑到申请人在审查过程中难免存在瑕疵，因此，《美国发明法案》在申请案授权后增加了补充审查程序（见图 4），规定在专利授权后专利权人仍有机会更正在专利审查过程中所犯的疏忽或错误，以此来规避专利可能被裁定不可执行的危险。

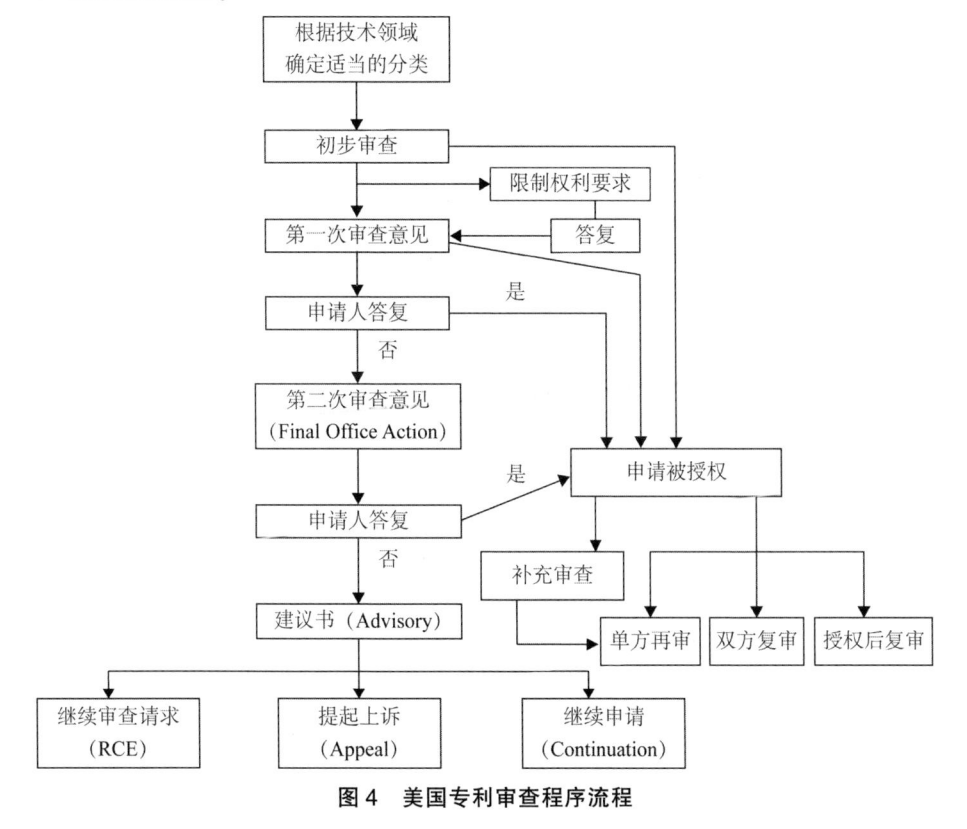

图 4 美国专利审查程序流程

具体实施中,《美国发明法案》第 12 条允许专利权人依据《美国专利法》第 257 条的规定向 USPTO 申请补充审查,以此来更新或者重新考虑与专利相关的资料。USPTO 在收到此类申请的 3 个月内,要求证明文件包括现有技术、背景资料、国外审查情况以及相关诉讼资料来显示该申请是否提出了一个重要的可专利性的新问题。如果批准补充审查申请,专利局将根据单方再审程序(Ex Parte Reexamination)重新审查。因此,补充审查为消除审查过程中发现的错误或者疏忽情况提供了有效的工具,从而避免专利在诉讼中因不正当行为而被判不可执行。2013 年,USPTO 共受理 33 件补充审查请求。❶

2. "双方再审"改为"授权后复审"和"双方复审"

授权后的复审程序,是真正意义上的专利监督程序,此程序旨在全面监督完善授权后专利的质量。授权后专利权人自己对专利进行完善,例如补充审查制度、再颁制度等,这些只是自我完善,就像每个人看自己总是没有他人站在旁观者的眼光来得全面和准确,容易有先入为主的印象,而授权后复审的监督是第三人针对竞争对手的专利而提出的,势必会竭尽所有力量去搜集能使对方专利无效的证据。虽然第三方的目的不是监督而是为了企业自身的利益,但是这样的监督是全面的,在整个监督程序中起着关键的作用。

(1) 授权后程序的发展脉络

1836 年联邦专利局成立以来,其对专利权的管辖限定于专利授权之前。而专利一旦授权,其效力争议只能在法院的侵权诉讼中予以确认。

由于专利诉讼流程耗时多、成本高,为了能够更加快速、高效地解决专利质量问题,1980 年美国专利法设立"单方再审程序"(Ex Parte Reexamination)。由此,在美国挑战专利的有效性既可以通过专利诉讼的司法程序进行,也可以通过单方再审的行政程序来解决。

由于单方再审程序自身的缺陷,即无法让再审请求人充分参与整个过程,1999 年,美国国会通过"双方再审程序"(Inter Partes Reexamination),允许第三方请求人参与到审理过程中并可以提出上诉。

单方再审和双方再审程序设立的目的就是为了在社会公众辅助下对已授权专利是否符合相应的规定进行再次审查,弥补授权机构资源和能力的不足,以防止不当授予的专利权对自由竞争的消极影响和对技术进步的不当阻碍。这两种程序在设立初期都起到过积极作用,但在实践中也暴露出了一系列问题:

一方面,单方再审和双方再审程序的审查范围非常有限,只包括公开出版的现有技术,而公开销售或使用行为不是提出再审的审查范围;

---

❶ 2013 财年美国专利商标局年报 [EB/OL]. http://www.uspto.gov/about/stratplan/ar/USPTO-FY2013PAR.pdf.

另一方面，由于单方再审和双方再审程序均由原审查部门（3人审查小组）进行审理，对USPTO作出的再审决定后不服的可以上诉至"专利上诉及抵触委员会"，可见，两个程序都要历经两轮行政裁决，并没有实现行政机构高效便捷处理案件的目标。

（2）取消双方再审程序，增加"双方复审"和"授权后复审"的原因分析

一方面，随着专利申请量和授权量飞速增长，美国专利整体质量无法保证，由此产生的专利诉讼也日益增多，并且专利侵权诉讼的成本也非常高。原来设置的单方再审和双方再审程序并未起到减少诉讼、降低成本的作用，截至2012年6月30日，官方记录中有10 755件单方再审及1 433件双方再审请求。[1]

在此背景下，美国希望将挑战专利有效性的中心从法院转移到USPTO，利用行政机关便捷、高效的程序将专利纷争有效分流并快速解决，更好地维护权利人的权益并为自由竞争创造良好的环境，提高效率和降低成本。为此，《美国发明法案》中对其自身的专利授权后程序进行了新的探索，保留单方再审，取消双方再审程序，并增加两个新的程序——"双方复审"（Inter Partes Review，IPR）和"授权后复审"（Post-Grant Review，PGR）。

另一方面，与专利法国际协调趋势相一致是美国在此次改革中的主要目标。因此，美国在授权后程序中借鉴了欧洲相关制度，《欧洲专利公约》第99条规定：在授予欧洲专利9个月内，对任何人均可向欧洲专利局对其所授权的专利提出异议；第100条进一步规定：异议请求理由包括保护客体、新颖性、创造性、实用性、充分公开、超范围等全部无效理由。

美国新增的授权后复审程序就是借鉴了上述的欧洲专利异议程序，同样规定在专利权被授予之后9个月内，在专利权人还没有花大量的时间金钱成本投入市场时，刚被授予的专利权如果存在瑕疵，鼓励第三方尽快地对专利的有效性提出质疑，促使申请人以最快的速度和最认真的态度去收集信息。一旦错过这个时间就不可以再利用此程序对专利的有效性提出质疑。

与授权后复审程序相比，双方复审程序是在专利权被授予9个月后，审理的范围也限于使用公开出版物挑战专利的新颖性和创造性。

新的授权后程序的特点如下：

①诉讼费用较低，授权后复审和双方复审程序约30万到50万美元，这比联邦地区法院的专利诉讼动辄上百万美元的预算划算多了。

②程序的周期缩短，虽然还是需要1年左右，相比联邦地区法院平均3年诉讼周期已经是一个巨大的进步。

---

[1] 载于http://www.patentspostgrant.com/post-grant-review，2014年8月25日最后访问。

③审理机构专业化，授权后复审和双方复审程序的审理机构由专利商标局改为审判与上诉委员会，负责裁决的都是具有专业和法律背景的法官。

④无效的成功率高，根据《美国专利法》，在联邦地区法院的专利诉讼中，采用的是"清楚且具有说服力的证据"标准，而在授权后复审和双方复审程序中使用"优势证据"原则，即当事人对于专利有效性的主张所提供的证据，足以让承审法官形成认为大于 50%的概率支持当事人主张的心证，则承审法官即可判决该当事人胜诉。

《美国发明法案》设定的 3 种授权后程序如表 1 所示：

表 1　《美国发明法案》设定的 3 种授权后程序

	单方再审 （Ex Parte Reexamination）	授予后复审 （Post-Grant Review，PGR）	双方复审 （Inter Partes Review，IPR）
提交期限	授予后	授予后 9 个月内 （申请日在 2013 年 3 月 16 日后）	授予后 9 个月后
受理条件	实质性新问题	无效可能重要法律问题	成功的合理可能性
匿名与否	是	否/专利权人外任何人	否/专利权人外任何人
审查机构	审查部门	审判与上诉委员会	审判与上诉委员会
证据形式	书面审查	听证会和证据发现	听证会和证据发现
审理周期	3 年（平均）	1 至 1½ 年	1 至 1½ 年
规费（美元）	12 000	35 800~89 500	27 200~68 000
上诉	仅专利权人可向抵触委员会，联邦巡回法院上诉	双方都可以向联邦巡回法院上诉	双方都可向联邦巡回法院上诉

三、美国专利制度变革的动因分析

（一）迎合自身技术发展，力求经济利益最大化

美国虽然不是建立专利制度最早的国家，但是两百多年的发展，美国专利制度经过多次修改与补充，形成了当今世界上最完备的专利制度，在世界各国专利制度的发展中走在前列，成为其他国家效仿和借鉴的对象。

世界各国的知识产权立法水平都是与其科技、市场和文化发展阶段相吻合，分析美国专利法律制度变革背后的原因，不管是专利保护主题的限制、"先发明制"改为"发明人先申请制"还是授权后程序的调整，各项改革措施都透露出一

个信息；与时俱进地调整各方利益的衡平，营造鼓励创新的良好环境。

当今世界，科技发展日新月异，国际竞争愈加激烈，科技创新、知识产权对于企业、产业乃至国家的发展都更加具有决定性的作用。从前面分析的保护客体、发明人先申请制以及授权后程序3个方面的改革来看，虽然专利制度在美国成为经济科技强国中发挥了重要作用，但仍存在专利权人与社会公众利益发生冲突，甚至阻碍创新的情况。这也是《美国发明法案》对专利制度进行史无前例的变革的主要原因。此外，联邦最高法院选择特定时期作出一系列判决，均涉及专利法中的基础性、制度性问题。这些判例以美国自身经济利益为核心，对专利授权条件、授权后程序以及司法实践进行变革与创新以适应经济技术的发展。

美国专利改革以《美国发明法案》的出台为信号，但这不是美国专利改革的开始，更不是结束。美国众议院2013年10月推出遏制专利蟑螂的《创新法案》(The Innovation Act) 以及参议院提议降低药品价格的提案，这些法案主要用于消除《美国发明法案》中某些条款引发的争议。由此可见，美国知识产权战略以及围绕战略展开的各项政策措施以经济利益为中心的出发点不会改变，相关改革措施也会以美国经济的增长为主要衡量标准并随之予以调整。

（二）与其他发达国家专利制度日趋融合，进而主导专利制度的国际协调

近年来，虽然在发达国家和知识产权产业的推动下，国际知识产权法一直向最大化保护的方向推进，但是国际政治领域的力量对比和格局演变正在对国际知识产权法的反思和改革产生不可低估的影响。同时，适度遏制权利人及其私权利益，维护更广泛的社会公共利益和消费者等各相关方利益，已经成为舆论的主流。因此，美国逐渐收紧专利保护客体，改"先发明制"为"发明人先申请制"，并借鉴欧洲授权后异议程序的"授权后复审"，朝着将美国专利法和世界其他国家的专利制度相统一的目标前行。

美国试图主导专利法的国际协调，甚至建议统一专利审批制度。先发明制使其在国际上推行这一立场没有说服力。从国际角度看，为适应全球自由贸易的深入发展，国际专利制度会出现一体化的演变趋势。国际知识产权协会主席、前美国知识产权局局长布鲁斯·卢曼提出，国际社会应该统一专利的申请审查，减少各国重复审查造成的资源浪费，而统一专利的审查是国际统一专利授予过程中最关键的一步。《美国专利法》将"先发明"原则改为"先申请"原则，迎合了世界一体化下专利制度一体化的趋势。

值得警惕的是，美国为与国际接轨，表面上看做了很多不明智的事情，例如放弃自己已有两百年历史的先发明制度以及USPC分类体系。究其深层次原因，美国在专利申请与分类方面的重大调整与实体专利法的国际协调有着密切联系。美国与其贸易伙伴们（泰根湖集团❶）达成妥协，美国放弃先发明制是以未来实体专利法国际协调中接受其 2 年的广义宽限期为交换条件的，美国放弃 UC 分类体系是以获得 CPC 分类体系主导权为前提的。可见，发达国家鼓吹的世界专利制度是一个迷人的陷阱。欧洲专利制度的统一、专利审查高速路（PPH）以及 CPC 分类体系只是这一过程的开始。

四、对完善我国专利制度的启示

（一）以激励创新为导向，适时调整我国专利制度

近年来，我国的专利事业取得了长足的进步，专利申请及授权量均超过美国居世界首位，涌现了一批像中兴通讯、华为公司、大唐电信等知识产权运用能力和水平较高的市场主体，在领先技术方面建立了自己的知识产权标准。

特别值得深思的是，相比美国，我国的自主创新能力以及对知识产权制度的理解和应用能力尚处在一个较为劣势的地位。利用好后发优势，建立符合我国国情的专利法律制度对于实施创新驱动发展战略，建设知识产权强国具有十分重要的意义。因此，有必要加强对美国专利立法和司法实践的跟踪和研究，分析其专利制度改革的背后动因，合理吸收借鉴其先进经验和成果，并根据我国经济和科技发展状况适时调整我国的专利法律制度、体制和政策。

（二）强化申请信息披露义务，提高专利检索和审查质量

我国《专利法》已进行了三次修改，在专利权的授权标准、保护水平等方面，已经接近知识产权先进国家或者地区的水平。目前，我国的专利申请量连续 3 年保持全球第一，已成为了专利大国。但是，在专利申请和审查过程中也出现了大量不诚信行为，例如虚假陈述、伪造实验数据、抄袭现有技术、恶意诉讼等。这些行为不仅严重影响了正常的市场竞争秩序和创新环境，更对专利法以及专利制度的健康运行带来了诸多负面影响。

专利制度有赖于参与者的开诚布公，因此专利申请人负有真实陈述的义务，也即向专利审查员披露所有重要信息的责任。美国为此设置信息披露制度及其配套制度（例如发明人宣誓、不正当行为抗辩、补充审查制度等）。同时，美国还将此真实陈述义务延伸至专利申请人、专利所有权人以及代理人和律师。

我国《专利法》第 36 条也规定了"发明专利的申请人请求实质审查的时候，应当提交在申请日前与发明有关的参考资料"，但申请人未履行提交资料的

---

❶ 载于 http：//www.uspto.gov/ip/global/patents/tegernsee_survey/index.jsp，2014 年 8 月 31 日最后访问。泰根湖集团在 2011 年 7 月在德国泰根湖由美国、日本、欧洲、丹麦、英国、德国和法国等专利局召开建立的，目的是进一步磋商实体专利法的国际协调，随后紧跟着美国立法进行了大幅度变革，通过了《美国发明法案》。

义务并不影响专利的授权,更不是无效理由,不利于遏制专利申请和审查过程中的不诚信行为。因此,有必要对美国专利法中有关专利权规制的制度设计、相关判例以及具体规则进行深入分析和研究。这对于节约现有技术检索的社会成本,保障专利审查中现有技术检索的质量和授权质量,具有十分重要的意义。

当然,美国诚实信用原则和信息披露义务有赖于其整个法律体系中的其他相关法律制度,包括宣誓制度以及证据发现制度的配合和保障。因此,基于我国现行的法律框架,虽然不能简单照搬,但是可以将美国的信息披露制度和不正当行为原则确立的申请人在申请专利时必须诚实信用,不得隐瞒、欺诈的要求,体现在专利申请人及其代理人在专利审查过程中。建立具有法律效力的现有技术披露义务,不仅符合专利制度的立法目的和利益平衡原则,也有利于节约现有技术检索的社会成本,从而保障专利审查中现有技术检索的质量。实际上,诚实信用原则也是我国民法的基本原则,《商标法》第三次修改中也明文规定了诚实信用原则,因此建议在《专利法》第四次修改时,引入防止专利申请过程中的不诚信行为的具体规则,并通过司法解释或判例予以完备。

(三) 参与国际规则制定,在专利制度国际协调方面发挥大国作用

我国是世界上最大的发展中国家和第二大经济体,作为一个和平崛起的大国,我国是促进国际关系民主化,多极化的重要力量,并始终致力于建立公平、合理的国际政治、经济新秩序。但是在知识产权国际保护方面,我国的"大国作用"还没有得到充分发挥,自身经济发展也受到西方发达国家主导的知识产权国际保护体制的挤压和牵制。在新一轮的国际斗争中,有效把握改革知识产权国际保护体制的历史性机遇不仅有利于促进我国经济的发展,而且有利于在知识产权领域扩大我国的话语权。因此,我国需要对美国、欧洲、日本等发达国家和地区专利制度改革的新动态进行深入研究,把握其内在动因,制定出符合我国长远利益和发展战略的政策和目标。

参考文献

[1] Martin J. Adelman, et al. 美国专利法 [M]. 郑胜利, 等, 译. 北京: 知识产权出版社, 2011.

[2] 美国专利法 [M]. 易继明, 译. 北京: 知识产权出版社, 2013.

[3] 李明德. 美国知识产权法 [M]. 2 版. 北京: 法律出版社, 2014.

[4] 张乃根, 等. 美国专利法: 判例与分析 [M]. 上海: 上海交通大学出版社, 2010.

[5] 薛虹. 十字路口的国际知识产权法 [M]. 北京: 法律出版社, 2012.

[6] 姜晖. 美国专利法的历史沿革 [EB/OL]. http://dart.ofoho.com/html/2006/0930/3718.html.

美国专利保护客体问题的研究

——从 Alice v. CLS Bank 案看美国专利从业者的观点及其启示[*]

光电技术发明审查部 王 瑞

摘 要：《美国专利法》第 101 条涉及了专利保护客体的问题，但该条款表述模糊、宽泛，既没有给出专利保护客体的判断标准，也没有列举出不属于专利保护客体的示例，因此如何解释第 101 条备受美国专利从业者关注和争议，美国法院与美国专利商标局之间也存在客体问题判断标准不一致的情况。本文基于美国专利律师在 2015 年中美专利实务研讨会上的发言内容，简要回顾了美国法院在不同时期涉及客体问题的判决结果，同时介绍了美国专利商标局在执行法院判决时发布的审查指南相关内容，并结合美国从业者对如何克服客体问题缺陷的观点提出了相关建议。

关键词：美国 专利 客体

一、美国专利保护客体问题的简要历史

（一）《美国专利法》第 101 条（以下简称"第 101 条"）的表述

《美国专利法》涉及专利保护客体问题的条款是第 101 条，规定如下："任何人、发明或者发现任何新的且有用的方法、机器、制品或组合物，或其任何新的且有用的改进，均可在符合本法所规定的条件和要求的情况下获得专利。"[1]

第 101 条最早可追溯到 1793 年《专利法》，起草人托马斯·杰斐逊规定法定的专利对象为"任何新的和有用的工艺（art）、机器、制成品或合成物，或者是工艺、机器、制成品或合成物的改进和提高"。此后的 1836 年、1870 年以及 1874 年《专利法》一直保留。直到 1952 年，国会在重新整理《专利法》时才将"工艺"一词替换成"工序"（process）[2] 并沿用至今。

---

[*] 部分内容来自美国 Brinksgilson&Lione 律师事务所专利律师 Amir Penn 于在 2015 年中美专利实务研讨会上的发言。

[1] 35. U.S.C § 101 (2011).

[2] Patentable subject matter under the US Patent Act, 1952: cases [J]. Current Science, 1944, 95 (10): 1421-1425.

（二）谨慎保护期

1972 年，在 Gottschalk v. Benson❶ 一案中，技术方案是将二进制编码的十进制数字转换成纯二进制数字的计算机程序。最高法院裁定，"完全先占（pre-emption）数学公式以及在实践效果中为算法本身的专利属于抽象概念"，不属于第 101 条所规定的法定专利保护客体。

1978 年，Parker v. Flook❷ 一案中，技术方案涉及化学冶炼程序中更新报警极限的计算机软件方法。最高法院认为，"应用领域/后解决方案（post solution）的活动并不足以使与数学公式或者自然现象有关的权利要求具备可专利性"，并且强调两者之间"必须具备单独的发明构思（separate inventive concept）"。

此后，最高法院进一步明确动植物、医疗技术以及商业方法等均不属于专利保护客体。可以说，美国在 20 世纪 70 年代对客体问题的态度是比较谨慎的。

（三）专利保护客体的"春天"

20 世纪 80 年代以后，随着美国创新能力的飞速提升，美国政府开始倡导"亲专利"政策❸来提升核心竞争力。专利保护客体由此逐步扩展到微生物、动植物以及商业方法。

1980 年，Diamond v. Chakrabarty❹ 一案中，技术方案涉及通过改变细菌基因方法，以人工方法获得的微生物。最高法院提出著名的"专利权可授予阳光之下人类所创造之物"❺ 的原则，支持授予其专利权，并且确认"自然法则（laws of nature）、自然现象（natural phenomena）以及抽象概念（abstract ideas）不能被授予专利权"。

1981 年，Diamond v. Diehr❻ 一案中，技术方案为将自然形态的未经熟化的合成橡胶加工成熟化的精确产品的工序（Arrhennius 方程式）。最高法院认为，"虽然该公式不具有可专利性，但是，当设计出一个橡胶固化工序，且该工序中含有的解决方案比该方程式本身更加有效时，则该工序至少不应被第 101 条排除在备选范围之外"。

1998 年，State St. Bank & Trust v. Signature Fin. Group❼ 一案中，技术方

---

❶ 409 U. S. 63 (1972).
❷ 437 U. S. 584 (1978).
❸ Adam B. Jaffe, Josh Lerner. Innovation and Its Discontents-How our Broken Patent System is Endangering [J]. Innovation and Progress, 2004 (8).
❹ 447 U. S. 306 (1980).
❺ Patentable subject matter should include anything under the sun that is made by man.
❻ 450 U. S. 175 (1981).
❼ 149 F. 3d 1368.

案涉及轴幅式金融服务配置的数据处理系统。美国联邦巡回上诉法院认为，"专利保护客体的范围覆盖一切能够产生有用、具体和实在结果的产品或方法"，认定其属于专利保护客体。该判决为软件和商业方法实现专利保护开启了大门。[1]

（四）里程碑意义的 Bilski v. Kappos[2] 案

State 案中宽松的客体判断标准导致软件和商业方法专利在之后十几年过度泛滥，甚至已经阻碍了产业的发展，迫使美国政府亟需采取相应措施。2010 年 Bilski 一案，技术方案为能源市场中的商品买卖双方如何防止价格变化所带来的风险对冲方法。联邦巡回上诉法院将机器或转换测试法[3]代替 State 案中的"实用、具体、有形结果"的判断标准作为判断客体问题的唯一工具，来确定权利要求中的方法是指向基本原理的具体运用还是原理本身。但最高法院否定了这一做法，并且裁定"如 Benson 案和 Flook 案中所涉及的算法问题，（权利要求）所述的对冲为抽象概念，不具备可专利性"，由此确立了软件和商业方法专利申请的审查风向标。另外，最高法院并未完全否定机器或转换测试法，只是建议作为一个标准而非唯一标准，同时也没有排除商业方法的可专利性。

（五）影响深远的 Alice v. CLS Bank[4] 案

2012 年 Mayo Collaborative Service v. Prometheus Laboratories Inc. 案[5]以及 2013 年 Molecular Pathology v. Myriad Genetics, Inc. 案[6]，美国最高法院均因专利申请不具备《美国专利法》第 101 条要求的可专利性而宣判专利无效。2014 年 Alice 案中，技术方案涉及中间有第三方介入的电子交易平台，通过第三方评估买方的信用、是否具有资产偿还能力来降低结算风险。借助该发明，CLS Bank 在真实世界交易中每天要处理价值数万亿美元的 17 种不同货币。在审判过程中，九名大法官出人意料地一致认为该专利包含抽象概念，不属于可授权客体，并同时提出抽象概念的几种示例，包括：①在商业活动中"长期流行"（long prevalent）的基本经济实践；②组织人类活动的方法；③抽象概念本身，以及④数学关系/公式。

---

[1] 判决书原文：we take this opportunity to lay this ill-conceived exception to rest.
[2] 561 U.S. 593 (2010).
[3] machine-or-transformation test，即可专利的方法必须满足以下条件之一：（1）关联到特定的机器或装置；或（2）涉及将一特定物转换到不同状态或转换成另一物。
[4] 2014 U.S. LEXIS 4303；82 L. Ed. 2d 296 (2014).
[5] 132 S. Ct. 1289, 101 USPQ 2d 1961 (2012).
[6] USSC 12-398.

二、Alice 案对后续专利审查的影响

美国专利商标局（以下简称"美国局"）的商业方法以及软件专利申请主要集中在技术单元[1] 3600。如表 1 所示，在 2014 年 6 月美国最高法院宣布 Alice 案判决结果之后，美国局在技术单元 3600 发出的涉及客体问题的审查意见比例明显上升，[2] 而其他技术单元的审查意见则保持稳定。

表 1 Alice 案判决前后美国局所发出的涉及客体问题的审查意见一览表

	Jan-12	Oct-12	Aug-13	May-14	Jul-14	Feb-15	Mar-15	Apr-15	May-15
1600-Bio, Genes & O. Chem.	6.81%	8.02%	8.73%	12.93%	13.55%	13.99%	10.89%	12.41%	11.86%
1700-Chemical Material Eng.	2.54%	2.55%	2.02%	2.02%	2.12%	2.11%	2.59%	2.01%	2.04%
2100-Computer Architecture	20.12%	25.44%	17.20%	15.97%	16.51%	15.76%	10.69%	16.97%	12.44%
2400-Networks, Video	18.83%	18.24%	12.02%	10.20%	10.22%	10.47%	9.09%	12.08%	10.95%
2600-Communications	12.07%	10.69%	9.30%	8.28%	7.57%	7.84%	2.71%	7.79%	6.50%
2800-Semicon., Elect.Opti.	3.27%	3.40%	2.24%	2.00%	2.25%	2.85%	2.39%	3.17%	3.40%
3600-Trans, Const., Biz Methods	12.79%	12.15%	11.29%	10.90%	28.03%	42.38%	28.70%	32.59%	31.43%
3700-Mechanical Eng. & Manuf.	4.89%	4.90%	3.97%	4.60%	5.51%	8.08%	6.21%	6.70%	5.78%

三、美国专利商标局审查政策介绍

（一）审查动态

长期以来，美国局与美国各级法院在判定是否属于专利保护客体时经常存在标准不一致的情况。如何理解第 101 条规定的专利保护客体也成为美国专利从业者争议的话题。为了解决这一意见分歧，美国局根据最高法院判决适时地制定内部审查指南。例如，1980 年 Diamond 案之后，美国局制定微生物专利审查标准，[3] 强化"自然物"和"人造物"的判断标准。

---

[1] art unit，相当于技术领域。
[2] 数据来源：www.bilskiblog.com。
[3] 美国局审查标准规定：（1）自然法则、物理现象以及抽象的概念，不属于专利标的物；（2）非自然产生，人类发明创造物或者合成物，且有其独立的名称、特性和实用性的，属于专利标的物；（3）土壤中发现的新矿石或者原野中发现新的植物品种，不属于专利标的物；（4）不论是手工或是机器制造，赋予了原材料新的形态、特征或者合成生产的具有实用性物品，属于专利标的物。

2010年Bilski案之后，美国局发布《过渡性审查指南》,[1]引入"机器或转换"测试法，对于不符合的方法专利申请则予以驳回。

2014年12月16日，为执行Alice案的判决结果，美国局再次颁布2014专利保护客体内部审查指南[2]（2014 Interim Guidance on Subject Matter Eligibility，简称"2014指南"）。该指南在颁布当日即刻生效，适用于所有12月16日之前、当日和之后递交的专利申请。

在2014指南的基础上，美国局于2015年7月30日再次发布更新的专利保护客体问题审查指南[3]（"Eligibility Update"，简称"2015更新版"），增加了3个附录（appendix），包括：①增加新的涉及专利保护客体的案例；②为所有案例提供索引；③列举选自经由最高法院和联邦巡回上诉法院审判的涉及专利保护客体的案例并展开讨论。

（二）2014指南简要介绍

判断权利要求是否符合《美国专利法》第101条可专利性的流程见图1。

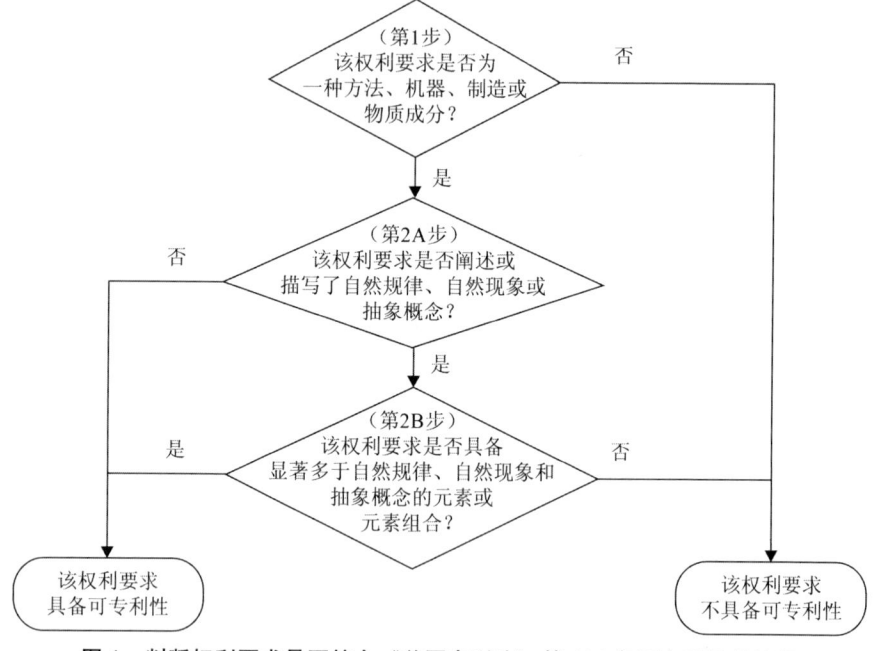

图1 判断权利要求是否符合《美国专利法》第101条可专利性的流程

---

[1] 李丽娜，任晓玲. 美国明晰可专利主题的评判标准——USPTO发布《过渡性审查指南》[J]. 中国发明与专利，2009（12）：76-80.

[2] 载于：https://www.gpo.gov/fdsys/pkg/FR-2014-12-16/pdf/2014-29414.pdf。

[3] 载于：https://s3.amazonaws.com/public-inspection.federalregister.gov/2015-18628.pdf。

1. 客体问题判断流程

如图1所示，审查员可按照以下几个步骤来判断权利要求是否存在客体问题：

（1）第1步：该权利要求是否为一种方法、机器、制造或物质成分？若不是，则该权利要求不属于专利保护客体。若是，则进行到第2A步。

（2）第2A步：该权利要求是否阐述或描写了自然规律、自然现象或抽象概念？根据法院的司法实践、自然规律和自然现象包括自然发生的原理和物质，也包括其他不具备与自然发生的有着显著不同特性的物质，抽象概念的例子则包括如基本经济行为，组织人类活动的某些方法、想法，还有数学关系或公式。在举例说明部分，自然法则列举了Flook案中的数学算法，自然现象列举了Myriad案中的分离DNA以及抽象概念列举了Alice案中的4种示例。

（3）第2B步：该权利要求是否具备显著多于自然规律、自然现象和抽象概念的元素或元素组合？在这个问题上，一个权利要求里的各个元素，既要单独考虑，也要作为一种有序组合一起考虑。

2. 正面案例摘录

2014指南中也正面列举了一些案例引导审查员进行客体问题审查。

（1）因为"解决了技术问题"不属于抽象概念

a. 隔离和移除恶意代码

——权利要求用于执行隔离/根除计算机病毒的任务，这些任务"与计算机技术紧密联系并且与法院所认定的抽象概念截然不同"（案例1）

b. 生成符合网页

——权利要求用于"克服在计算机网络领域产生的具体问题的计算机技术"（案例2）

（2）自然法则的例外——"显著不同特性"检验法（"Markedly Different Characteristics"Test）

具体标准是"在功能上的差异和结构上的差异同时考虑来决定是否所要求保护的客体与自然发生的物体是否不同"，包括：

——"生物上或者医药上的功能或者活动"

——"化学和物理属性"

——"包括功能和结构特性的表现"以及

——"无论是化学上、基因上或者物理上的结构和外形"

（3）对步骤2B中"显著多于"（Significantly More）的定义进行解释

a. 对另一种技术或者技术领域的改进

• 当订阅者计算机离线时通过时间敏感信息警示订阅者的以因特网为中心的挑战（案例21）

- 通过控制成形操作（使用 Arrhennius 公式来硫化橡胶）来改进其他技术领域，特别是精确橡胶成型的技术领域的步骤总和（案例25）
- 通过改进接收器的信号获取感应度，应用数据运算来改进现有技术（全球定位）（案例4）

b. 对计算机本身功能的改进
- 权利要求的保护范围限定在缩放以及重新配置文本信息，"改进了计算机本身基本显示功能的功能性"（案例23）
- 使用蓝噪声掩模的数字图像处理"改善了计算机……允许使用更少内存的功能性，允许计算机更快的计算时间"（案例3）

（4）流线型分析（Streamlined Analysis）

2014指南还建议，出于审查效率的考虑，审查员可对明显与自然规律、自然现象或者抽象概念没有密切联系的权利要求进行流线型分析，并列举了某些权利要求可能会出现自然规律、自然现象或者抽象概念，但显然属于专利保护客体而不需要详细分析的情况：

——内燃机："尽管该权利要求涉及计算数学关系的变化率……该权利要求显然与数学关系没有密切联系，从而其他人无法实施。特别的，该权利要求对具有进气管、阀以及传感器的内燃机……显著多于任何自然规律、自然现象或者抽象概念"（案例26）

——系统软件——BIOS："该权利要求说明书涉及在计算机开机以及将处理器操作控制传送给BIOS码时，使用两个内存地址之间的BIOS码初始化本地计算机系统"显著多于任何自然规律、自然现象或者抽象概念（案例27）

四、美国专利从业者的观点

由于软件和商业方法专利技术方案的特殊性，界定清楚、明确的客体范围的确是非常困难的。在美国司法实践中，先后引入了"弗雷曼-华特-阿伯利"[1]检测法、"具体、实用、有形结果"检测法以及"机器或转换"检测法，并在判决书中对客体问题展开进一步解释。为执行法院判决，美国局则在2014指南中提出了判断权利要求是否符合《美国专利法》第101条可专利性的流程（如图1所示），同时吸纳了法院判决案例和专利授权范例。这些措施虽然无法平息客体问题的争议，也无法穷尽客体问题所涵盖的范围，但在一定程度上能够缓解申请前景的不确定性和不可预见性。因此，美国专利从业者建议相关利益人应该立足2014指南以及2015更新版的相关规定，在3个阶段分别采取相应措施尽量避免涉及客体问题。

---

[1] In re Freeman., 573 F. 2D 1237, 197 USPQ 464 (CCPA 1978).

首先，最重要的是在提交申请前阶段，即申请文件撰写阶段，要提供足够详细的材料来佐证本申请"解决了技术问题"，从而尽量保证申请能够获得合理的分类号，从而被分配到合适的审查单元，不落到技术单元 3600。

在撰写说明书时，在背景技术部分重点突出技术领域和技术问题，在具体实施方式部分重点关注技术性的解决方案。"描述远距离"（far reach）对真实世界产生具体影响的真实世界交互（real world interaction）、影响以及效果，例如"生产线控制"方面。如果没有远距离交互，则强调近距离（short reach）技术方面，例如"在计算装置内部"方面，并提供详细的技术实施方式，以及撰写详细的具体实施方式来描述，同时在说明书附图中也进行相应描述。如果涉及逻辑流程图，仍旧围绕所解决的技术问题，分别提供系统操作、远距离交互以及短距离方面的详细流程图。

在撰写权利要求书时，围绕所解决的具体技术问题，不可在前序部分仅仅限定计算机元件，而是应当在特征部分进行限定。为了避免某些措辞会引起审查员的重点关注，一是建议不直接表述"计算"，而应当参照案例 25 的撰写方式通过推论（inferential）方式表述，二是绝不引用 2015 更新版中抽象概念图表中所列举的措辞。

其次，在提交申请后审查开始阶段，建议关注美国局所公布的审查指南和相关案例，尊重并研究审查员的个人审查习惯，回顾该审查员所审查过的满足第 101 条规定的授权案例，为客体问题的答复做好准备。

第三，在申请开始审查阶段，如果收到涉及客体问题的审查意见，首先，积极与审查员保持沟通，妥善安排电话或面谈日期讨论案情，其次，采用类推法（analogize），引用审查指南中的相关案例来指导审查意见答复，并且引用该审查员所授权的其他权利要求来佐证。

五、美国专利保护客体问题的启示

20 世纪 80 年代，集成电路、生物科技、计算机软件以及互联网商业模式的飞速发展，给传统的专利制度提出了挑战，同时也开辟了专利保护的新领域。为适应变革性的新技术发展趋势，创造国际经济竞争中的新优势，美国对专利制度提出一系列创新，包括设立联邦巡回上诉法院以及拓展专利保护领域，为更多的知识创新和新技术成果提供专利保护。1980 年 Chakrabarty 案、1981 年 Diehr 案以及 1998 年 State 案等突破性意义的正面判决，使美国迅速占据这些领域的技术制高点，并获得了巨大的经济利益。直到 2010 年，考虑到泛滥的专利授权以及专利诉讼已严重影响创新主体正常的商业活动和研发行为，美国在 Bilski 案中提高了客体问题的判断标准。由此可见，美国对专利保护客体问题采取的策略是在不同技术发展阶段采取不同的技术保护政策，从而借助专利制度在鼓励发明创造和平衡公共利益之间寻求平衡。

然而，由于对专利保护客体问题的认定受主观因素影响很大，虽然专利审查和诉讼经验丰富的美国局、法院一直在试图建立判断标准，但仍无法消除各方巨大的争议，同时也使得专利申请随时处于不确定状态。

我国申请人在申请专利时可以借鉴美国专利从业者的观点，着重做好申请专利前的工作，仔细研究与发明创造相近领域内已授权的案例，有针对性地起草说明书，突出发明创造的"技术性"，尽可能描述发明创造所遵循的"客观规律"。

参考文献

［1］漆苏，朱雪忠．从 Mayo v. Prometheus 案看美国"专利适格标的"判断标准的变化［J］．知识产权，2012（9）．

［2］约翰·W. 芭格比．商业方法专利的扩展——交易性分析与技术科学的融合［J］．冯晓青，胡少波，译．河南省政法管理干部学院学报，2007（4）．

［3］张方泽．美欧商业方法专利制度对我国的启示［J］．现代物业·现代经济，2015，14（2）．

［4］刘美英．专利制度对美国社会的影响［J］．信阳农业高等专科学校学报，2010，20（2）．

［5］陈磊．浅析自然法则与可专利方法的界限——评美国最高法院 Mayo v. Prometheus 案判决［J］．中国发明与专利，2012（9）．

［6］William C. Rowland，Weiwei Y. Stiltner，任庆涛．Bilski v. Kappos——关于美国商业方法专利和软件专利的最新评论［J］．今日财富：中国知识产权报，2010（8）．

［7］王晔．评美国最高法院巨数遗传公司基因专利无效案［J］．中国知识产权，2013（77）．

［8］张艳红．美国最高院 Alice 判决［J］．电子知识产权，2015（Z1）．

［9］金晓．关于《美国专利法》第 101 条可授权客体的最新进展［C］．2015年中华全国代理人协会年会第六届知识产权论坛论文集，2015-05-01．

［10］张玉敏，谢渊．美国商业方法专利审查的去标准化及对我国的启示［J］．知识产权，2014（6）．

美国继续申请制度介绍及其思考

材料工程发明审查部　孙　洁　董统永[*]

摘　要：本文研究了美国继续申请制度的可行性。首先给出了美国继续申请制度的法律依据，详细介绍了提出继续申请的4个条件：公开的连续性、交叉引用、共同悬而未决和具有共同的发明人的具体含义，并介绍了完全继续申请、部分继续申请、分案申请和继续审查请求这4种继续申请方式的内容。为了更好地理解美国继续申请制度，还概括地介绍了该制度在美国的应用情况，从不同角度分析了继续申请制度的优缺点。

关键词：实审　继续申请　继续审查

一、引　言

近年来，国内申请人的专利诉求正趋于多元化。他们不仅关心审查周期，希望尽快获得专利，而且当申请受阻时还希望获得更多陈述机会和更宽松的修改限制。但与此同时，我局为应对国际专利申请的合作与竞争，对审查周期和审查质量进行严格管控，在审查制度设计与业务管理上对申请人和审查员都采取了限制措施，导致申请人与审查员之间极易产生矛盾。

一方面，我国采用先申请制，导致申请人有时不得不在未完成发明的状态下抢先进行专利申请。申请人在完成发明后又希望将新研究成果加入之前的申请中，力图以更完整的状态得到更切实的专利保护。另一方面，实际审查中关于原始申请文本的要求相对严格，即申请后的审查会以记载不完整为由驳回，而往往为消除该驳回理由又不得不追加新内容。在现行法制下，如果在申请一年内，可利用国内优先权制度；但若超过一年将无法补救。

本文将研究继续申请制度在美国专利实审程序中的作用，分析其引入我国实审程序的可行性，并就此提出一些现实思考。

---

[*] 等同于第一作者。

二、美国继续申请制度概述

(一) 继续申请制度的依据[1]

美国的专利申请包括临时申请和正式申请,而正式申请大致又可以分为母申请(或称在先申请)和延续申请两种主要形式。何为延续申请,美国专利法中并没有明文规定。与之相关的规定主要体现在美国专利法第120条和第121条(35USC§120.121)中。

美国专利法第120条规定:"一项发明专利的申请,如果该发明已经在同一发明人前次向美国提出的申请中按照本编第112条第一段所规定的方式作过披露,只要在后的那次申请是在第一次申请或同样有权享受第一次申请日期优惠的申请授予专利证书之前提出,或者在放弃第一次申请程序终止或放弃之前提出,或者在申请的办理程序终止之前提出,而且只要在后的那次申请中明确提及或者以后补充明确提及第一次提出的申请,在后的那次申请对于该项发明就具有在第一次申请日提出申请相同的效力。"

美国专利法第121条规定:"如果一件申请案中有两项或两项以上发明,而且互相独立和截然不同,局长可以要求把申请限制在其中的一项发明上。如果另一发明成为分案申请内容而符合于本编第120条的要求,该项发明可以享有原申请提出的日期。"

而美国专利法实施细则将完全继续申请(continuation application,简称CA)、部分继续申请(continuation-in-part application,简称CIP)和分案申请(divisional application,简称DA)作为延续申请(continuing application)的3种形式予以明确。这3种形式的一个共同点就是都为申请人提供了保留母申请之申请日的优惠及获得再次审查机会的权益。

通常,一个正式申请只能为申请人获得两次审查意见通知书,而申请人和审查员通过两次审查意见通知书常常不能取得一致。这时,除了放弃申请与提起上诉外,申请人还可以通过提交继续申请或提出继续审查请求(request for continued examination,简称RCE)而使得对本申请的审查继续下去。因此,在实务界,也有人将继续审查请求与前述3种延续申请形式归为一类。

(二) 继续申请的条件[2]

在美国,如果在一件在先申请的未决阶段提交另一件申请,只要满足美国专利法第120条规定的四个条件,在后申请就可以享受在先申请的申请日。

---

[1] 查芷琦. 中美专利申请制度的差异及相关运用策略[J]. 中国知识产权,2011 (47).
[2] 李丽娜. USPTO废除《权利要求和继续申请最终规章》[J]. 知识产权简讯,2009 (39).

这4个条件分别为：

1. 公开的连续性

为满足美国专利法第120条规定的公开连续性条件，申请必须与在满足美国专利法第112条第一款要求的在先申请中公开的发明相关。所谓满足美国专利法第112条第一款要求，即要求在先申请对如何制造和使用该发明作出了足够清楚、准确和详细的描述，从而相关领域的普通技术人员不需要过分的实验就可以制造和使用该发明，同时，申请人还应在在先申请中给出其在提交申请时认为是实施本发明的最佳方式。在先申请的公开内容必须支持完全继续申请或部分继续申请中增加或修改的权利要求。如果一件在先申请没有公开要求保护的发明的一个新的主题，那么相应的一件部分继续申请中的该新主题就不能享有在先申请的申请日。而如果一件部分继续申请增加的技术内容使母申请中的原有内容明确化，并且本领域的普通技术人员可以在新增加的内容和母申请的公开内容之间产生必要的等同联系，那么该部分继续申请的相应主题可以保留母申请的申请日。

2. 交叉引用

为了满足美国专利法第120条的交叉引用条件，一件申请必须包括，或者在授权之前的补正之后包括，对在先申请的特别引用。交叉引用可以使得检索美国专利商标局案卷的人能够确定一份专利的有效申请日。交叉引用应该包括所有申请人希望从属的申请，无论其远近如何。

3. 共同悬而未决

为了满足美国专利法第120条的共同悬而未决条件，一件申请必须在其在先申请被放弃、被授予专利权或审批程序终止之前提交。

4. 具有共同的发明人

为了满足美国专利法第120条的具有共同发明人的条件，一件申请的权利要求所要求保护的主题必须是由在先申请中的一个发明人作出的。在1984年美国专利法修改之前，后申请的权利要求必须是在先申请中的同一个或同一群发明人提出的。而在1984年之后，在后申请可以享有在先申请之申请日的前提是提出申请的发明人的确是该申请的权利要求中要求保护的发明主题的发明人，并且在先申请对权利要求提供了足够的支持。

一件专利申请可以递交多个继续申请，只要满足美国专利法第120条的要求，构成继续申请的申请数目应当不受任何限制。

（三）继续申请的种类

1. 完全继续申请

完全继续申请是在在先申请放弃、被授予专利权或审批程序终止前所提交的另外一件申请，其公开的技术内容与在先申请完全相同，只可能存在不同的权利要求，而没有引入新的技术内容，不存在改变发明实质内容的问题，因此，完全继续申请的申请日为在先申请的申请日。

通常有以下两种情况可以提出完全继续申请：一是在在先申请的审查中，权利要求已被全部拒绝，而申请人又提出了新的修改意见或意见陈述，或者出现了新的问题及需要进一步探讨时，申请人可以提出完全继续申请以获得进一步审查的机会；二是为了使在先申请能够获得授权，根据审查员的要求，需要删除在先申请中的部分权利要求，这种情况下，申请人可以修改这些从在先申请中删除的权利要求或者维持这些权利要求，并据此提出一个完全继续申请。

完全继续申请与在先申请指向同样的发明创造，尽管随着申请程序的继续其保护范围会有所改变。申请人提交专利申请后，审查员通常会发出两次审查意见通知书，经过审查意见通知和意见陈述的交流，如果审查员和申请人无法取得一致意见，则在该申请结案之前，申请人可在缴纳一定费用后提交一个新的申请，从而赢得与审查员继续进行对话的机会，以期基于早先公开的发明获得更准确和合适的权利要求。

完全继续申请程序是一把双刃剑，其优点在于发明人可以不断获得与审查员对话的机会，不断完善权利要求的保护范围。但相应地也存在申请不能尽快授权的缺点。在乌拉圭谈判之前，美国专利的保护日期从授权公告之日起算，不断提交完全继续申请并不会损害申请人的利益，因此存在大量"潜水艇"式专利（专利申请在未授权之前不会被公开）。而目前的美国专利保护期限从申请日起算，发明人如果不断提交完全继续申请则必然会导致其保护期限的缩短。

实践中，一个比较好的处理方式是将权利要求分批处理，即：将没有缺陷的可以授予专利权的权利要求放在在先申请中，将不符合规定的权利要求从在先申请中删除，并且在在先申请结案之前修改有问题的权利要求书，提交完全继续申请。这样保留在在先申请中的权利要求可以随着在先申请的授权而尽早实施，与此同时，申请人可以不断监控其竞争对手，改进权利要求的保护范围，以完善其完全继续申请。

2. 部分继续申请

部分继续申请不仅包含有在先申请中已经公开的内容，同时又包括了在先申请中没有记载的内容，这样，部分继续申请可以有两个（或以上）有效申请日，一个是在先申请的申请日，另一个是新增加主题的申请日，与新主题相关的权利要求只能享受部分继续申请的后一申请日。通常，新申请以在先申请的申请日作为申请日，只有在出现权利抵触和影响其专利性的对比文献时，才使用各自的实际申请日。因为有新主题出现，部分继续申请可以增加新的发明人。

部分继续申请可以用来加入在在先申请的申请日之后作出的改进，或者用于克服在先申请公开不充分的问题。在美国，对于记载的必要条件（发明清楚，可以实施，最佳实施方式等）的要求非常严格，而且对申请提交后的发明内容进行补正的基准也非常严格。为了满足记载的必要条件而追加的实验数据常常被审查员认定为原说明书中未记载的事项。美国的部分继续申请制度就是为这种情况而设置的制度，其宗旨在于，在在先申请之后即使存在追加的内容，只要是对申请时所记载的权利要求的解释不产生影响，均可享受在先申请的申请日的利益，从而对发明保护提供救济。此外，在在先申请的审查过程中，申请人的发明可能会获得新的进展，但申请人不能在同一申请中增加得不到其说明书支持的权利要求，在这种情况下，申请人可以通过提交部分继续申请的方式进一步使新进展的内容得到保护。

3. 分案申请

分案申请是一个独立的申请，它是由待审申请中分离出来的，与在先申请具有相同的技术内容。当审查员认定在先申请中存在两个（或以上）独立的发明时，就会要求申请人提交分案申请。继续申请与分案申请都是基于在先的同一个专利申请公开说明书的延续申请，但它们所要求保护的内容有所区别。完全继续申请与在先申请所要求保护的发明是相同的，部分继续申请包括在先申请的一部分或全部公开内容，并增加在先申请中没有记载的内容，而分案申请是从包含有两个（或以上）独立发明的在先申请中分出来的申请，因而分案申请仅要求保护在先申请的独立发明中的一个或多个而非全部权利要求。

设立分案申请制度的目的在于维持美国专利商标局缴费体系的完整性，防止申请人为了降低费用而合案申请以及限制每个专利的体积，以保证审查员将其检索和审查限定在某一特定技术领域，从而提高审查效率和质量。

分案申请享有在先申请的申请日，其递交程序与一个新的申请相同，并且有自己的申请号和提交日。提交分案申请时，在先申请必须处于待审状态。

4. 继续审查请求

专利申请提出后，如果审查员认为该申请不符合专利要件时，会发出审查意见通知书并指出不予授权的理由，申请人则可以针对审查意见进行意见陈述，而在审查员发出最后通知书后，如果申请人再次陈述的意见无法说服审查员，则审查程序会终止。此时，除提交继续申请、提出上诉等途径外，申请人还可以提出继续审查的请求。继续审查请求无需提交新的申请，只需提出请求并缴纳相应的费用。相比而言，继续审查请求为申请人提供了一种程序更为简单、费用相对较低的救济途径，但申请被以同样的理由拒绝的概率相对也是较高的。

三、继续申请制度的应用和思考

继续申请的概念第一次为最高法院所承认是在1864年的Godfrey与Eames案中。在该案中，涉案专利于1855年1月31日申请，而在1857年4月24日被发明人撤回，发明人随即在同一天提交了一份在原申请基础上修改过的发明申请，该申请于1858年3月2日被授权。该案原告主张：①原申请与新申请是不同的专利；②新申请的申请日应为1857年4月24日。美国最高法院判决专利权人胜诉，最高法院法官指出只要修改后的申请与原申请的主题相同，则新申请的法律结论不应视为与原申请不同。因此本案中确认了新申请与原申请是继续的关系而并非独立的新申请，该判决最大的意义在于确认了新申请可以延续原申请的申请日。而继续申请的相关规定正式列入法律中则是在1952年。

继续申请被广泛地应用于当今的专利体系。1976~2000年，23%的授权专利要求享有在先申请的优先权。尽管随时间发展，继续申请专利的数量有所波动，但是其趋势是稳步增长的。在20世纪70年代中期，授权专利的约1/5都是基于继续申请。到20世纪90年代中期，授权专利中的继续申请数量攀升至31%。过去几年，这一比例有所下降，部分因为专利期限计算方式的改变，但这一数量仍保持在1/4左右。继续申请已经成为专利审查中的重要组成部分，尤其是在某些特定行业，如制药和生物技术领域中。在这些行业中，对于重要的专利申请，大多数专利律师都会保留至少一个未决的继续申请，从而跟踪市场的变化。

但是随着专利申请量的不断增加，技术复杂程度的不断提高，申请人在说明书中记载的内容也不断增加。一份说明书动辄上千页，权利要求数目也高达几百项，这造成了美国专利商标局的大量专利申请的积压，同时也影响到审查的质量。美国专利商标局通过分析发现，继续申请是影响申请量增加的最主要因素。继续申请所占总申请量的比例由1980年的11.4%，不断逐年上升，1990年的数据为18.9%，2000年的数据为21.9%，到了2006年数据达到了29.4%。该统计仅包括完全继续申请、部分继续申请和继续申请请求案，不包括分案申请。

继续申请有不同种类，其功能与目的也不相同。继续申请在美国专利系统中已积累数十年的实务操作经验。在不同时期，不同专利律师或代理人的运用下，更是发展出各式各样的操作手法与申请策略。批评者视这些申请策略为妨碍美国专利正常发展的绊脚石，他们认为专利权人无穷尽滥用继续申请的结果，将导致专利申请案大量增加，造成专利审查的极大负担。经过对

1976年到2000年间共两百多万篇美国专利进行实证研究后发现，继续申请占总申请的约23%，且在所有专利诉讼标的专利中，继续申请所占比例更是高达52%。因此批评者认为继续申请的存在扰乱了专利审查程序而且影响专利审查品质，更认为继续申请的操作已被专利权人刻意地滥用，变相形成"制作专利"来进行诉讼，这种现象并不利于专利制度的发展。然而，仍有许多发明人、代理人和专利律师非常热衷于这一制度，这也从另一方面显示继续申请的存在有其必要性和合理性。

（一）申请人采用继续申请主要原因

1. 可以继续进行审查程序

专利申请被驳回后通常难以克服。一方面，由于时间紧迫，美国专利商标局规定的针对最后审查意见通知书的答复期限为3个月。虽然还可以再延长3个月，但是如果答复仍不为审查员所接受，申请人只能进行上诉或进行继续申请。另一方面，对于最后审查意见通知书，审查员一般并不接受对于权利要求的修改，申请人获得专利的机会不大。此时申请人可以利用继续申请继续向专利局争取授权。继续申请有多种方式，申请人可以选择完全继续申请的方式寻求变更审查员。按照美国现行规定，完全继续申请案并不一定指派到原审查员手中，因此提交多个继续申请时，避开原审查员的概率很高。因此使用继续申请来延续审查时将有机会面对新的审查员，也较有机会以新的观点说服审查员授予专利。当审查员检索出与专利申请极为相似或完全相同的现有技术时，申请人可答辩的空间非常有限。此时若想继续审查程序，就只能提出新的论点来说明本申请与现有技术的不同之处。然而提出的新的说明只能增加新的主题，按照法律规定只能以部分继续申请方式提出。与完全继续申请相同，部分继续申请也并非指派给原审查员。

2. 磨耗（wearing down）审查员

依据现行的制度，美国专利继续申请的次数并无限制，因此申请人原则上可以提出无限次的继续申请。申请人在收到最终驳回决定后只要缴纳费用，就可以无限次地要求继续审查。因此继续申请的无次数限制被认为是美国专利申请量迅速膨胀的主要因素。对于审查员来说，一件专利申请只有结案后，审查员才可以获得相应的工作量。美国专利法对于继续申请的次数并无限制，如果申请人不满意审查结果持续继续申请，则审查员始终不能获得相应的工作量。唯一能让审查员结案的方式只有让其获得专利。

3. 延长专利保护期

在1995年美国专利法将专利期限的起算日从自登记日起17年变为了自申请日起20年之前，专利权人可以不断地以继续申请来变相延后授权日，从而也变相地延长了专利保护年限。这就是所谓的"潜水艇专利"。但是在

1995年美国新的专利法实行以后，所谓的以"潜水艇专利"为目的的继续申请逐步减少。

4. 延后专利公开时间

除了延长专利保护期，"潜水艇专利"更为人诟病之处是隐藏于专利审查程序中，这会让许多自由市场上不知道继续申请存在的竞争者大量投入资本投资生产，甚至已经进行专利设计后，才发现必须面对专利权人针对其产品所撰写的继续申请。

5. 撰写新的请求来覆盖市场上的新产品

专利授权后，其所要求的保护范围随着权利要求的确定而确定。然而此时若有一件继续申请尚未结案，则专利权人可以暗中观察市场趋势，并可在不变动专利说明书的前提下请求修改权利要求书来覆盖市场上的最新产品。一旦专利授权，专利权人即可据此向厂商要求赔偿。因此，以继续申请来重新撰写专利的权利要求是专利权人在专利布局上的重要策略之一。

6. 加速在先申请的授权

在申请实务中，如若审查员认为独立权利要求不可授权，而从属权利要求可以授权时，若申请人同意将从属权利要求并入独立权利要求时则可以授权。若申请人认为并入后限定范围过窄，而且想快速拿到专利，可以先对要求保护范围较宽的独立权利要求提交一个继续申请，再按照审查员的意见将从属权利要求并入独立权利要求从而快速获得授权。

（二）继续申请的优缺点

1. 对于申请人的优缺点

对于申请人来说，继续申请制度的优点在于，首先，具有向在先申请追加新的内容的可能性，因此改良发明可以得到充分的保护，能够构筑较强的专利网。此外提交继续申请后，在先申请不需要放弃或者撤回，可在专利审查机构继续审查。此外，采用继续申请策略也有可能整合多个关联申请，有助于采取灵活多变的专利战略，也可以应对公开不充分的驳回理由。而对于申请人，其缺点在于专利保护期间从在先申请的申请日起算，因此在后追加的发明的保护期不满20年。

2. 对于第三方的优缺点

对于申请人以外的第三方来说，继续申请制度的优点寥寥无几。反之，其缺点在于，由于申请之后也可能追加新的内容，因而权利范围未确定的审查期长，导致第三方监视的负担增大，同时商品销售风险增加。此外，判断权利要求专利性的基准日不同也导致侵权判定难度增加。继续申请审查的延迟为竞争者带来明显的不确定性。竞争者无法获知审查过程中的专利申请是否覆盖其自身的产品。事实上，继续申请更有利于专利权人，因为其允许专利权人在受益于专利保护的同时也保留一些秘密。

3. 对于专利审批机构的优缺点

优点在于，针对其在先申请的通知书发出以后的继续申请，可以活用其在先申请的审查结果，因此可以缩短审查周期。但是除继续申请之外，在先申请也可能在专利局审查中，此时申请数量增加，且也有针对每个权利要求判断其专利性的判断基准日不同的情况，因而其缺点在于审查更为复杂。此外，即使专利权人并不想人为地延迟专利的审批，继续申请的审查时间也会显著地增加。通常，继续申请的审查从提交申请到授权需要 2.47 年。在最近几年由于继续申请数量的增加，审查时间更是明显延长。一些具有多个继续申请的专利申请的审查会花费数十年。例如专利 US 5966457 要求了 21 个不同的申请的优先权，其审查时间超过了 44 年。

当前，我国经济快速发展，对经济发展具有重要意义和重大推动力的专利立法必须要适应经济的发展，并且最终应为进一步推动经济的发展做出自己的贡献。从这个意义来说，我国的相关立法还不是很完善，我们应该广泛地借鉴其他国家和地区好的立法经验和司法实践，尽快完善我国相关的法律。

后 AIA 时代的美国专利审判上诉委员会（PTAB）后审程序

审查业务管理部国际交流处　刘伟林

摘　要：随着《美国发明法案》（AIA）的通过和生效，美国专利体系产生了一系列显著变化，其中之一就是在美国专利商标局（USPTO）设立了新的专利审判上诉委员会（PTAB）。本文拟对 PTAB 的职能和作用、其负责的专利授权后 3 种后审程序进行介绍。同时，对于其与专利司法诉讼程序的区别进行比较，对于其对司法程序的影响进行简要分析。最后，对于 PTAB 成立后 3 种后审程序实施中的热点问题及有重大影响的判决进行阐述，并对其最新进展、后续影响进行分析预测。

关键词：后 AIA　专利授权　后审程序　PTAB

一、AIA 前后的美国专利后审程序的调整

专利后审程序的主要作用之一是作为被诉侵权方制衡专利权人的一种手段。在美国，专利后审的无效诉讼主要可以分为两种，一种是司法诉讼，另一种是由 USPTO 提供的非司法的专利后审程序。在《美国发明法案》（America Invents Act，简称 AIA）通过之前，美国的专利后审程序主要有两种：一种是单方复审程序（Ex Parte Reexamination），另一种是多方复审程序（Inter Partes Reexamination）。

在前 AIA 时代，总体说来，尽管相对司法诉讼程序来说这两项 USPTO 的专利后审程序提出成本相对较低，但被诉侵权方却较少采用。其原因主要是由于其程序设置对于专利权人更为有利，尤其是对于权利要求修改较为容易，一方面加大了挑战专利权的无效请求人的挑战难度，另一方面即使赢得了无效挑战，专利权却通过修改仍然延续存在，无法作为被诉侵权方在司法诉讼中制衡专利权人的有效武器。在多方复审程序中，一种趋势是越来越少的权利要求被完全撤销，而更多的是修改后继续存在。

随着《美国专利发明法案》（AIA）的通过和生效，伴随着由先发明制向发明人先申请制（First-Inventor-to-File）这一自 1951 年以来美国专利体系最重要的基础性调整，在 USPTO 设立了新的专利审判和上诉委员会（Patent Trial and Appeal Board，缩写为 PTAB），并对专利后审程序进行了重大调整，取消了原有的多方复审程序，取而代之的是 3 种新的后审程序：授权后再审程序（Post-Grant Review，缩写为 PGR）、多方再审程序（Inter Partes Review，缩写为 IPR）以及商业方法专利过渡期再审（Transitional Program for Covered Business Method Patent Review，缩写为 CBM）。

二、PTAB 的后审程序介绍

AIA 中设立的新的后审机构 PTAB 的成立使得可以在 USPTO 内部程序进行专利有效性的"迷你"审判，后审程序的流程也被重新设计，以提升潜在请求人采用 USPTO 后审程序的意愿。下面对 PTAB 现有的 3 种后审程序作简要介绍。

（一）授权后再审程序（PGR）

授权后再审程序可以由除专利权人外的任何人提出，适用于在 2013 年 3 月 16 日当日及以后提出的申请，也就是后 AIA 的专利。请求人需要在自专利授权或再授权日后的 9 个月内提出 PGR。❶ 相比于其他后审程序，授权后再审程序的无效请求理由最为宽泛，请求人可以就任何构成无效的理由提出 PGR，包括专利保护客体的适格性、实用性、重复授权、新颖性、非显而易见性、充分公开、权利要求的清楚性等。同时，请求中引用的现有技术的类别较为宽泛，可以包括销售公开的标准（on-sale bar）、❷ 口头公开、未公开的出版物和秘密现有技术等。❸

此外，AIA 中设置了避免 USPTO 再审程序和美国法院司法诉讼程序决定冲突的机制。为了防止在 USPTO 和法院间产生对于专利权有效性相冲突的决定，对 PGR 请求提出有如下限制：①在提出 PGR 前已经就相关专利的有效性提出司法诉讼则 PGR 请求将不予接受；❹ ②请求人或相关利益方在提出 PGR 请求后提出司法诉讼，该诉讼程序将自动等待 PGR 程序的结果。❺

---

❶ 35 U. S. C. § 321.
❷ 销售公开的标准是指如果一项发明主题如果在申请日前已经被销售一年以上，则该发明不能被授权。
❸ Trial Practice Before the Patent Trial and Appeal Board 37 C. F. R. § 42.204（2012）.
❹ 35 U. S. C. § 325（a）（1）.
❺ 35 U. S. C. § 325（a）（2）.

(二) 多方再审程序 (IPR)

除专利权人外的任何人均可以提出多方再审程序请求。与授权后再审程序 (PGR) 提出请求的理由较为宽松不同，提出 IPR 请求的理由限定较为严格，仅限基于专利和公开出版物记载的现有技术，对于授权专利的新颖性和非显而易见性提出的无效理由。提出 IPR 请求的时限要求为：①专利授权或再授权后的 9 个月后或②如果提出 PGR 请求，PGR 程序终止之日两者中较晚的日期。

与 PGR 程序类似，为防止 IPR 与美国地区法院的司法诉讼程序作出相冲突的决定，如果潜在请求人已经在地区法院提出挑战专利有效性的诉讼，该潜在请求人将不能提出 IPR 请求。[1] 然而，如果潜在请求人被诉侵权，则可提出 IPR 请求作为挑战专利有效行的反诉手段。[2]

(三) 商业方法专利过渡期再审程序 (CBM)

商业方法专利过渡期再审程序可以看作是一种特殊的授权后再审程序，针对挑战涉及用于实施、监督或者管理一个金融产品或者服务的方法、设备或者操作的专利的有效性而设置。[3] 与 PGR 程序要求不同，如果潜在请求人、相关方或利害关系人被诉针对某项商业方法专利的侵权，该潜在请求人可以在超出授权后 9 个月内提出挑战该商业方法专利有效性的授权后再审程序请求。与 IPR 程序不同的是，请求人可以就任何可专利性条件提出无效理由，也就是说除新颖性和创造性外，CBM 程序请求还可以针对缺乏可授权主题和说明书没有充分公开提出。

(四) 3 种后审程序比较

虽然授权后再审程序、多方再审程序和商业方法专利过渡期再审程序都属于由 PTAB 审理的专利后审程序，但三者在请求条件和适用对象上存在明显的区别。3 种后审程序的主要异同如表 1。

---

[1] 35 U.S.C. § 315 (a) (1).
[2] 35 U.S.C. § 315 (a) (2).
[3] AIA, § 18.

表 1 PTAB 三种程序对比表

程序名称	适用对象	请求时机	审理时限	请求人	请求理由充分性标准	请求依据
授权后再审程序（PGR）	发明人先申请制实施后授权的专利	自专利授权或再授权之日起 9 个月内	请求受理后 1 年内完成，有正当理由的情况下可以延长 6 个月	除专利权人和曾就该专利有效性提出司法诉讼的起诉人外的其他人	被挑战专利较有可能不具备可专利性或者存在一个新的或对于其他专利申请重要的未决法律问题	可授权主题、新颖性、非显而易见性、说明书的要求、重复授权等
多方再审程序（IPR）	所有授权专利	在①专利授权后的 9 个月后或②如果提出 PGR 请求，PGR 程序终止之日两者中较晚的日期	同上	除专利权人和曾就该专利有效性提出司法诉讼的起诉人，以及之前 1 年以上就该专利被诉侵权的被诉人之外的其他人	被挑战专利有合理可能不具备可专利性	基于已有专利和印刷出版物提出对于新颖性或非显而易见性的质疑
商业方法专利过渡期再审程序（CBM）	所有授权专利（涉及金融产品和服务）	在 PGR 程序不可采用或者完成后	同上	必须为被诉或被指控侵权的人	同 PGR	除对新颖性要求有所区别外，与 PGR 程序要求相同

039

从表 1 中可以看出，除审理时限 3 种后审程序要求一致外，在涉及请求条件和适用范围的要求上三者存在着区别：①就适用对象而言，PGR 程序仅限于 AIA 法案生效、发明人先申请制实施后的授权专利，而 IPR 程序和 CBM 程序则适用于所有授权专利（CBM 限于金融产品或服务的专利）；②就请求时机而言，PGR 程序可以看作是按照时间顺序授权后首个可以采用的后审程序，而 IPR 程序和 CBM 程序则最早要在专利授权或再授权 9 个月后提出；③就请求人适格条件而言，3 种程序均将专利权人排除在外，同时为避免与司法诉讼进行重复性工作并发生潜在冲突，PGR 程序和 IPR 程序对于挑战专利权有效性司法诉讼的起诉人予以排除，CBM 程序规定则更为严格，仅被诉或被控侵权方可作为请求人；④就请求的实质性条件而言，PGR 程序和 CBM 的请求依据较为宽泛，但请求理由的充分性要求标准较高，即较有可能（more likely than not）证明专利无效，而 IPR 程序的请求依据较为严格，仅限于针对专利权的新颖性和非显而易见性，但请求理由的充分性标准相对较低，即有合理可能（reasonable likelihood）证明专利权无效。

三、PTAB 对于专利授权后挑战专利权有效性方式的影响

（一）PTAB 后审程序的优点

如本文开头所述，在前 AIA 时代，USPTO 的两种原有后审程序设置由于对专利权人更为有利，不受潜在请求人的青睐，请求数量不高。这也是 AIA 中包含了设立 PTAB 以及 3 种新的后审程序的原因，希望通过程序的优化和调整来提高后审程序的使用率，利用 USPTO 相较法院而言对于技术的理解和把握更为准确的优势，在提供具有专业性技术意见的"迷你"专利审判的同时，也减轻司法诉讼程序的负担。PTAB 的后审程序也具有以下优点。

第一，与前 AIA 时代的后审程序相比，3 种新的后审程序在流程设计上增加了对于专利权人修改权利要求的限制，加大了修改权利要求的难度，从而改变了前 AIA 时代后审程序更有利于专利权人的特点。第二，PTAB 的程序也具有与司法诉讼类似的设置，包括各方有限的调查程序、PTAB 合议组审理等。第三，为了避免 USPTO 内部程序和司法程序同时进行所产生的重复工作并由此导致作出相互冲突的结论，AIA 中设计了 PTAB 程序与司法诉讼程序的衔接和连动。

此外，与司法诉讼程序相比，PTAB 程序还具有成本低、作出决定周期短以及潜在地相较于法院法官而言 PTAB 的法官更乐于考量请求人提出的专业技术意见等优点。因此，在后 AIA 时代，PTAB 的后审程序受到了请求人的欢迎，请求量相较于前 AIA 时代大幅提高。

（二）PTAB 三种程序的相关统计及分析

表 2 中显示了自 2012 年 AIA 正式实施后至 2015 年 7 月 16 日的 PTAB 三种后审程序的请求数量。❶

表 2　PTAB 三种后审程序请求量统计　　　　单位：件

财年年份	PGR	IPR	CBM	年度总计
2012	—	17	8	25
2013	—	514	48	562
2014	2	1 310	177	1 489
2015	8	1 385	130	1 523
分类总计	10	3 226	363	3 599

从表 2 中可以看出，3 种后审程序中 IPR 请求量最高，CBM 次之，PGR 最低，这与 3 种程序的适用范围和不同定位有关。

IPR 程序可以看作前 AIA 时代的多方复审程序的升级版和替代程序。首先，它的适用范围较广，不仅限于 AIA 生效后基于发明人先申请制的授权专利，也包括先发明制下的授权专利。其次，相对于原多方复审程序其程序设置对专利权人修改权利要求进行了限制，对于潜在请求人更具吸引力。因此，IPR 程序相较于原多方复审程序请求量大幅增加，在 PTAB 现有 3 种后审程序中请求量最大。

IPR 程序请求量持续增加的另一个重要原因可能是其对于请求人提出的无效理由的高维持率。图 1 中显示了截至 2015 年 12 月 31 日结案的 IPR 程序的审理结果分布。可以看出，在被批准的 IPR 请求中，超过半数（53%）PTAB 法官全部支持或者部分支持了请求人提出的无效理由。

---

❶ 来源：USPTO 相关报告中的数据，截至 2015 年 7 月 16 日。

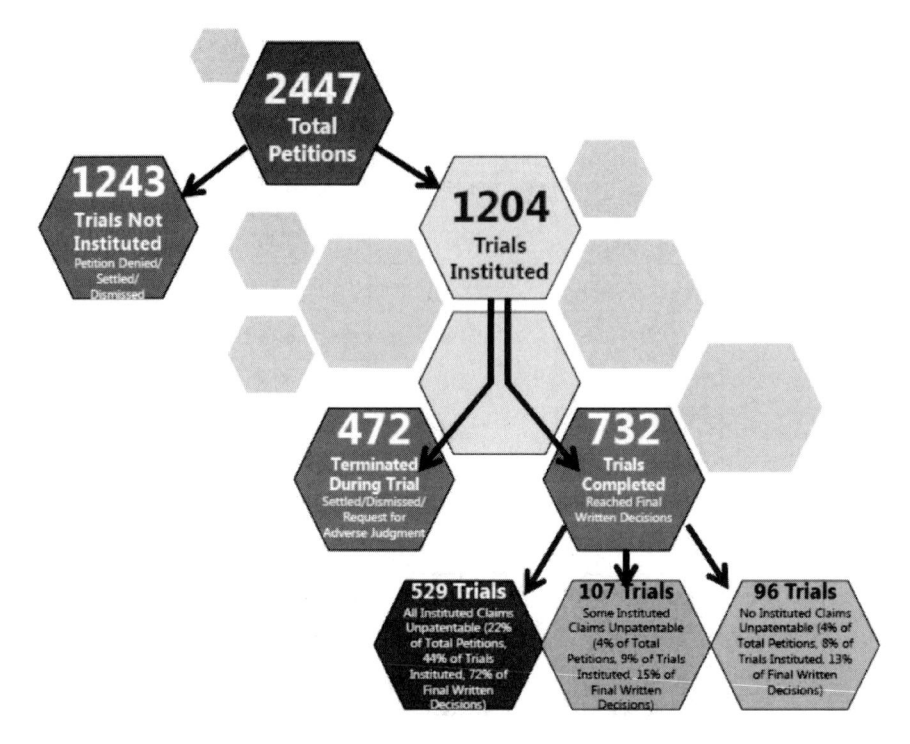

图 1 IPR 程序的审理结果分布❶

CBM 程序作为一项仅针对商业方法的后审程序，仅有被诉或被控侵权方才可提出请求，因此适用范围较为有限。但从 CBM 请求量变化趋势可以看出美国对于商业方法可专利性判断标准的变化带来的影响，在 2014 年在美国最高法院就 Alice 公司诉 CLS 国际银行❷这一对商业方法可专利性影响巨大的判决作出后，由于该判决具有可追溯性，因此对于商业方法可专利性的挑战快速增加，请求数量较 2013 年大幅增长。

与前两项后审程序相比，PGR 程序的使用频率相对较低。这首先与 PGR 的适用范围有关，PGR 程序仅适用于在 2013 年 3 月 16 日 AIA 发明人先申请制实施之后授权的专利。考虑到审查周期，最早的授权专利也要在 2014 年出现，因此符合条件的授权专利总量不高。另外，考虑到 IPR 程序的请求期限更为宽松以及到目前为止对于无效理由的高维持率，请求人可能更倾向于采用 IPR 程序，抑或在拟提出挑战专利有效性请求时已经超过 PGR 程序授权后 9 个月的时限，只能选择 IPR 程序。

---

❶ 来源：USPTO 官网 http：//www.uspto.gov/sites/default/files/documents/20160204_PPAC_PTAB_Upate.pdf。

❷ 134 S. Ct. 2347（2014）Alice Cooperation PTY. LTD., v. CLS Bank International et al.

四、PTAB 后审程序实施中的 3 个热点问题

如果对 PTAB 的最终书面决定不服，可以在该书面决定发出的 63 日内向联邦巡回上诉法院（Court of Appeal for the Federal Circuit，简称 CAFC）提出上诉。联邦巡回上诉法院可以作出支持驳回全部或部分权利要求、支持允许全部或部分权利要求、推翻或者发回 PTAB 重审等多种判决结果。在不被美国最高法院提审的情况下，其判决结果也将会成为先例对后续判决产生指导作用。随着 PTAB 的设立和 3 种后审程序的正式实施，在实践过程中出现了一些新的问题和争议，结合 CAFC 作出的判决对以下 3 个热点问题进行介绍。

（一）权利要求的解释

目前关于 PTAB 所有的争议中，最受关注的是权利要求解释标准的适用。在 PTAB 的 3 种后审程序的判决实践中，对于权利要求的解释，PTAB 采用了与 USPTO 在审查中同样的最宽合理解释标准（the broadest reasonable interpretation standard）。与此相比，法院则采用了一种范围更窄的按照本领域技术人员原始或者通常的理解来解释权利要求，在 CAFC 审结的 Cuozzo 案[1]中，CAFC 支持了 PTAB 所采用的最宽合理解释标准。但随着 Cuozzo 案在 2016 年 1 月被美国最高法院提审，目前还在审理过程中。作为第一件最高法院提审的涉及后 AIA 时代授权专利的司法案件，其对于 PTAB 采用的权利要求解释标准的适用作出的最终裁决势必将产生重大影响。

（二）拒绝后审程序请求的终审权

在实践中，如果 PTAB 认为请求人提出的后审程序请求不符合条件，可以作出拒绝该请求的决定。因此，有请求人针对该决定向 CAFC 提出了上诉。在 CAFC 针对 St. Jude 医疗公司诉火山公司一案[2]作出的判决中，明确了不能就 PTAB 关于拒绝请求人的后审程序请求的决定提出上诉，除非 PTAB 作出的决定违反美国宪法，由此也确立了 PTAB 对于是否受理后审程序请求具有终审权。

（三）商业方法的判定标准

商业方法的判定标准是经常向 CAFC 提出上诉的依据，存在争议的问题是 CAFC 是否可以重审 PTAB 关于一项专利是否为商业方法专利的决定，确定"金融产品和服务"以及"技术发明"的适用标准和范围。在之前的讨论中，USPTO 表示 CAFC 应不被允许就适用于商业方法的定义进行重审。目前，CAFC 还未就该问题提出指导意见。

---

[1] In re Cuozzo Speed Technologies, 793 F. 3d 1268 (2015).
[2] St. Jude Medical, Cardiology Division, INC. v. Volcano Corporation, 749 F. 3d 1373 (2014).

五、结　语

总体来说，后 AIA 时代的美国专利后审程序的改革提升了后审程序对于潜在请求人的吸引力，请求量较前 AIA 时代大幅攀升，从而分担了部分潜在向法院提出司法诉讼的案件，减轻了法院的工作负荷，也提供更具技术专业性意见的判决。与此同时，有效提升了 USPTO 在专利保护中的地位和作用。

随着 PTAB 后审程序实践的深入，也产生了一些争议和问题，例如权利要求解释标准等。这些问题的产生和相关讨论也说明了 PTAB 三种程序受到了较高的关注。未来，协调 PTAB 和法院间相关判断标准、通过在 PTAB 和法院间有效的衔接和互动，提升专利保护行政和司法程序的效率和效果将是后 AIA 时代的专利后审程序面临的主要挑战。对这些问题的关注和研究，也将对我国正在建立和运作的知识产权法院与现有的专利复审委员会之间的协调和衔接有着积极的参考和借鉴意义。

美国专利商标局卫星局建设最新进展*

机械发明审查部　俞翰政
材料发明审查部　刘天佐　赵　洁

摘　要：为了应对在专利申请量增加和招聘大量高素质审查员方面的长期挑战，美国专利商标局（USPTO）决定增加远程办公，并建立华盛顿特区（USPTO 总部所在地）之外的卫星局。目前USPTO 在底特律、达拉斯、丹佛和硅谷的 4 个卫星局建设已经取得明显进展。USPTO 建立评估标准体系确定卫星局选址，采用创新管理模式确保审查业务平稳发展并开展多项延伸活动服务地方。目前 4 个卫星局已经取得了令人振奋的成绩，USPTO 的卫星局有助于保护美国的创新和竞争力，并致力于为企业家、发明人和小企业提供服务，同时更紧密地服务于社会和地区工业的发展。

关键词：美国专利商标局　卫星局　远程办公

根据美国专利商标局（下称 USPTO）2007～2012 年战略规划，为了应对在专利申请量增加和招聘大量高素质审查员方面的长期挑战，USPTO 决定增加远程办公，并在 2010 年年底宣布在密歇根州底特律市建立第一个华盛顿特区（USPTO 总部所在地）之外的卫星局。2011 年 9 月 16 日，奥巴马总统签署了《美国发明法案》❶（以下称"AIA 法案"），根据该法案规定，USPTO 要在美国建立 3 个或更多的卫星局。USPTO 据此开展了一系列卫星局的建设工作，目前 USPTO 的 4 个卫星局建设已经取得明显进展。

一、AIA 法案明确建设卫星局之目标

在底特律卫星局建立之前，USPTO 已经认识到，为了应对专利申请量的增长和提高专利审查质量，需要招聘大量高素质的审查员。但是由于应聘者中愿意搬迁至 USPTO 总部（华盛顿特区）的人员数量毕竟是有限的，因此USPTO 考虑在华盛顿特区之外设立卫星局和招聘审查员，开展远程办公。在 2010 年年底确定以底特律为试点，开展卫星局建设。

2011 年的 AIA 法案更是明确了设立卫星局的目的和预期成效。AIA 法案支持

---

* 本文内容根据 USPTO 局长 Michelle K. Lee 博客中的《关于卫星局报告》编写。
❶ 莱希-史密斯《美国发明法案》，公法 No. 112-29，联邦法律汇编第 125 卷，284（2011）。

USPTO 提高专利质量，减少专利申请积压，降低发明人的专利费用，提高专利权的确定性。AIA 法案规定，设立卫星局的目的是为了给 USPTO 提供以下帮助：

（1）开展更多的延伸活动，加强专利局与专利申请人和发明人的联系；

（2）避免审查员的流失；

（3）改善审查员的招聘；

（4）减少审查积压；

（5）提高审查质量。

AIA 法案要求，USPTO 在卫星局的选址、建设以及运营方面都要确保达到这些目标。

二、根据评估标准确定卫星局选址

底特律卫星局作为试点，在卫星局的选址标准方面提供了很多的尝试，包括当地劳动力中科学家和工程师的比例、失业率、是否具有高水平的专利活动、交通便利性以及卫星局设立对当地是否创造了经济发展机遇等。

在 AIA 法案之后，USPTO 发展出了一套固定的选址评估标准。首先，USPTO 请公众对于卫星局的地址进行推荐，USPTO 共收到来自社会公众、城市和商业团体的 600 余条意见。在将这些推荐城市中去掉没有实质性推荐意见的城市之后，USPTO 根据都市统计区域划分的方法（美国行政管理和预算局通常用于进行地理评估的方法），对推荐城市进行分组，并形成了 53 个候选地址。

根据 AIA 法案对于卫星局设立目的的要求，以及此前底特律选址时的经验，USPTO 考虑了 6 个方面，并将每个方面细化成为如表 1 中的指标。

表 1 细化的指标

招　聘	与申请人的联系
效益指标： ● 高质量技术人员的数量 ● 平均的市场薪酬 ● 生活成本 ● 专利授权数量 ● 高质量技术人员的失业情况 ● 专利代理人和律师的数量 ● 工程院校的距离 ● 住房成本 ● 生活质量	效益指标： ● 专利受让人的数量 ● 工程院校的距离 ● 专利授权数量 ● 专利代理人和律师的数量 ● 小实体授权的数量
	运营费用
	效益指标： ● 商业不动产花销 ● 临时工作费用 ● 到达交通中心的便利程度

续表

人员保留	经济影响
效益指标： ● 平均的市场薪酬 ● 生活成本 ● 通勤时间 ● 高质量技术人员的失业情况 ● 公共交通 ● 房价 ● 生活质量	效益指标： ● 总 RIMS❶ II，输出 ● 总 RIMS II，收入 ● 总 RIMS II，雇用
	地理差异性
	效益指标： ● 离其他 USPTO 局的距离 ● 覆盖的人口

USPTO 对各候选城市按照如上指标体系进行了评估，并从距离和人口覆盖的角度考虑了他们与 USPTO 总部所在地亚历山大镇以及底特律卫星局所在地之间的地理差异，剔除了那些与这两个地址过近的城市（注：国会要求卫星城的选址必须满足地理差异性），形成了一个提名名单，在经局长的最后考虑之后，报美国商务部长批准。

2012 年 7 月，USPTO 宣布了另外 3 个卫星城的选址：德克萨斯州的达拉斯、科罗拉多州的丹佛以及加利福尼亚的硅谷。这样美洲大陆的每一个时区都建立了至少一个局。每个地址都为卫星局提供了许多便利，例如生活成本低、可以招聘受过良好培训的专业人员、跟当地的 IP 利益相关者社团、特别是具有丰富 IP 经验和许多授权专利的 IP 利益相关者社团更多接触的机会等。

三、卫星局管理模式突现地方特色

1. 四个卫星局将逐步投入运营

在 USPTO 总部建立了一个卫星局管理团队，负责所有卫星局项目的行政管理和协调。其中底特律卫星局于 2012 年 7 月开始投入运营。由于预算等方面的限制，其他 3 个卫星局的建设有所延迟。根据 USPTO 局长 Michelle K. Lee 博客所发布的信息，丹佛卫星局的永久办公地点在 2014 年 6 月开始投入运营，达拉斯和硅谷的永久办公地点在 2015 年晚些时候开始投入运营。

2. 卫星局的管理架构突出服务地方特色

根据在底特律卫星局总结出来的运行管理模式，每个卫星局设立一个地

---

❶ RIMS，是 Regional Input-Output Modeling System 的缩写，意思是区域投入产出模型化系统，是美国商务部经济分析所使用的用于评估一个项目对一个地区的总体经济影响的方法，用于测量经济活动的改变对当地社区或国家的特殊区域在经济方面的影响。RIME 数据被用来评价投资对每个候选大城市的区域产出、收入和职业的影响。

区主任，他是代表 USPTO 在卫星局负责全面事务的最高管理者，并负责与 USPTO 其他部门和其他卫星局的协调。卫星局设立的一个重要目的是要在当地开展延伸活动，以加强与当地创新者的联系。因此除了地区主任之外，卫星局还专门设立一个副主任负责延伸工作，包括管理卫星局面向本地公众开放的延伸活动设施的日常运营。

3. 总部对卫星局进行直接管理

卫星局设立一名地区管理者，负责当地的审查工作运转。USPTO 为卫星局新审查员指派了处长，他们给新审查员在当地提供帮助，这些处长支持地区管理者的工作。但卫星局的审查员是由亚历山大总部各技术中心内的相关技术单位来管理的，每名卫星局的审查员的直接管理和考核定级都由总部各技术中心负责。这种方式确保全局在专利申请审查实践和程序上的一致性，同时也使专利局从整体的角度对待专利申请积压。所有的专利申请仍继续在亚历山大总部提交，在经过安全检查和处理之后，分配给适当领域的审查员，而不用考虑该审查员实际所处的地理位置。

4. 卫星局招聘审查员超七成具备 IP 经验

每个卫星局招聘 100 名左右的审查员，还有技术支持人员、行政助理和管理人员等。为了提高 USPTO 处理审判和申诉案件的能力，卫星局还在当地为 USPTO 审判和申诉委员会（PTAB，原申诉和抵触委员会）招聘行政专利审判员（APJ），每个卫星局计划招聘至少 20 名，负责在当地开展涉及无效等方面的审查工作。目前 USPTO 审判和申诉委员会有大约 20% 的行政专利审判员都在卫星局工作。底特律卫星局在第一年的运营中成功地招聘和培训了 100 多名审查员。大部分审查员是从当地招聘的，且约 75% 的人之前具有 IP 经验。同样，丹佛卫星局招聘的审查员也是大部分具有 IP 经验。为了帮助招聘，2015 年 3 月，USPTO 还举办了一次网络讨论会，由 USPTO 的审查员分享他们在 USPTO 的经历和回答潜在应聘者的问题。

5. 卫星局具有与总部相同的培训及工作机会

卫星局的审查员参加与亚历山大总部的审查员相同的新审查员培训课程，培训包括从亚历山大经由视频会议进行的课程宣讲，并由卫星局的培训教师面对面进行帮助。由于卫星局的审查员能够通过视频等方式获得和亚历山大总部审查员同样的培训以及各种提高培训，拥有同样的弹性工作时间和在家办公机会，并且有更多的工作地点选择，因此目前审查员队伍比较稳定。

6. 卫星局牵头开展审查员与技术专家的交流

根据美国专利商标局 2014~2018 战略计划，[1] USPTO 为审查员提供法律

---

[1] 美国专利商标局. 美国专利商标局 2014-2018 战略计划 [EB/OL]. [2014-09-25]. http://www.uspto.gov/about/stratplan/USPTO_2014-2018_Strategic_Plan.pdf.

和科技方面的培训。USPTO 还打算在现有的专利审查员技术培训项目（PETTP）的基础上，使来自产业界和学术界的技术专家、科学家和工程师为专利审查员提供技术培训，以使审查员跟上最新技术的发展，而卫星局在这些方面将起到重要作用。2014 年，底特律局为全国审查员举办了一次底特律产业界专家的视频培训会议。

通过卫星局加强与地方的联系，卫星局还开展了现场经验教育项目（SEE），为专利审查员提供了解公司真实状况的机会，帮助他们学习技术发展的新动态和获得在该领域技术运作方式的第一手资料。作为 SEE 项目的一部分，在 2014 年 6 月，一些专利审查员与硅谷主要工业利益相关者举行了一系列的会议。作为卫星局在当地大学中提供 IP 教育的回报，大学也为审查员提供了关于现有技术和最新进展的技术知识，这帮助审查员熟悉现有技术并提高了专利审查质量。

7. 卫星局通过视频会晤加强审查员与申请人的交互

卫星局的建设还有助于审查员和申请人在审查过程中通过会晤加强联系。每个卫星局都有一个视频会议室，申请人在视频会议室通过 USPTO 的安全视频系统可以与国内任一位置的审查员进行会晤。自从卫星局开放这种交互讨论以来，底特律的视频会议室已经多次使用。通过与申请人的对话，审查员更好地理解要求保护的发明，能够更快和在了解更多信息的基础上作出审查决定，提高专利质量。

四、卫星局建设有效缩短审查周期

USPTO 通过大量招聘高水平员工和改进审批效率，提高了审查能力，在减少积压方面也持续取得显著的进步。USPTO 的未审新申请从 2009 年超过 70 万件的最高值降至 2014 年 7 月的约 62 万件，继续审查请求从 2012 年 7 月的约 9.6 万件降至 2014 年 7 月的约 6.2 万件。此外，USPTO 的"一通"周期降至 18.2 个月，总审查周期降至 29.1 个月，这是自 2005 年以来的最低水平。USPTO 到 2019 年的目标是"一通"周期为 10 个月，总审查周期为 20 个月。

五、卫星局着力通过延伸活动加强与发明人和申请人的联系

卫星局非常重视加强与发明人和申请人之间的联系，将其称之为延伸活动。延伸活动是 USPTO 战略计划的关键组成部分。一方面为申请人提供更为便利的服务，另一方面宣传 USPTO 相关政策并为各类团体提供支撑。

1. 卫星局为当地用户提供便利的资源和服务

卫星局为当地的发明人和申请人、特别是不便于去 USPTO 总部的独立发明人和小企业提供了与 USPTO 总部一致的各类资源和服务，例如：卫星局为

申请人提供了与 USPTO 的包括 IP 资源专家、审查员和管理人员会面和交流的空间，以便帮助申请人提升 IP 经验，促进其改进申请质量，能够使审查更加高效和产生更高质量的专利。

卫星局提供的工具和服务包括：

（1）与 USPTO 内部检索工具连接的公共检索终端；

（2）支持视频会议和实时会晤的会议室；

（3）具有视频会议功能和能够进行审理的 PTAB 听证室；

（4）为公众提供例如演讲等延伸和教育项目；

（5）现场实时或者通过视频回答问题；

（6）USPTO 发明人援助中心热线。

2. 通过开展各类延伸活动提高 IP 影响力

卫星局采取延伸活动为公众提供关于 IP 保护重要性的教育，招聘审查员，并和利益相关者进行有关政策的讨论。USPTO 设想将卫星局作为区域中心以促进伙伴关系，为当地的发展提供配套的 IP 支持服务、孵化器和加速器。在很多情况下，USPTO 总部的员工会帮助开展这些活动。

截至 2014 年 7 月，在底特律和硅谷，USPTO 分别已经参与超过 100 项延伸活动。在丹佛和达拉斯开展的大量延伸活动也为在那里启动永久办公地提供了帮助。

USPTO 在卫星局面向以下六类群体开展的形式多样、内容丰富的延伸活动：

（1）帮助发明人

USPTO 的延伸活动希望能够扩展至更广泛的群体，这一群体包括独立发明人、小企业、少数民族和其他服务水平不足的社团。例如，底特律的周六研讨会为独立的发明人、企业家和小企业举办，讨论专利过程和 USPTO 及当地可用资源。自从底特律局启动以来，这一受欢迎的活动已经举办了超过 6 次，预计其他卫星局也会开展周六研讨会。Maker Faire 项目则提供了一个论坛，供参与者展示他们在从传统科学到例如烹调和讲故事等的不同领域的技术创新。此外，USPTO 参与了达拉斯 2013 年企业家训练营活动，参加了在得克萨斯举办的区域独立发明人会议和在 2014 年 5 月在丹佛大学举行了女性企业家讨论会。USPTO 也传播 IP 教育和在线资源，并为参与者提供一对一的帮助。

（2）商务社团

USPTO 参与各种类型的延伸活动事务。2014 年在丹佛和硅谷，USPTO 进行了小企业倾听巡回访问（listening tour），目的在于和当地企业家增进了解，使 USPTO 的可用 IP 资源更好地满足当地的需求。

在2014年6月，USPTO参与科罗拉多州大学讨论会，为丹佛的小企业社团提供了有关当前USPTO的行动措施、AIA法案和专利质量等方面的培训。在2014年6月，USPTO参加了包括商务部行政长官和5个财富500强公司CEO及创始人的高峰会议，以了解这些公司面临的IP问题，并探讨合作的解决方案。

USPTO和达拉斯企业家中心合作，支持当地的创新社团。底特律局与AutoHarvest基金会也开展合作以促进高端制造业发展。这些合作提供了在线环境，帮助创新者交换信息、便于技术交流和鼓励企业家活动。

2015年6月，硅谷卫星局与USPTO的"IP Attaché"项目合作，在圣地亚哥和洛杉矶举办了会议，直接听取利益相关者在IP方面的关注和面临的挑战，了解这个项目如何能够提供帮助。USPTO在丹佛、加利福尼亚都举办了"Pro Bono"项目研讨会，讨论如何更好地促进该项目的开展，以对缺少资金的独立发明人和小企业在专利申请和审查方面提供费用资助。

2015年4月，USPTO局长Michelle K. Lee出席了在底特律举办的企业家峰会和发表演讲，并参加了当地关于专利创新的圆桌会议，讨论了知识产权对于地区的影响，以及各方如何更有效地合作以促进经济增长。

（3）大学

为了在创新核心来源之一的大学中有效地培养IP意识，USPTO定期深入到大学学生和老师中。底特律局举办了把专利审查过程带到学生生活中的巡回访问，有超过6个大学参与了此项活动。底特律局还为当地大学和法学院举办IP知识讲座。

（4）面向基础教育的STEM教育

美国认为，科学、技术、工程和数学的教育（STEM）对于培养高素质的劳动者和未来的创新是最重要的。因此卫星局的延伸活动也通过不同方式为基础教育阶段的学生（K-12学生）和老师提供STEM教育。

在底特律，USPTO参加了当地科学展览会并在化学节目中主办了"USPTO的受欢迎的孩子"项目。底特律局还与一家非洲美洲历史博物馆合作帮助提供儿童的STEM教育和IP保护教育。在硅谷，USPTO主持了两个关于STEM和IP教育的教师研讨会。2014年，USPTO为全国的教师举办了3天关于STEM和IP教育的K-12教师讲座。2015年7月，USPTO副局长Russell Slifer出席了在达拉斯的得克萨斯大学举办的关于创新、STEM以及IP的第二届全国夏季教师培训班开幕式。8月，USPTO、达拉斯企业家中心以及SMU大学还将举办达拉斯企业家会议，帮助企业家更好地保护知识产权和促进经济增长。

（5）各级政府

卫星局为USPTO与华盛顿特区之外的其他联邦、州和当地机构之间的合作创造了新机会。通过这些合作，USPTO 能够访问当地利益相关者的网站，并在共同感兴趣的 IP 和 USPTO 服务方面为各级机构提供支持。为了支持所有的卫星局，USPTO 正在促成与美国小商业管理局（SBA）及其当地的小商业管理发展中心的网络进一步合作。

此外，USPTO 与联邦、州和当地机构合作，能够帮助有限的政府资源实现效率最大化。例如，2013 年加利福尼亚州议长办公室为 USPTO 提供 50 万美元，这将帮助 USPTO 提供继续教育、举办延伸活动，并加速硅谷卫星局永久办公地的启动。

（6）与不同利益相关者共同制定知识产权政策

在评价和制定各项政策时，USPTO 注重倾听知识产权利益相关者的反馈，卫星局帮助进行这种政策讨论。例如，USPTO 已经与软件社团形成伙伴关系，以提升与软件相关专利的质量，并且在硅谷地区举行会议以影响当地的软件 IP 专家。此外，USPTO 举办 AIA 法案的宣传圆桌会议，为当地的 IP 社团通报新专利法，组织公众评论。

在 2013 年 7 月，由 USPTO 和国家电信与资讯局（NTIA）领导的商务部网络政策特别委员会（IPTF）发布了"在数字经济下著作权、创新与发明"绿皮书。[1] 这个绿皮书全面分析了当前数字版权政策，其目的是帮助推进关键版权问题上的讨论和行动。

USPTO 和国际商标协会在全国（包括卫星局所在地）协助合作了许多商标圆桌会议，帮助 USPTO 更好地了解其利益相关者的商标需求，并为 USPTO 商标工作提供了深刻的理解。

USPTO 局长 Michelle K. Lee 认为，目前 4 个卫星局已经取得了令人振奋的成绩，USPTO 的卫星局有助于保护美国的创新和竞争力，并致力于为企业家、发明人和小企业提供服务，同时更紧密地服务于社会和地区工业的发展。

六、美国专利商标局卫星局建设对我局的借鉴意义

美国专利商标局近年来持续致力于保护美国的创新和竞争力，提高审查质量和效率，产生高质量的专利。这一点和我局当前面临的任务及挑战非常类似，所采取的主要措施之一也同样是在专利局总部之外建设审查机构。因此美国专利商标局卫星局的建设对于我局审查协作中心的建设，具有很好的借鉴意义。这种借鉴意义体现在以下两个方面。

（一）提高审查质量和效率

根据卫星局建设的经验，卫星局一方面要确保自身审查工作与在同领域

---

[1] 商务部网络政策特别委员会. 在数字经济下著作权、创新与发明 [R]. 2013.

的审查实践的一致性，同时也要为支持整个美国专利商标局的审查工作质量效率发挥作用。

1. 确保同领域的审查实践的一致性

尽管属于同一领域的审查员可能分散在总部和卫星局等多个地方，但是为了确保同领域审查实践的一致性，美国专利商标局强调同一领域审查员统一管理，包括统一培训、统一质量管理、统一指导、统一考核定级。这一点与欧洲专利局类似。我局审查协作中心的情况虽然与美欧两局有所不同，由各审查中心对自己单位的质量全面负责，但是同领域内的审查标准执行一致也仍然是审查质量保障的重要内容。为此应当思考，在没有类似美欧两局的由同领域行政上的统一管理来帮助实现标准执行一致，也即怎样充分发挥以局审查部为核心的同领域业务指导机制的作用，确保同领域审查标准执行一致。

为此建议参考美欧两局的质量保障经验：

（1）建立同领域质量保障协调工作组

建立类似欧洲专利局部门级质量委员会的同领域质量保障协调工作组，建立同领域质量保障工作组，由局审查部质量保障处处长为组长，各审查中心对应领域审查部门负责质量保障的部主任/副部主任为组员，该组向局审查部部长、局审查部以及各审查中心负责质量保障的副主任汇报工作。由该组织牵头确定同领域的质量提升工作方向、急需解决的主要质量问题和解决方案、统一领导同领域业务指导和培训工作的开展。

（2）开展同领域的质量检查和分析

从美欧两局同领域异地办公的质量管理经验来看，统一开展质量检查和分析，有助于发现和解决本领域审查标准执行不一致的问题。因此建议，可以在同领域局审查部和各审查中心中，按照统一的资格要求，选拔一批高水平领域级的质检员，建立本领域公共质检池，开展案件的随机交叉质检和质量分析。质量检查和分析结果向本领域质量保障协调工作组汇报。

（3）利用大数据开展同领域质量分析

充分利用大数据技术，从分散在各地开展的审查工作中，收集审查过程数据、审查结果数据、各部门单位的质量检查数据、后审反馈数据、外部反馈数据、局级质量评价数据等，进行分析汇总，结合质量检查分析报告，明确本领域质量提高的方向和重点，评估已经采取的质量改进措施的成效，形成本领域年度质量报告，向本领域质量保障协调工作组汇报。

2. 卫星局支持全局提升审查质量和效率

卫星局的设立，也为提升整个美国专利商标局的审查质量和效率提供了一定的支持作用，值得我局借鉴。主要体现在以下几个方面。

（1）利用当地的资源，联系自产业界和学术界的技术专家、科学家和工程师，为全局审查员技术培训项目（PETTP）提供支持。

（2）通过卫星局与地方的联系，为专利审查员开展现场经验教育项目（SEE），类似我局审查员到企业的实践活动。并且联系当地大学为审查员提供关于现有技术和最新进展的技术知识。

（3）卫星局当地的视频会议室，为国内任一审查机构的审查员与申请人的视频会晤提供支持。

（二）服务地方，促进创新，提高专利质量

卫星局的两项重要职能之一就是服务地方，为此每个卫星局都设有一名副主管专门负责此项工作。美国专利商标局希望卫星局能够成为区域中心，服务地方和促进创新。主要值得借鉴的有以下几个方面。

（1）在当地为USPTO审判和申诉委员会（PTAB，原申诉和抵触委员会）开展涉及无效等方面的审查工作。

（2）为当地发明人和申请人与USPTO总部一致的各类资源和服务，包括：公共检索终端、会晤室、现场咨询、发明人援助热线等。

（3）与当地发明人、申请人、科研机构、企业、教育机构、政府等开展广泛的交流和互动，包括扩大知识产权影响力和普及知识产权知识，提供关于美国专利商标局的相关法律、政策、程序和资源等的培训，参与当地各类团体为解决知识产权困难和挑战的研讨并提供帮助等，从而为促进创新和提高专利质量提供支持。

（4）通过与当地的联系，更广泛听取对美国专利商标局有关政策的意见建议。

这些对于我局当前支持创新驱动发展战略、促进提升专利质量的工作有很大的借鉴意义。各审查协作中心不仅仅是审查中心，通过加强与地方的联系，为地方的企业家、发明人和小企业提供指导和服务，为地方的知识产权普及提供支持，也可以成为区域的创新指导中心或者专利质量提升中心。

美国专利商标局质量提升计划介绍

审查业务管理部 赵 爽

摘 要：美国专利商标局自2015年初开始了一项名为质量提升计划的活动。该计划意在确保专利权的确定性及清楚性，从而激励创新并减少不必要的诉讼，同时进一步提升公众对于知识产权重要性的认知和理解。本文对该计划的背景、内容以及最新进展进行了介绍，以期帮助读者了解美国专利商标局在专利审查政策方面的最新动向。

关键词：USPTO 质量 提升 用户反馈

美国专利商标局（USPTO）于2015年2月5日发布了联邦纪事通告（Federal Register Notice），就其推动的意在提升质量的一系列行动征求公众意见，由此拉开其声势浩大的质量提升计划（Enhanced Patent Quality Initiatives，EPQI）的序幕。该计划意在确保专利权的确定性及清楚性，从而激励创新并减少不必要的诉讼，同时进一步提升公众对于知识产权重要性的认知和理解。

一、背 景

（一）USPTO获得了稳定的预算支持

《美国发明法案》（AIA）赋予了USPTO确定及调整费用的权利，USPTO所有收入仅可用于专利商标局的支出，超出支出比例的部分用以建立储备基金用于专利运营。以上规定保证了USPTO具有充足的资金考虑长期的并且高成本的质量改进措施。

（二）USPTO缩减积压及审查周期的成效显著

近年来USPTO在缩减专利申请积压及审查周期方面成效显著，其积压由2009年1月的约764 000件减少到2015年初的少于605 000件，结案周期由2010年8月的34.5个月减少到2015年初的27个月。在这两方面工作压力减小的情况下，USPTO认为当前正是推动质量提升工作的最佳时机。

二、质量提升计划主要内容

（一）目 标

（1）通过提升专利质量加强用户对专利体系的信心；

(2) 使专利体系易于发明人了解和使用；
(3) 确保在专利申请过程中公平、专业地对待所有用户。

（二）质量管理机构调整

为进一步加强质量工作并配合专利质量提升计划，2015年初，USPTO在其专利局下新设了一名主管专利质量的副局长❶职位，统筹负责专利质量相关事宜。2015年中期，该副局长办公室机构进一步完善，下设4个部门，分别为专利质量保障办公室、专利培训办公室、内部调查与外部反馈办公室以及过程改进办公室，具体架构见图1。

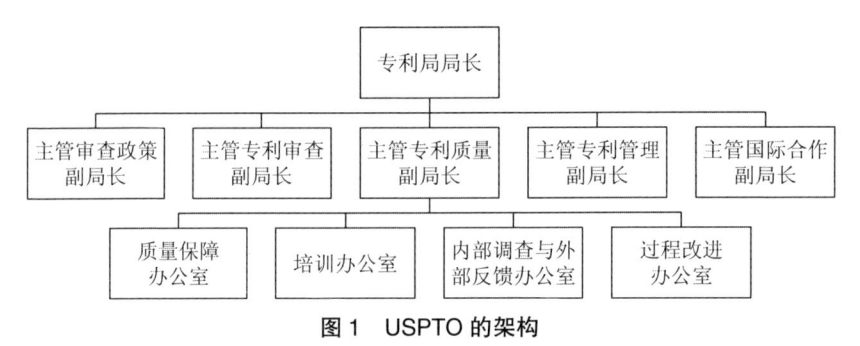

```
                        专利局局长
    ┌───────────┬───────────┬───────────┬───────────┐
  主管审查政策  主管专利审查  主管专利质量  主管专利管理  主管国际合作
    副局长       副局长       副局长       副局长       副局长
                              │
              ┌───────────┬───────┴───┬───────────┐
           质量保障      培训办公室   内部调查与外   过程改进
           办公室                    部反馈办公室   办公室
```

图 1　USPTO 的架构

其中各部门的具体职能为：

1. 专利质量保障办公室
(1) 开展质量检查；
(2) 确保符合 ISO 要求；
(3) 分析趋势；
(4) 确定质量标准/指标；
(5) 提供反馈。

2. 培训办公室
(1) 提供培训协助；
(2) 提供改进的实践/程序；
(3) 根据需要提供更正及预防措施；
(4) 分析趋势；
(5) 确定质量标准/指标；
(6) 加强法律及技术培训。

3. 内部调查及外部反馈办公室
(1) 突发事件管理；

---

❶ 目前该职位由 Valencia Martin Wallace 女士担任，其原为主管专利审查的助理副局长。

(2) 处理投诉；

(3) 提供内部/外部反馈；

(4) 分析趋势；

(5) 确定质量标准/指标；

(6) 处理外部合作/协议。

4. 过程改进办公室

(1) 过程审计/提供建议；

(2) 提供协同分析及监控；

(3) 为过程改进提供建议；

(4) 分析趋势；

(5) 确定标准/指标。

(三) 质量支柱（Patent Quality Pillars）

专利质量提升计划着眼于3个方面，这3个方面也是USPTO提出的专利质量支柱，见表1。

表1 专利质量支柱简介

专利质量支柱	简　　介
支柱一：卓越的工作产品	既包括授予专利的质量也包括在申请、审查以及授权过程中的所有工作产品的质量。USPTO承诺授予的专利能清晰界定权利的范围，该范围能够与法院所解释的权利边界相适应
支柱二：卓越的专利质量评价	聚焦评估工作产品，工作流程以及用户交互。USPTO寻求公众的意见来改进专利质量的评价方式
支柱三：卓越的用户服务	聚焦用户体验的质量，确保在审查全过程中快速、公正、一致以及专业的对待用户，最大化用户交互的有效性及专业性

(四) 多渠道征求用户意见

利益相关者的意见是USPTO质量提升计划的核心推动力。USPTO通过以下途径听取用户的意见。

(1) 联邦纪事通告：目前共搜集107份意见。

(2) 专利质量峰会：3月26~27日在USPTO召开。

(3) 路演及圆桌会议：7月至8月分别在纽约、圣克拉拉及达拉斯进行了3次路演，此外与特定领域产业界召开多次圆桌会议。

(4) 网络聊天室：每月一次，每次讨论不同的主题。

(5) 官网及电子邮件。

(6) USPTO 内部员工论坛。

通过各种反馈渠道，截至 2015 年 11 月，USPTO 共收到 1 206 份反馈意见，主要反馈意见包括：

(1) 审查记录的清晰是质量的重要因素；

(2) USPTO 需要区分专利过程和专利产品的评价；

(3) 会晤的质量比会晤的方式更重要。

(五) 质量提升计划的演进

针对用户的意见，2015 年 10 月 USPTO 进一步对其质量提升计划进行了更新，针对三大质量支柱提出了三大类共 11 项措施，具体内容如下。

1. 数据分析

(1) 案例研究的主题提交(支柱一项目)

申请人可以向质量保障办公室建议案例研究的主题，包括驳回分析、MPEP、审查政策等。涉及特定申请或审查员信息的建议不会被采纳，案例研究结果用于改进工作产品质量。

(2) 数据采集的清晰性和准确性（Master Review Form，MRF）（支柱二项目）

USPTO 将设计一份表格获取相关质量检查数据，其中将包括衡量审查记录清晰的指标。

(3) 质量指标(支柱二项目)

利用已有数据（例如质量指数报告 QIR、由 MRF 获取的新数据）开发出一套世界级的专利质量指标，并且 2016 财年将不再使用现行使用的综合质量评价指标。

2. 审查员资源、工具及培训

(1) 自动审前检索试点(支柱一项目)

当前，审查员在进行实质审查之前，可以根据其判断向科技信息中心（STIC）请求进行自动审前检索。STIC 利用计算机语言工具（称为专利语言利用服务，PLUS）分析申请的常用术语，随后检索美国专利数据库并根据所含术语生成现有技术列表供审查员参考使用。随着计算机检索算法以及数据库技术的快速发展，USPTO 寻求采用新的工具进行审前检索。例如，新工具可以利用自定义提取程序进行关键词、词干、概念语义及相关词检索。新工具也可以采用更为现代自然的语言检索查询。以上都是目前的 PLUS 系统不具备的。

(2) STIC 推广活动(支柱一项目)

向审查员宣传其科学与技术信息中心（STIC）所提供的检索现有技术的工具和资源。

(3) 针对审查记录清晰进行培训(支柱一项目)

USPTO认识到为了使专利体系发挥其激励创新的关键作用，所授予的专利不仅要完全满足法律要求，还要包含清晰准确的官方记录。完整的记录有助于专利所有人、法院、第三方以及公众全面清晰地界定专利范围，并给予发明人和投资人信心去承担必要的风险生产产品并开展业务。USPTO将针对如何提升审查记录的清晰性开发培训课程并对审查员进行培训。

(4) 授权后工作产品的获取(支柱一项目)

设计一套流程可以向审查员提供授权后的相关工作产品，例如来自联邦巡回法院、地区法院、专利审判及上诉委员会以及中央再审单位（CRU）的审判结果。

(5) 会晤专家(支柱三项目)

审查员与申请人的有效会晤有助于提升专利质量以及提高用户满意度。当前，面对面会晤可以在USPTO的总部进行，也可以在完全投入运行的卫星局一定通勤半径范围内进行。尽管美局有视频系统可以进行会晤，但是更多申请人更希望进行面对面会晤。USPTO将为远程办公审查员提供与审查人现场会晤的场所并提供技术支持。

3. 过程/产品的改变

(1) 记录清晰试点(支柱一项目)

USPTO将设计最佳实践提升所有审查记录的清晰性，并研究实施该最佳实践的影响。在该试点下，审查员将会在审查记录中加入关键词的定义、对权利要求的解释以及更详细的审查意见等内容。

(2) 再评估AFCP2.0❶、Pre-Appeal❷以及QPIDS❸项目（支柱三项目）

研究优化最后通知书后程序试点项目（AFCP2.0）、诉前会议项目（Pre-Appeal）以及信息披露快速通道项目（QPIDS）的可行性。

(3) 外观专利公布质量(支柱三项目)

研究改进已公开外观专利图片质量的可行性。

(六) 后 续

正如美国专利商标局局长米歇尔·李在其介绍专利提升计划的博客中所提到的，专利质量提升计划不是一项"one and stop"的活动，USPTO将持续收集用户意见对该计划的细节进行调整，并适时就其提出的11项措施推出具

---

❶ AFCP2.0项目允许申请人在收到最终驳回意见后，在不提交继续审查请求的情况下修改权利要求。

❷ 在该项目中将由有经验的审查员组成小组（panel）在申请进入Appeal程序前从法律或事实上审查审查员的最终驳回决定是否合适，申请人启动Pre-appeal需要提交Notice of appeal以及Pre-appeal Brief。

❸ 该项目允许申请人在缴纳授权费用并且未发出授权通知之前提交信息披露声明而无须重启审查。

体举措。

三、质量提升计划的启示与思考

（一）社会参与广泛，用户驱动明显

USPTO 在全国范围内通过丰富多样的活动宣传其质量提升计划并全方位大规模听取利益相关者意见，将其作为计划的主要推动力，并将用户的意见及时体现到其计划当中。通过这一过程一方面保证了其质量提升计划的针对性和有效性，另一方面也借机让质量理念深入人心。用户的广泛参与愈发成为政策制定者制定政策时所考虑的一项主要因素。

（二）政策调整灵活，措施有效到位

USPTO 的质量提升计划以其提出的三大质量支柱为基础，通过原有措施的优化以及新措施的提出来实现其提升质量的目标。可以说该计划是以措施为驱动，针对现有专利体系中需要完善之处以及用户意见比较集中的地方进行针对性地调整。此外，USPTO 对于试点项目的运用炉火纯青，对于试点项目的提出、评估、延长或调整、再评估、推动规则调整形成一套完善顺畅的机制，做到了措施针对性强、影响可控和调整及时。

（三）资源投入到位，组织保障得力

如前所述，首先，USPTO 在《美国发明法案》的授权下具有了稳定的预算支撑，从而可以开展大规模的推广及运营工作。其次，USPTO 长期以来在 IT 以及培训方面的持续投资使其在质量提升方面具有了稳定的基础设施保障。此外，着眼于质量提升计划，USPTO 也对质量管理机构进行了改组，其主管专利质量副局长办公室的总人数近百人，这也将是 USPTO 推动质量提升的核心力量和人力保障。

（四）计划目标明确，推进重点突出

该计划的用户导向非常明确，它的目标是通过提升专利质量加强用户对专利体系的信心，使专利体系易于发明人了解和使用并确保在专利申请过程中公平、专业地对待所有用户。在此目标下用户反馈比较集中并且 USPTO 大力推进的工作就是确保审查记录的清晰。USPTO 认为清晰准确的官方记录有助于专利所有人、法院、第三方以及公众全面清晰地界定专利范围，并给予发明人和投资人信心去承担必要的风险生产产品并开展业务。针对此重点，USPTO 也集中开展了试点项目并大力进行培训。同时 USPTO 在新开发的质量评价指标中也将加入衡量记录清晰性的指标。记录清晰性工作也成为质量提升计划中的重中之重。

第二部分
日本见闻/日本问题研究

海牙体系在日本的建立与实施

外观设计审查部　张　咪

摘　要：本文以海牙体系在日本的建立与实施为题，从加入协定前的调查研究、加入协定的讨论审议过程、国内阶段的流程费用设计、单一性和视图形式缺陷的审查标准等多个角度，对《海牙协定》在日本的实施进行了全面的考察与介绍。

关键词：海牙协定　日本　外观设计

一、引　言

《工业品外观设计国际注册海牙协定》（简称《海牙协定》）是由世界知识产权组织（WIPO）管理的外观设计国际注册体系，截至2015年2月已经有47个国家和政府间组织参加。最近两年，大国纷纷加入《海牙协定》，《海牙协定》在韩国于2014年7月1日生效，在日本、美国于2015年5月13日同时生效，加拿大、英国也在加入《海牙协定》的准备之中。刚刚加入《海牙协定》的实审制国家，在单一性、形式性缺陷的审查等方面的审查标准各有不同，而且都尽可能保持了与国内法的一致性。如何减小加入《海牙协定》的成本、最大限度保持国内法的稳定，是各个国家，包括我国加入《海牙协定》面临的课题。本文通过介绍日本加入《海牙协定》的讨论过程、国内阶段的审查流程及授权标准，为我国加入《海牙协定》的规则设计提供参考。

二、海牙协定概述

《海牙协定》是通过向设在瑞士日内瓦的世界知识产权组织国际局递交一份单独的国际申请的方式，在数个缔约方获得工业品外观设计保护的国际外观设计注册体系。简言之，在海牙体系下只要向国际局提交一份申请，就可以取代原本必须向不同国家主管局递交的一系列申请。《海牙协定》与PCT的区别在于PCT属于国际"申请"体系，而《海牙协定》属于国际外观设计"注册"体系。

该协定由3个不同的文本组成，分别是：

(1) 日内瓦（1999年）文本，1999年7月2日通过，2003年12月23日

（2）海牙（1960 年）文本，1960 年 11 月 28 日通过，1984 年 8 月 1 日生效；

（3）伦敦（1934 年）文本，1934 年 6 月 2 日通过，1939 年 6 月生效。

其中，日内瓦文本是该系统的最新文本，美日韩加入的均为日内瓦文本，该文本也是我国讨论是否加入海牙体系时的基础文本。本文对于《海牙协定》的讨论也将以日内瓦文本为基础。伦敦文本由于制定和生效时间较早，已于 2010 年 1 月 1 日冻结。

通过海牙体系进行申请和注册的流程大致如图 1 所示。申请人可以通过互联网或者纸件的形式向 WIPO 国际局提出国际申请。国际局对国际申请进行形式审查，合格后在国际外观设计公报上予以公告。国际公布后，审查局或者有异议程序的缔约方在 12 个月内（其他缔约方在 6 个月内）对国际申请根据各缔约方的法律进行审查并作出是否驳回的决定。但是各缔约方不能以不符合形式要求而驳回国际申请。期限内没有作出驳回决定的，国际申请即可在该申请的指定国内获得保护。需要说明的是虽然海牙系统属于国际注册体系，但是并不意味着《海牙协定》不承认各国在外观设计授权标准上的差异，特别是实审制和初审制在各国的适用。另外，《海牙协定》在是否允许国内局转交申请、是否允许自我指定等方面给各缔约方选择的自由，因此本文给出的只是一般性流程，在各国具体的操作会有所差异。《海牙协定》在日本的操作流程详见图 1。

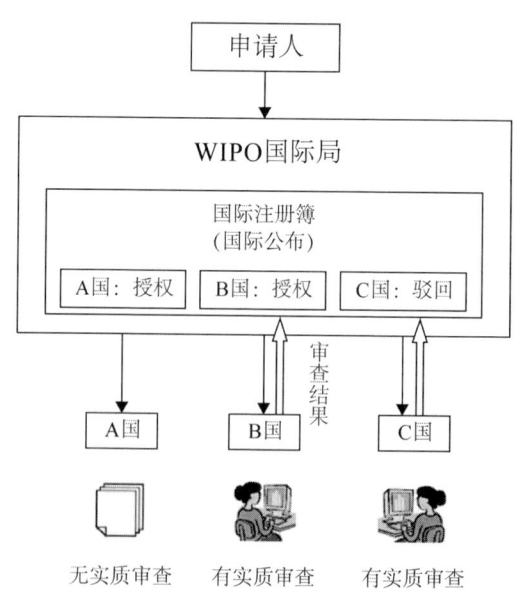

图 1　《海牙协定》的一般性流程

三、日本加入《海牙协定》的前期调研

海牙体系的 3 个文本中，1999 年通过的日内瓦文本被认为是旨在促进那些有实质审查制度的国家加入海牙体系而制定的。日内瓦文本于 2003 年生效，其后美国、日本、韩国等实审制国家纷纷开展是否加入《海牙协定》的研究。日本也是在这样的背景下，开始了加入《海牙协定》的讨论。

在加入《海牙协定》的讨论中，日本企业向海外拓展市场寻求知识产权保护是加入《海牙协定》的决定性因素。以下为日本在加入《海牙协定》的研究中做过的数据分析和企业调查。

（一）从数据来看日本外观设计申请量的变化

据日本特许厅统计数据显示，日本特许厅受理的外观设计申请数量在过去的 10 年中呈现持续下降的趋势。申请量下降的原因普遍被归咎于近年来日本经济增长的放缓，但是值得注意的是，<u>在日本特许厅受理总量下降、日本国籍申请人申请量下降的趋势下，日本特许厅发行优先权证明文件的数量却在持续升高</u>。从这一现象推测，日本国内整体经济发展缓慢的背景下，日本企业正在向海外拓展市场，寻找商机，寻求知识产权保护。据另一组统计资料显示，在过去的 10 年间，61% 的日本企业每年向国外提出外观设计申请的件数有所增加，约是 10 年前的 2 倍。❶

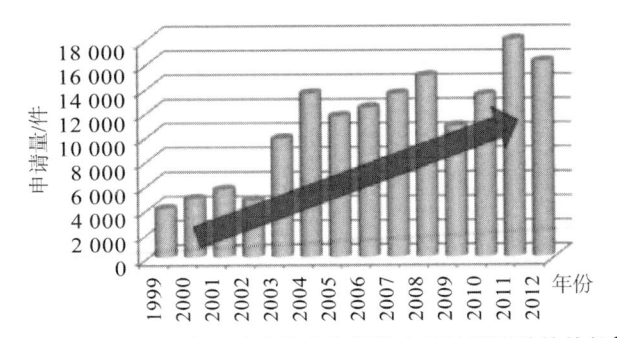

图 2　1999~2012 年日本申请人向国外申请外观设计的件数 ❷

日本企业拓展海外市场的目的地国家，可以从日本国籍申请人的对外申请指向国家来分析。此外日本特许厅受理的国外申请的申请人国籍也可以反映出哪些国家正在参与日本国内的市场竞争。日本以 2012 年 WIPO 公布的统

---

❶ 数据出自《为了加入洛迦诺国际协定而进行的外观设计制度相关研究》的研究报告（2012 年，日本）。

❷ 该图根据 WIPO 的统计数据，由日本特许厅制作。

计数据为例,对日本人向外申请以及外国申请人向 JPO 提出的申请状况进行了分析。表 1 灰色部分为已经加入《海牙协定》的国家,从表中可以毫无疑问地看出《海牙协定》的缔约方在日本经济贸易活动中的主体作用。表 2 则为外国申请人向 JPO 提出的申请。

表 1　日本人向其他国家的申请(2012 年)

序号	国家/地区/组织	设计项总数
1	中国	4 805
2	OHIM	3 046
3	美国	2 662
4	韩国	1 470
5	印度	547
6	泰国	374
7	中国香港	363
8	俄罗斯	303
9	新加坡	287
10	马来西亚	281

表 2　外国申请人向 JPO 提出的申请(2012 年)

序号	国家	设计项总数
1	美国	1 323
2	韩国	753
3	德国	438
4	瑞士	335
5	法国	210
6	意大利	187
7	中国	146
8	英国	120
9	澳大利亚	78
10	新西兰	76

注:以上灰色部分为已经加入《海牙协定》的国家。

(二) 来自日本企业的意见

在是否加入《海牙协定》的讨论中，日本的产业界同样发出了希望加入《海牙协定》的声音。特别是汽车制造、电气通信设备、综合电机业等申请量较高的领域，基于扩大海外市场份额以及应对仿冒行为的需求，积极向国外提出外观设计专利申请的愿望和诉求更为突出，如图3所示。

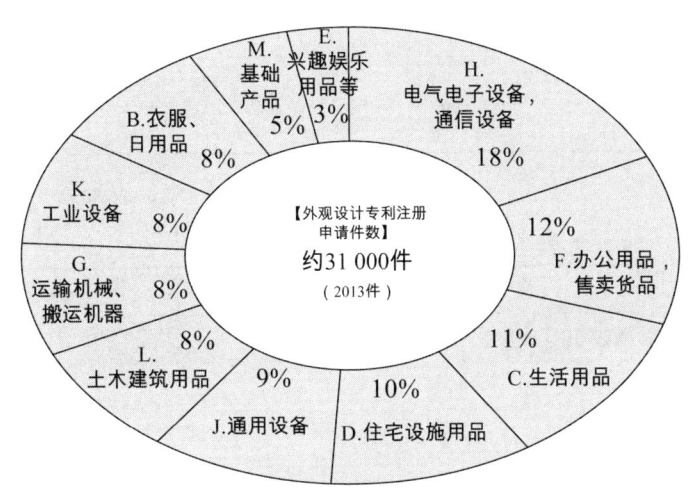

图3 2013年日本外观设计申请类别分布

在此背景下，日本的产业界对于海牙体系的各种优势和便利表现出了浓厚的兴趣，"一份申请一种语言"即可在多国获得保护是企业界最看重的海牙体系的优势（如表3所示）。另外，海牙体系允许同一大类100件以内的设计作为一件国际申请提出，这相对于单一性要求严格的日本本国制度来说也是吸引申请人的一大亮点。日本企业界对于海牙体系也提出了一系列个性化的需求（如表4所示），如希望允许自我指定、在日本国内发行公报等，这些愿望为日本加入《海牙协定》以及制定《海牙协定》在日本的具体实施方案提供了来自设计第一线的信息。

表3 日本企业界眼中《海牙协定》体系的优势❶

序号	《海牙协定》优势	（可以多选）
1	一份申请可以在多个国家取得专利权	84.7%
2	一份申请中可以包含多个外观设计	57.9%
3	通过"国际登记簿"完成专利权的一元化管理	56.5%

---

❶ 出自日本IIP的调查问卷。

续表

序号	《海牙协定》优势	（可以多选）
4	6个月（或者12个月）可以收到审查意见通知书	30.2%
5	一种语言即可（无须翻译）	29.7%
6	无须代理人	23.7%
7	延期公布	18.6%
8	授权后及时公布	7.3%
9	无	0.8%

表4 日本企业界对《海牙协定》的需求

序号	《海牙协定》优势	（可以多选）
1	希望能够通过JPO间接向WIPO提出国际申请	81.1%
2	允许自我指定❶	66.7%
3	由日本特许厅发行外观设计公报	53.1%
4	将WIPO发行的国际登记簿翻译成日语	46.3%
5	将WIPO发行的国际外观设计公报翻译成日语	45.5%

四、日本加入《海牙协定》的审议过程及决策机构

（一）加入《海牙协定》的审议过程

官方文件记载中日本加入《海牙协定》的提案始于2011年的知识产权推进计划。此后的一年中由日本经济产业省（相当于我国商务部）产业构造审议会知识产权分会外观设计小委员会对加入《海牙协定》的具体细节进行了5次研讨。加入《海牙协定》除了得到知识产权战略的支持外，也得到《日本再振兴战略》的响应，该战略提到"为了使制品的外观设计更容易得到国际保护，在本年度完成为适应《海牙协定》而进行的国内外观设计法修改提案，并尽快向国会提出相关法修改的提案"。2014年2月经济产业省产业构造审议会完成了加入《海牙协定》的最终报告书并于同年3月向国会提出。报告书提出后的1个月国会批准相关的法律修改，报告书提出后的2个月国会

---

❶ 《海牙协定》中的禁止自我指定原则是指，某国家的申请人提出海牙国际申请后，不能指定本国。但是《海牙协定》允许各缔约方对于是否适用禁止自我指定原则提出保留意见。如果不适用，可以在加入《海牙协定》时由缔约方向WIPO总干事提出声明。

批准加入《海牙协定》。

2015年5月13日起,《海牙协定》日内瓦文本将在日本国内正式生效,修改的外观设计法也将于同时生效。从以下年表中我们不难发现日本从讨论加入《海牙协定》到最终实施完成的效率是非常高的。从战略层面提出建议到协议正式生效共经历4年,从向国会提出议案到国会审批通过仅仅用时2个月。

日本加入《海牙协定》年表

2011年6月　**知识产权战略**
　　　　　　知识产权战略本部就日本加入《海牙协定》进行探讨并得出结论。
　　　　　　在知识产权战略2011年推进计划中体现了加入《海牙协定》的提案。
2011年12月~2012年11月　由日本经济产业省产业构造审议会知识产权分会外观设计小委员会进行了调查、分析和探讨(共5次)。
2013年6月　**日本再振兴战略**(内阁讨论决定)
　　　　　　"为了使制品的外观设计更容易得到国际保护,在本年度完成为适应《海牙协定》而进行的国内外观设计法修改提案,并尽快向国会提出相关法修改的提案。"
2014年2月　最终报告书(产业构造审议会知识产权分会)
2014年3月　向国会提出相关法案
2014年4月　国会批准外观设计法修改案
2014年5月　国会批准加入《海牙协定》日内瓦文本
2014年12月　工作组认可修订的外观设计审查指南
2015年1月　公布法律修改的政令及经济产业省令
2015年2月　向WIPO提交《海牙协定》日内瓦文本的加入书
2015年5月13日　《海牙协定》日内瓦文本在日本国内生效,修改的外观设计法同时生效

(二) 推动《海牙协定》缔结的决策机构

从日本加入《海牙协定》的年表中观察,"知识产权战略"和"日本再振兴战略"这两项国家层面的宏观战略是日本加入《海牙协定》的有力推手。那么也可以说这两项国家战略的管理机关就是日本加入《海牙协定》的决策机构。

日本的知识产权战略由"知识产权战略本部"管理。该战略本部成立于2003年,它对知识产权战略的管辖权被写入知识产权基本法中,是知识产权战略的法定领导机构。知识产权战略本部隶属于日本内阁,是内阁的常设机构。战略本部的组成人员规格高、来源广。本部长由总理亲任,副本部长由官房长官以及主管科技、经济和教育的部长担任。其他各部部长都是该本部的成员。另外,在日本,国家政策的决策和参谋机构通常会有半数左右的人员是来自社会的有识之士,即该领域的专家。在知识产权战略本部中也有10

位之多的大学校长和学会会长。

从以下人员构成来分析，日本知识产权战略的主管机构并非日本特许厅，而是在以教育部和商务部为主导，其他各部委协同，社会专家充分参与的协作体系下推进的。

知识产权战略本部人员构成

本部长	内阁总理
副本部长	内阁负责科技政策的部长
	内阁官房长官（国务院办公厅主任）
	文部科学大臣（教育部长）
	经济产业大臣（商务部长）
本部员	其他各部部长和社会专家
（社会专家）	奥山 尚一　原日本代理人协会会长
	川上 量生　KADOKAWA-DWANGO 股份有限公司董事会长
	五神 真　东京大学校长
	小林 喜光　三菱 Chemical Holdings 有限公司董事会长
	迫本 淳一　松竹股份有限公司董事会长
	竹宫 惠子　漫画家、京都精华大学校长
	日觉 昭广　TORAY 股份有限公司董事会长
	日本经济团体联合会知识产权委员会委员长
	原山 优子　综合科学技术·创造力会议议员
	宫川 美津子　代理人
	山田 理惠　东北电子产业股份有限公司董事会长

（2015 年 4 月 1 日）

日本再振兴战略是安倍政府目前关注的重点战略之一，该战略以恢复日本经济的活力为目标，战略政策重点在于提高日本经济的国际竞争力。这一点上，《海牙协定》与再振兴战略的目标是高度契合的。

《海牙协定》在日本能够高效通过，依靠的是国家对于企业参与国际竞争重要性的高度重视，以及各部委的协同配合。社会专家作为知识产权战略本部的成员，也有顺畅的愿望表达渠道。日本特许厅在整个环节中担当的是政策细节制定者的角色，而非决策推进机构。

五、流程及费用的设计

（一）以日本为指定国的国际申请流程

为适用不同审查制度的缔约方的需求，海牙体系在一般性规则以外允许各缔约方以声明的形式提出一些多样化的处理方式。比如，国际申请人原则上应当通过邮寄或者互联网在线提交国际申请，缔约方也可以声明允许本国申请人将申请提交给原属国，再由原属国转交国际局。在加入《海牙协定》的调研中，81.1%的日本企业提出了希望能通过日本特许厅提交海牙国际申请的愿望，因此日本允许申请人向日本特许厅提出海牙申请，再由特许厅转交国际局。申请人选择由日本特许厅转交国际局的，需要向日本特许厅缴纳3 500日元（约合180元人民币）的转送费。日本特许厅将在1个月以内转交给国际局。通过日本特许厅间接提出申请的，国际申请的申请日以日本特许厅受理日为准。申请流程如图4所示。

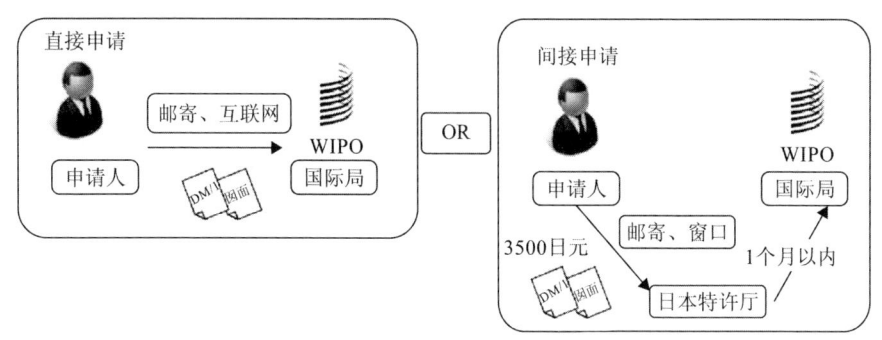

图4 以日本为指定国的国际申请流程

以日本为指定国的海牙国际申请的审查注册流程如图5所示。

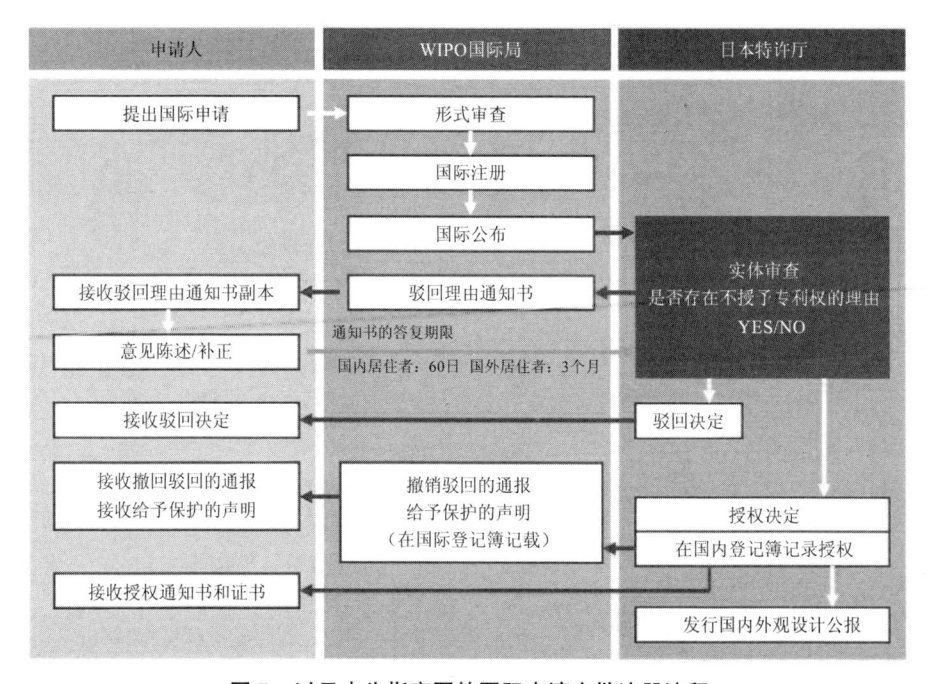

图5 以日本为指定国的国际申请审批注册流程

在国际局完成国际公布后，日本特许厅将对案卷进行与日本国内法标准相同的实质审查。实质审查不符合规定的，该国际申请将被驳回，即在日本国内不予保护。与普通的日本国内申请的区别点在于，由于《海牙协定》对于各指定国进行本国审查的周期有所限制，《海牙协定》的案卷必须在国际公布后 12 个月内作出是否驳回的决定。驳回理由通知书将通过国际局发给申请人，但是其后申请人提交的补正文件、答复意见以及最终的驳回决定将在申请人和日本特许厅之间直接交互，国际局不参与此过程。不服驳回决定的复审程序也完全交由日本国内法管辖，只有复审撤销驳回决定国际申请重新获得保护的情形，日本特许厅需要通知国际局并在国际登记簿上进行记载。

（二）费 用

在海牙体系中无论指定哪一个国家，申请人都必须以瑞士法郎的形式向国际局缴纳所有与国际申请相关的费用。国际局根据费用的种类来选择哪些费用由国际局使用，哪些费用转给各指定缔约方使用。如图 6 所示，国际局使用的费用包括"基本费""公布费"和"附加费"3 种，由各指定国使用的费用称为"指定费"。各缔约方在加入《海牙协定》时可以声明，"指定费"适用"标准指定费"还是"单独指定费"。缴费数额见图 7。

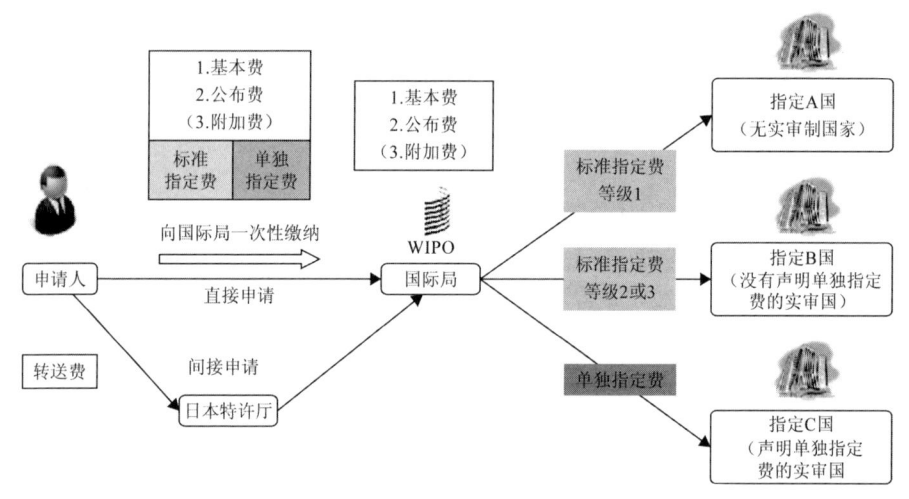

图 6 海牙国际申请的费用体系

所谓"标准指定费"是由国际局确定的收费标准，"单独指定费"是由各缔约方确定的收费标准。国际局将标准指定费由低到高分为 3 个不同的等级。有一些国家/地区/组织要求申请人缴纳不同于标准指定费的"单独指定费"，如韩国、欧盟、非洲知识产权组织等。单独指定费在各缔约方的收费标准不一。日本也属于适用"单独指定费"制度的国家，收费标准以设计项数为单位，每项外观设计 582 瑞士法郎；美国的单独指定费为 733 瑞士法郎/项；韩国由于采用实审和非实审并行的审查制度，因此海牙途径的案卷也有两套不同的指定费，实审领域适用单独指定费，210 瑞士法郎/项；非实审领域则适用标准指定费第 3 等级，90 瑞士法郎/项。

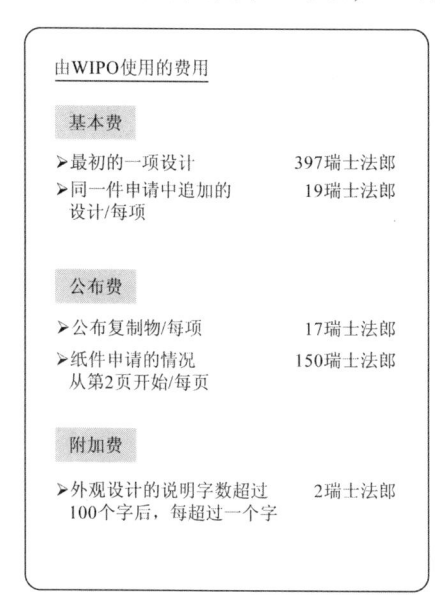

由WIPO使用的费用		由各指定国使用的费用（申请费和5年份的登记费）	
基本费		**标准指定费**	
➤ 最初的一项设计	397瑞士法郎	**等级1**	
➤ 同一件申请中追加的设计/每项	19瑞士法郎	➤ 最初的一项设计	42瑞士法郎
		➤ 同一件申请中追加的设计/每项	2瑞士法郎
公布费		**等级2**	
➤ 公布复制物/每项	17瑞士法郎	➤ 最初的一项设计	60瑞士法郎
➤ 纸件申请的情况 从第2页开始/每页	150瑞士法郎	➤ 同一件申请中追加的设计/每项	20瑞士法郎
附加费		**等级3**	
➤ 外观设计的说明字数超过100个字后，每超过一个字	2瑞士法郎	➤ 最初的一项设计	90瑞士法郎
		➤ 同一件申请中追加的设计/每项	50瑞士法郎
		单独指定费（每项设计）	
		➤ 日本	582瑞士法郎
		➤ 韩国（实审领域）	210瑞士法郎
		➤ 美国	733瑞士法郎

图 7　海牙国际申请的缴费数额

六、面临的课题以及解决方案

为适应海牙体系各缔约方均需要对本国法作出调整，在日本主要面临以下课题（见表 5），这些课题的解决方案也为我国加入《海牙协定》时国内法的调整提供了参考。

表 5　日本海牙体系面临的课题及解决方案❶

需要调整的事项	在日本的解决方案
一项申请中包含多项设计	将包含多项设计的国际申请拆分为多个国内申请
延期公布	最长 30 个月延期公布

---

❶ 出自日本 IIP 的调查问卷。

续表

需要调整的事项	在日本的解决方案
不丧失新颖性宽限期	适用
部分外观设计	适用
保密外观设计	不适用
公报发行和外观设计注册簿管理	在日本国内发行公报并保留外观设计注册簿
手续费的缴纳方式	一次性缴纳 （被驳回的情形可以返还相应的注册费）
自我指定	允许
通过日本特许厅提出申请	可以接受
国际公布后请求补偿金	引入该制度
洛迦诺分类和日本分类	两分类体系并用

（一）单一性

《海牙协定》对于单一性的要求十分宽松，只要在洛迦诺分类的同一个大类下，100项以内的设计可以包含在同一个国际申请中。比如办公椅、办公桌和文件柜被视为具有单一性的国际申请。日本国内法关于单一性的规定与我国一样严格，除了成套产品和关联设计以外不能在一件申请中包含多项设计。

对于海牙途径的案卷，在指定进入日本后，特许厅将包含多项设计的一件申请视为分别具有单一性的多件申请进行独立的检索和审查。某一外观设计获准授权的，对该外观设计专利权加以注册。"单一性"处理方式见图8。

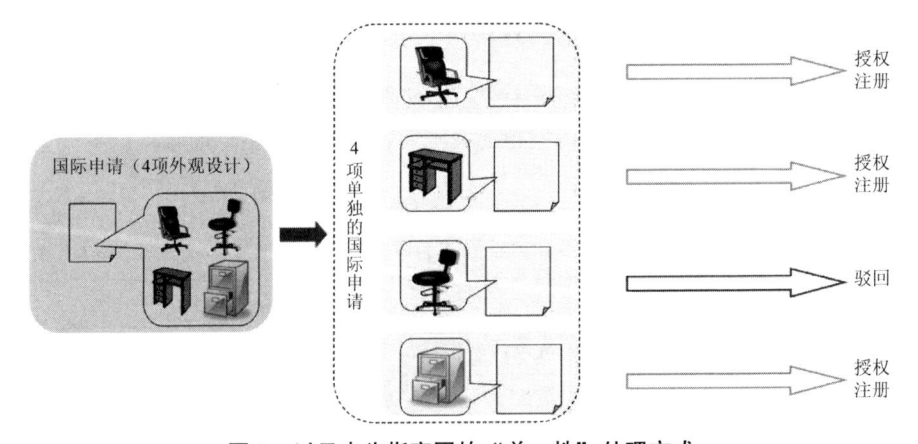

图8 以日本为指定国的"单一性"处理方式

但是这样的做法并不意味着包含多项设计的一件国际申请具有单一性。

日本特许厅对代理人进行的《海牙协定》的培训中提到，如果不满足意匠法第7条（一设计一申请）要件的，特许厅将驳回该国际申请。培训中引用的案例是部分外观设计的情形，申请中包含"车轮"和"车座"两个不同的部分。根据日本国内法，物理上分离的两个部分在同一件申请中提出是不符合单一性的。对于海牙途径的申请也同样保持了这种原则。克服单一性缺陷的方法为在海牙国际申请中仅保留一项设计，被删除的其他设计可以作为**普通的国内申请重新**提出。

某培训课件以部分外观设计为例（见图9），对于整体外观设计的单一性要求没有提及，笔者推测整体外观设计应该是与部分外观设计保持同样的单一性标准。

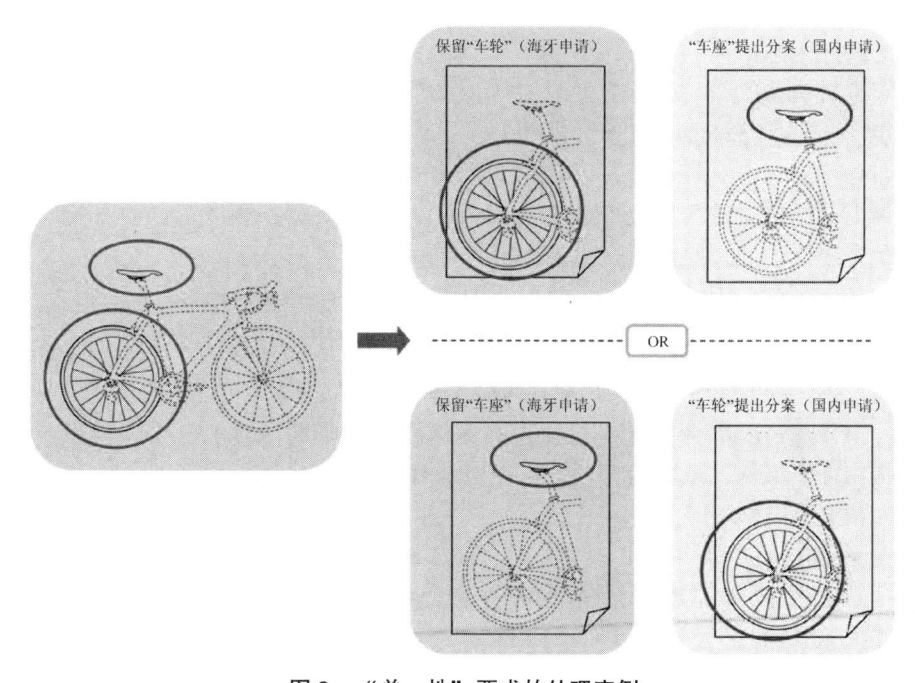

图9 "单一性"要求的处理实例

（二）视图表达不清晰

作为原则，WIPO 国际局在对国际申请完成形式审查和国际公布后，各指定缔约方只能就实体问题进行审查，不能以不符合形式要求驳回国际申请。日本将严重的视图缺陷视为实质性缺陷，而非形式问题。对存在较为严重的视图缺陷的国际申请予以驳回。比如，立体产品仅提交一幅视图的情形（如图10），日本特许厅将以"外观设计不具体"为由发出驳回理由通知书。保留这种做法的除了日本特许厅，也包括加入《海牙协定》的韩国特许厅。自

2014年7月以来，以韩国为指定国并且被驳回的164件国际申请中，有125件（62%）是由于视图问题。

图10 视图表达不清晰的处理实例

（三）国内公报

海牙国际申请的官方语言为英语、法语或者西班牙语，只有官方语言的公布具有法律效力。为了方便日本国内的专利权人和公众把握海牙途径的国际申请，日本特许厅在日本国内的公报中也将海牙途径的授权案卷进行公布，公布语言为日语。日本特许厅采用日语进行公布主要是考虑到方便日本国内申请人。用日语进行的公布没有法律效力，仅供参考。翻译工作由日本特许厅免费提供，翻译完成后交申请人进行复核确认。

产品名称、附图说明等与保护范围相关的内容，英语日语双语公布。

人名、地名等信息不翻译，用提出国际申请时的原文进行公布。

（四）优先权与不丧失新颖性宽限期相关手续

海牙途径的申请在优先权和不丧失新颖性宽限期两项业务中，提出声明和提出证明文件的期限与普通的国内申请有所差别。

（1）优先权相关手续
- 优先权声明
  必须在国际申请日文件中进行记载。
- 优先权证明文件
  可以在国际公布3个月以内，向日本特许厅提出。

（2）不丧失新颖性宽限期相关手续
- 不丧失新颖性宽限期声明
  国际申请日向WIPO国际局提出。
  或者国际公布后30日以内向日本特许厅提出。
- 不丧失新颖性宽限期证明文件
  国际公布后30日以内向日本特许厅提出。

七、制度导入后的宣讲与培训

海牙体系在日本导入后，特许厅随即开展了对日本全国范围内的代理人

海牙体系在日本的建立与实施

的免费宣讲与培训（如图11）。主办机构为日本特许厅和各地方经济产业局。培训讲座在日本全国20个主要地区的重点城市开展。每场讲座时长均为3个半小时，参加人数因地区差异大有不同。东京、大阪、名古屋等经济发达地区连续举办2场，东京每场参加人数达600人。

该讲座作为代理人继续研修课程，记录3个单位的学分。

图11　海牙宣讲会的通知海报

除了针对代理人的培训以外，特许厅还编制了指导申请人填写海牙申请表格的小册子。内容详尽，甚至还包括了给WIPO汇款时汇款单填写注意事项的指导（如图12）。

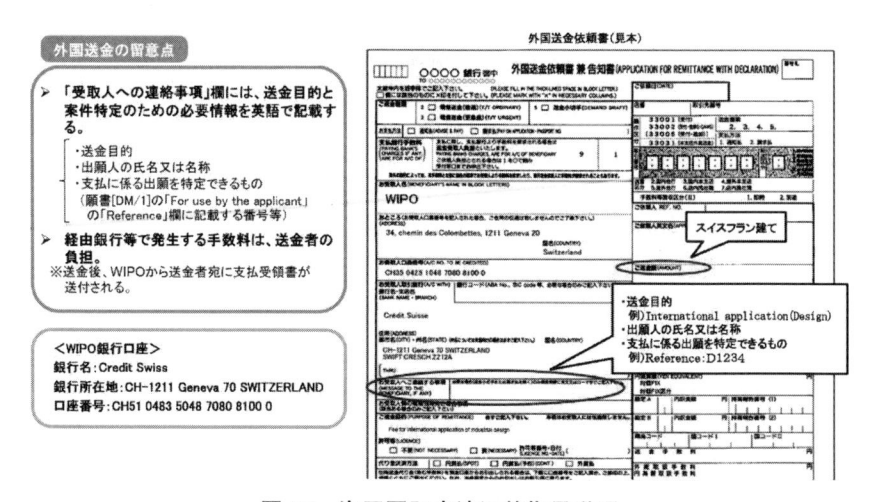

图12　海牙国际申请汇款指导说明

日本大学何以培养出具有高度实践力的知识产权专业人才

——知识产权专门职业研究生[1]制度之考察

外观设计审查部　张　咪

摘　要： 不论是在日本还是在中国，知识产权专业人才的培养都是知识产权战略的重要课题之一。我国的知识产权战略提出应重点培养企业急需的知识产权管理和中介服务人才，而日本也将"培养能够提供高度专业服务的知识产权专业人才"作为其知识产权战略的目标。本文关注日本大学对知识产权专业人才的育成，特别是具有高度专业知识、实践力强的国际知识产权人才的培养，详细介绍了日本知识产权专门职业研究生制度的由来与开展，希望能对我国知识产权专业人才培养有所借鉴。

关键词： 日本　大学　知识产权教育　知识产权专门职业研究生

众所周知，日本是一个高度重视教育的国家，日本期待怎样的知识产权人才，又是如何培养这些人才的？日本社会所倡导的自由开放的办学政策对于培养具有高度实践能力的专业人才起着怎样的作用呢？本文将详述日本的大学中知识产权专业教育的开展情况，并对该问题进行探讨。

一、知识产权战略与知识产权人才的培养策略

（一）知识产权战略所追求的人才

日本各大学对于知识产权教育的热忱高涨并不仅仅来源于知识产权战略的感召，也来源于知识产权推进计划对于大学培养知识产权人才课以的种种责任。也可以说，日本的知识产权教育是在知识产权战略的推动下，得以深入发展的。

2002年，时任日本首相的小泉纯一郎首次提出"知识产权立国"的宣言、发布《知识产权战略大纲》，并于同年颁布《知识产权基本法》。在《知识产权基本法》第7条中，对大学在知识产权战略的实施中赋予了明确的责

---

[1] 日语原文为"知的財産専門職大学院"。

任，即"鉴于大学的教学活动对于社会全体的知识产权创造具有重要意义，大学必须自主地、积极地投身于人才培养、研究及其成果的普及"。2002年起实施的知识产权战略大纲，及其后每年发布的知识产权战略推进计划对未来的知识产权专业人才有这样的期待。

（1）为了实现知识产权立国，培养创造知识产权的人才，培养能够提供知识产权的权利化、纷争处理、知识产权许可合同等高度的专门服务的专家是当务之急。（《2002年知识产权战略大纲》）

（2）大幅度增加专利代理人和律师的数量、提升其资质，充实在知识产权上具有很强国际竞争力的专利代理人、律师人才。（2003年度及2004年度知识产权战略推进计划两度提出）

（3）各界、各领域、各行业中，具有不同的技能、国际化的知识产权人才是急需的。有必要多多培养这样的人才并通过竞争提高他们的素质。（《2005年度知识产权战略推进计划》）

（4）从2005年度开始的10年间，将知识产权人才的数量从现在的约6万人倍增至12万人。积极培养综合性人才、国际性人才及商务高级人才。（《2005年度知识产权战略推进计划》）

在每年发布的知识产权战略推进计划的基础上，2006年1月知识产权战略本部发布"知识产权人才培养综合战略"，该战略对知识产权人才给出了更明确的定义和更具体的培养策略。该战略将知识产权人才分为知识产权专业人才、知识产权创造、管理人才和后备人才三类（见表1）。

表1 日本知识产权人才的类型

分　类	释　义	例
知识产权专业人才 （狭义的知识产权人才）	知识产权保护应用直接相关的人才	企业知识产权部门负责人 专利代理人 专利审查员、法官 从事知识产权教育的人员 相关从业者（翻译等）
知识产权创造、管理人才 （广义的知识产权人才）	知识产权创造人才 应用知识产权进行经营活动的人才等	企业、大学的研究者、 技术者、企业经营者
后备人才	期待其具有知识产权相关的一般知识的人才 期待其将来创造知识产权的人才等	一般社会人 学生

从中我们可以归纳出，知识产权战略所期待的知识产权专业人才，应该具有"专业性""实践力"和"国际性"，可以洞察出知识产权战略对于具有"高度专业知识"和"实践能力"的知识产权专业人才进行大量培养的期待。

（二）知识产权专业人才的培养策略

日本的知识产权战略将提供高水准专业化知识产权服务的"知识产权专业人才"定义为狭义的知识产权人才，并将这类人才的培养作为当务之急。然而知识产权战略并没有把这种高度专业人才的培养仅局限于在大学开设一两门知识产权相关课程的普及性启蒙教育方式或者加强传统的知识产权法学专业教育的形式。2003年的知识产权战略推进计划对高度专业人才的培养设计了独特的培养策略：代理人资格考试与研究生阶段的知识产权教育衔接；对知识产权在职人员开设夜间课程；吸引企业知识产权人才在大学任教；以及设立"知识产权专门职业研究生院"等。

（1）关于如何保证代理人考试合格者的实务能力，需要考虑与**知识产权专门职业研究生**培养的关系。2003年以后进行讨论，扩充代理人的数量并提升代理人的素质。

（2）2003年以后，督促各大学，包括法科研究生院、技术经营研究生院、**知识产权专门职业研究生院**、知识产权专攻的本科等，以夜间法科研究生院为首开设讲座，并在在职人员教育和启用具有实践经验的教师上进行努力。

（3）2003年以后，督促各大学积极雇用那些熟悉知识产权、具有丰富知识和经验的民间企业家，使之任教于法科研究生院、**知识产权专门职业研究生院**、专攻知识产权的本科及研究生院。

（4）2004年以后，督促各大学自主积极地开设能够培养知识产权专家的**知识产权专门职业研究生院**，实施实务的、商务的、知识产权政策和国际面的知识产权教育。

二、知识产权教育在大学的开展

在2002年知识产权战略出台之前，日本的知识产权研究生阶段教育的主流模式与我国类似，即知识产权即作为法学院的一门专业，面向法律专业的本科毕业生开设，同时也作为一门重要的课程面向全校所有专业的师生开设。知识产权战略的颁布加速了知识产权教育在大学的普及。图1和图2分别为2003~2009年日本大学的本科阶段和研究生阶段知识产权相关课程的开设情况。7年间，知识产权课程的数量无论是在本科教育阶段还是在研究生教育阶段，几乎都实现了倍增。截至2009年，305所大学在本科阶段、181所大学在研究生阶段开设知识产权相关课程，特别是私立大学成为开展知识产权教育的主力军。

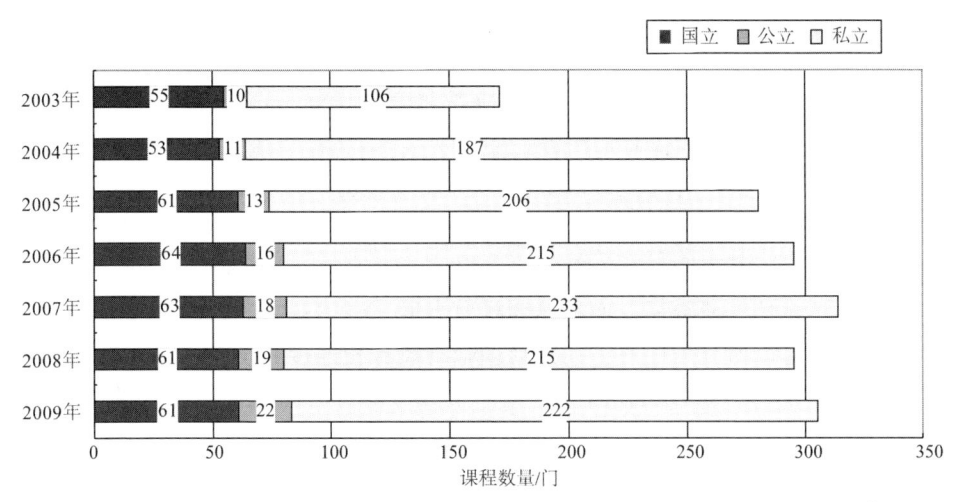

图 1　2003~2009 年期间本科教育阶段开设知识产权课程的大学的数量变化❶

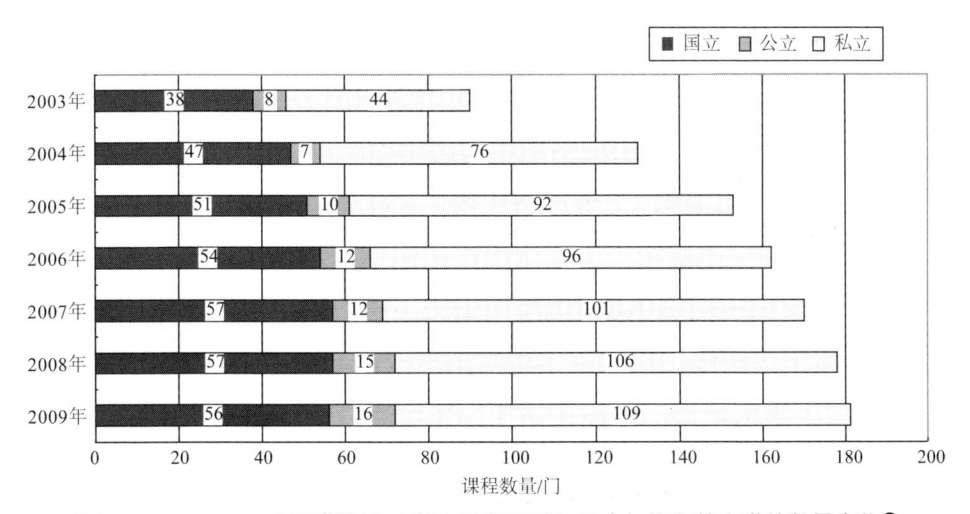

图 2　2003~2009 年期间研究生教育阶段开设知识产权课程的大学的数量变化❷

三、知识产权专门职业研究生制度

（一）专门职业研究生制度

在上述政策中，反复出现了"知识产权专门职业研究生"一词。这是一种什么样的教育模式，它在知识产权专业人才培养中起到了怎样的作用呢？其实，"专门职业研究生制度"并不是为了知识产权战略的实施而独创的教育

---

❶　来源：根据日本文部科学省《关于大学教育内容方法的大学教育改革相关调查分析》（2009年），笔者制作。

❷　来源：标注同上。

模式。随着技术的进步和经济的全球化，为了满足培养兼具社会性和国际性的高等专业人才的需求，以高等专业人才的育成为目的而特设课程的"专门职业研究生院"制度于2003年由日本文部科学省设立，这是一种新型的研究生院。虽然设置之初，仅有：商务、MOT（技术经营）、会计、公共政策、公共卫生5个专门职业研究生领域。知识产权战略选择了这种新型的研究生教育模式来培养战略需要的专业人才。从2005年开始正式开设知识产权专门职业研究生院。与以往传统的研究生院相比，专门职业研究生院具有如下特点。

（1）不是培养研究者，而是培养具有高度、专门职业能力的人才。
（2）不是以研究为中心，而是将理论与实务相连接的高度实践性教育。
（3）不是研究者教员，而是配置一定数量的具有高度实践能力的实务家教员。

专门职业研究生院在教员组织、课程设置以及在职人员的录取三方面具有鲜明的特点。

1. 教员组成

根据"专门职业研究生院设置基准"，在专任教员当中，应当配置具有专业领域的实务经验并且具有高度的实务能力的教员，即所谓的"实务家"教员，其比例应当达到专任教员的30%。具有该专业领域的实践经验是指具有5年以上的实务经验。同时，基准中关于教员资格并没有提出招聘高学历博士学位教员的需求。

2. 课程设置

各大学可以根据专业特点自主地设置教学科目。实践性教育是专门职业研究生院的最显著特征。鉴于这一点，"专门职业研究生院设置基准"要求课程设置应当以实例研究、现场调查为主，导入双方向、多方向的讨论及答疑，并开展多种多样的研究活动。一般的研究生院被视为毕业要件的硕士论文，在专门职业研究生院中不做强制性要求（也有学校将其作为毕业要件）。

3. 在职人员的录取

为了方便在职人员对专门职业研究生院的利用，"研究生院设置基准"允许研究生的课程在夜间或者其他特定时间进行教学或者研究活动。需要说明的是，在日本即使只在夜间或周末开课的研究生教育，只要满足毕业条件即可以获得学历和学位。这有别于我国针对成人的继续教育普遍存在的没有学历学位的状况。

（二）知识产权专门职业研究生制度

专门职业研究生院在人才培养中显示出的专业性强、实践性强的优势与知识产权战略所期待的高度专业，有实践力的全球化知识产权专业人才的培养思路不谋而合。知识产权战略灵活运用了这种既有的新型研究生教育制度。

从 2005 年开始,在大阪工业大学、东京理科大学、日本大学中相继设立知识产权专门职业研究生院。2010 年日本文部科学省对所有开设知识产权专门职业研究生院的大学进行了师资和教学情况的调查统计。从该项调查中我们可以洞察到知识产权专门职业研究生院的办学特色。

1. 大量引入"实务家"教员

如图 3 所示,日本全国的知识产权专门职业研究生院的专职教员中,有 5 年以上知识产权领域工作经验的"实务家"教员是研究者教员的 2 倍,约占全体专职教员的 65%。这个比例大大超出了前述设置基准中规定的"实务家"教员必须占 30% 的比例。从教师的学历状况来看,也一反象牙塔中唯高学历是从的现状,拥有博士学位的教师仅占 15%,学士和硕士学位者是教师的主力。在专门职业研究生院中,"不单纯追求高学历,更看重技能和经验"的教师招聘原则,为"实务家"教员的引入创造了宽松的政策环境。

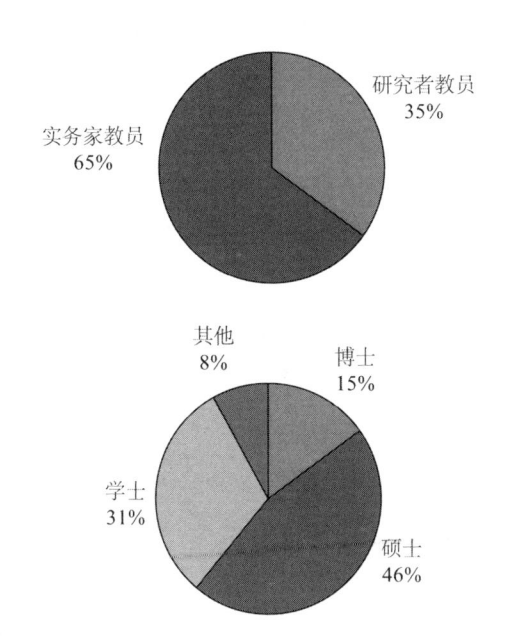

图 3 知识产权专门职业研究生院教员构成及学历状况❶

2. 灵活的授课方式

在知识产权专门职业研究生的教学活动中,传统的讲义式教学被旨在启发学生独立思维的讨论式教学所取代。由实践经验丰富的教师,以案例分析、自主研究、小组讨论的 seminar❷ 授课模式展开授课。在生动的案例、独立的

---

❶ 来源:日本文部科学省《专门职业研究生院的实况调查(2010 年)》。
❷ 意为课堂讨论、研究会。学生在教师的指导下,采取自己研究并进行课堂发表、讨论形式的授课,是欧美及日本大学广泛采用的教学模式。

思考中掌握知识产权的知识，领悟知识产权的精神。全国的知识产权专门职业研究生院中，大多数必修课程都是采用这种 seminar 的讨论、演习的形式开展的。

3. 在校学习与代理人资格考试的衔接

由于知识产权专门职业研究生院的"实务家"教员们大多也是日本代理人协会的会员，这使得大学与协会的合作更为紧密。研究生院与代理人协会共同主办研究讲座、共同摸索教育方法，并且开发以知识产权领域实习经验为基础的教育模式。

特别值得一提的是，伴随着日本《代理人法》的修订，在大学研究生院完成规定的课程即可取得代理人考试的一部分试题免试的资格。2008 年 1 月以后，研究生院的学生，在校学习《代理人法实施细则》第 5 条规定的工业所有权相关课程并获得学分，经过工业所有权审议会的审议，可以在毕业后 2 年内免除代理人考试短答式笔记考试的一部分科目。这是实践性教育，学习与实践结合的一次重要尝试。

4. 对在职学生的关怀

以培养高度实践能力的知识产权人才为目标的知识产权专门职业研究生院，受到知识产权领域在职人员的青睐。日本全国知识产权专门职业研究生院的在校生中，有 31.8% 的学生有知识产权领域的工作经验，并在上学期间继续目前的知识产权相关工作。这些具有实际工作经验的从业者，希望通过大学的再深造在提升自己执业水平的同时也提升自己的学历学位。日本和我国一样，是一个重视学历的国家，在职教育能够取得正式的学位学历，这对于知识产权从业人员来说具有相当的吸引力。研究生院充分考虑到这类学生工作繁忙的特点，悉心调整授课时间，在平日晚上和周六、日开设与白天完全一样的课程，供在职学生学习。精心挑选上课地点，将教室开设在白领一族通勤方便的枢纽地铁站旁的写字楼中，最大程度方便在职人员。

5. 毕业生就业状况

如图 4 所示，知识产权专门职业研究生院的毕业生保持着颇高的就业率，即使是本科毕业直接就读研究生的学生就业率也在 85.7%，在职攻读硕士学位的学生就业率更是高达 91%。这在就业状况持续低迷的日本，并不多见。从高就业率中我们或许可以推断，知识产权专门职业研究生制度有益于培养高度、专门、实践性强的知识产权专业人才。

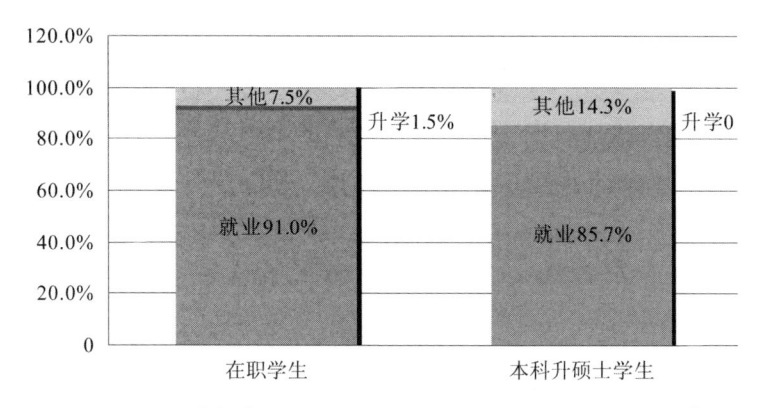

图4 知识产权专门职业研究生院毕业生的就业及升学状况❶

四、"知识产权专门职业研究生制度"的实践（以大阪工业大学为例）

为了使读者对知识产权专门职业研究生院的教学活动有更具体更形象的认识，本节将以大阪工业大学为例进行详细介绍。

大阪工业大学知识产权专门职业研究生院设立于 2005 年 4 月，是最早一批开设知识产权专门职业研究生院的大学。入学定员 30 名/年，标准修业年限 2 年，目前在校生大约 60 名。修满 52 学分并且完成硕士毕业论文后，即可取得知识产权硕士（专门职业）学位。

（一）华丽的教师阵容

就任于大阪工业大学知识产权专门职业研究生院的 17 名专职教师，可谓本领域的资深人士，他们来自日本特许厅、经济产业省、文部科学省等政府机构，或是出身于其他大学、研究机构，亦有大量企业界人士，如佳能、丰田、松下、日立等知名企业。表 2 是教授及副教授在大学任职以前的工作经历及所属学会，教师阵容可谓华丽。

表2 大阪工业大学知识产权专门职业研究生院专任教师构成❷

姓名	职务	大学就任前的职业❸	前职业的就任期间	所属学会
田浪和生	研究科长、教授	佳能（株式会社）	1970~2000 年	日本知识产权学会

---

❶ 来源：日本文部科学省《专门职业研究生院的实况调查（2010 年）》。
❷ 来源：根据大阪工业大学知识产权专门职业研究生院主页公开的信息，笔者制作。
❸ 此处仅表示在大学就任前最初的职业。

续表

姓名	职务	大学就任前的职业	前职业的就任期间	所属学会
岩本章吾	教授	日本经济产业省	1978~2002 年	日本经济法学会
冈本清秀	教授	欧姆龙（株式会社）	1970~2009 年	日本知识产权学会
小林昭宽	教授	日本特许厅	1981~2011 年	无所属学会
才川伸二郎	教授	松下电器产业（株式会社）	1975~1999 年	无所属学会
高岛喜一	教授	日本特许厅	1975~2003 年	日本知识产权学会
高桥宽	教授	文部科学省	1982~2001 年	日本知识产权学会
西冈泉	教授	神钢フアウドラー（株式会社）	1975~2011 年	无所属学会
箱田圣二	教授	武田药品工业（株式会社）	1982~2013 年	无所属学会
平松幸男	教授	日本电信电话（株式会社）	1978~2002 年	电子信息通信学会
向口浩二	教授	株式会社クボタ	1979~1991 年	无所属学会
山崎攻	教授	松下电器产业（株式会社）	1971~2004 年	IEEE（美国电气电子学会）
山崎寿郎	教授	日立制作所	1986~2013 年	日本知识产权学会
重富贵光	副教授	大江桥法律事务所	1999~2010 年	AIPLA（美国知识产权法协会）
田中崇公	副教授	中之岛中央法律事务所	2000~2010 年	日本工业所有权法学会
都筑泉	助教授	丸善（株式会社）MASIS 关西中心	1980~2000 年	日本知识产权学会
冨宅惠	副教授	中本综合法律事务所	2000~2009 年	工业所有权法学会

（二）多样化的学生来源

在知识产权专门职业研究生院学习的学生，35%是边工作边学习的社会在职人员。从年龄构成也可以很清楚地了解到这一点，38%的学生处于 25 岁以上的工作年龄。30 岁年龄段的学生占 13%，40 岁年龄段占 5%，甚至有 4%的学生来自 50 岁年龄段。30~50 岁年龄层的社会人正是知识产权领域的中坚力量，他们重回校园在这种重实践教育的新型研究生院中充实、提高。在职学生的工作背景也十分复杂，事实上出身于专利代理和律师事务所的人仅占

23%，并不如想象的那么多。更多的学生来自制造业、信息产业和金融业等，这些不同行业的人员选择知识产权专业，也从一个侧面印证了日本的各行各业中储备有相当数量的知识产权从业人员（见图5~图8）。

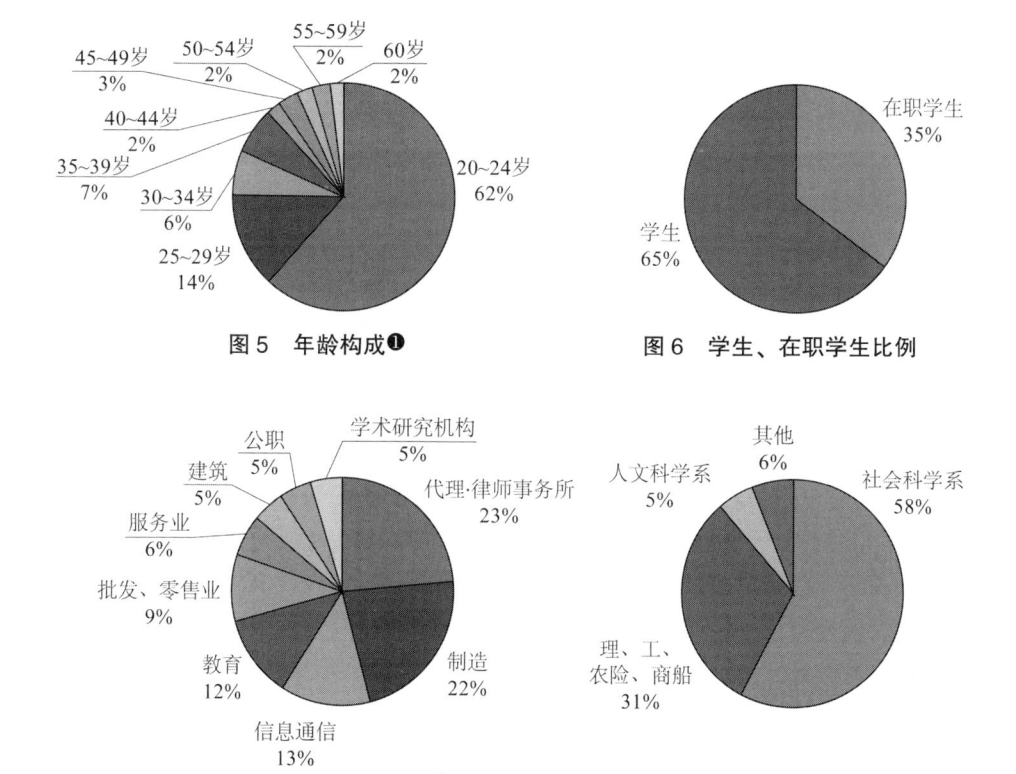

图5 年龄构成❶

图6 学生、在职学生比例

图7 在职学生的工作背景

图8 学生的本科背景

（三）高端充实的知识产权课程

考虑到生源的复杂性，课程设置涉猎广泛，从民法、民事诉讼法等知识产权相关基础法开始，到专利法、商标法、著作权法等知识产权基干法律，从日本国内法务拓展到国际法务及多国知识产权制度的比较研究。课程设置包罗万象，几乎涵盖了知识产权行业的所有领域，特别关注医药、IT等现代知识产权领域，以及有益于企业知识产权管理的技术经营领域。总计55门课程（见表3），114学分，为学生提供了丰富的选择。不论学生将自己定位于知识产权法律专家还是知识产权管理专家，都可以找到适合自己的课程体系。

---

❶ 图5~图8来源：田浪和生. 大学的知识产权人才培养 [J]. Patent（日本），2013，66（1）：67.

表3　大阪工业大学知识产权专门职业研究生院课程一览表❶

知识产权基础领域	知识产权基干领域	工业所有权领域	知识产权关联领域
民法要论Ⅰ	专利法、实用新型法特论Ⅰ	知识产权法专门特论Ⅰ	法曹制度和职业伦理特论
民法要论Ⅱ	专利法、实用新型法特论Ⅱ	知识产权法专门特论Ⅱ	知识产权契约特论
民事诉讼法要论Ⅰ	外观设计法特论	知识产权法专门特论Ⅲ	知识产权诉讼特论
民事诉讼法要论Ⅱ	商标法特论	知识产权法专门特论Ⅳ	独占禁止法和知识产权特论
专利法、实用新型法要论Ⅰ	著作权法特论		
专利法、实用新型法要论Ⅱ	反不正当竞争法特论		
外观设计法要论	知识产权关联条约特论		
商标法要论			
著作权法要论			
知识产权关联条约要论			
知识产权信息检索要论			
技术经营领域	**国际法务领域**	**现代知识产权领域**	**实务演习领域**
知识产权评价特论	国际关系法要论	医药专利特论	知识产权专门实务特论
知识产权信息分析特论	知识产权国际契约特论	IT知识产权特论	实习
知识产权技术经营特论	知识产权国际诉讼特论	技术标准和知识产权特论	专利法、实用新型法实务特论Ⅰ
知识产权经营战略特论	比较专利法特论	文化创意知识产权特论	专利法、实用新型法实务特论Ⅱ
发明工学特论	比较商标法、著作权法特论	现代知识产权制度特论	

❶ 来源：田浪和生．大学的知识产权人才培养［J］．Patent（日本），2013，66（1）：66.

续表

技术经营领域	国际法务领域	现代知识产权领域	实务演习领域
	美国知识产权制度特论		
	知识产权英语特论Ⅰ		
	知识产权英语特论Ⅱ		
研究领域	科学技术领域（机械技术）	科学技术领域（电子技术）	科学技术领域（生化技术）
特别研究（必修）	机械技术要论Ⅰ	电气电子要论Ⅰ	应用化学要论Ⅰ
	机械技术要论Ⅱ	电气电子要论Ⅱ	应用化学要论Ⅱ

五、启　示

高水准且实践力强的知识产权专业人才同样也是我国急切需求的人才。我国的《知识产权战略纲要》，将人才培养作为实施知识产权战略的九大战略措施之一，并强调"应重点培养企业急需的知识产权管理和中介服务人才"。《知识产权人才"十一五"规划》对企业知识产权人才、知识产权服务业人才、高层次知识产权人才应具备的技能也作出了详细的规定，即熟知知识产权法律、具有高度的知识产权管理水平、具有知识产权实际技能以及精通国际知识产权规则。从这一点来看，我国知识产权战略所追求的人才类型与日本有着惊人的相似之处。

近年来，我国高校也在知识产权战略的鼓励下积极开办知识产权相关专业，截至 2010 年，全国共有 21 个高校开设有知识产权本科或研究院。从院系构成来看，77%的知识产权院系隶属于法学院，这也是一直以来我国培养知识产权人才的传统模式，隶属于管理学院的知识产权学院只有 5%，另有18%隶属于综合或其他院系。笔者调查了国内知名的两所大学的知识产权院系的课程，课程表中充斥着各种法律基础课，知识产权相关课程仅有 34% 和22%，且大多是专利法、商标法等基础中的基础，鲜见案例分析和国际法学等高端课程。

其实，活跃在知识产权教学领域第一线的教师们，早就洞察到我国知识产权教育存在的重理论轻实践的弊端。在各种探讨知识产权教育的论文和研究会上，对制约知识产权教育发展的因素的探讨屡见不鲜。例如，受到既有教育制度的限制对在职人员的知识产权教育无法获得学历学位；由于目前学科体系的限制，课程设置中无法安排更多实践性课程；受到人事制度的影响学校无法将"实务家"教师正式聘用为大学专任教师等。

　　结合本文对日本知识产权专门职业研究生院的介绍与分析，我们或许可以得出这样的结论，制约我国知识产权教育发展的因素，正是日本的知识产权教育的优势和魅力所在。正如本篇前面中所提到的，日本的教育以培养完善人格和身心健康的国民为第一目标，并且强调大学在教育和科研活动中的高度自主性。即使是大学主管行政机构的文部科学省也不会对大学的教学活动进行直接的指导、干预或评估。特别是私立大学在发展创新的多元化的教育模式中起着重要的作用。大阪工业大学、东京理科大学和日本大学，这些知识产权专门职业研究生院的开创鼻祖，无一例外的都是私立大学。私立大学所拥有的雄厚财力和灵活的管理模式，成为教育制度创新的新鲜力量。而我国的高等教育机构一向被视为准国家机关，人事制度、教学活动都受到严格的管理和限制，虽然我国也鼓励社会办学，但是私立大学的财力和教学水平与日本都不能同日而语。

　　创新需要更宽松的政策环境。尽管中日两国的国情背景、教育制度差异甚大，期待本篇所介绍的日本知识产权专门职业研究生院的办学方式，能起到他山之石可以攻玉的效果，对我国的知识产权教育改革与创新有所启发。

试论中小企业知识产权一站式综合服务中心的创设

专利审查协作江苏中心　屠　忻

摘　要：中小企业群体因形态各异且因行业、规模、资源、商业环境等不同而对知识产权的需求程度差异大，只有高水平的知识产权服务才能为中小企业的良性发展保驾护航，这与当前知识产权分散管理影响服务效能、服务机构不能满足需求的现状形成了矛盾。本文探讨了将中小企业知识产权一站式综合服务中心作为知识产权公共服务平台的组织形式，以直接面向中小企业，为其提供免费的一站式知识产权服务，覆盖专利、商标、版权、技术标准、商业秘密、自主品牌等知识产权各个方面，并在初期将工作重点放在中小企业知识产权的意识培养、人才培育和权利获取三方面上。

关键词：中小企业　知识产权　一站式服务

一、引　言

中小企业是国民经济和社会发展的重要基础，是创业富民的重要渠道。在中国，中小企业包括中型、小型、微型3种类型。目前，中小企业占企业总数的99%以上，提供了50%以上的税收，创造了60%以上的国内生产总值，提供了80%以上的城镇就业岗位，在增加财政收入、扩大社会就业、优化经济结构等方面，发挥了不可替代的重要作用。同时，中小企业已经成为科技进步的主体和主力军，工业和信息化部2012年的数据表明，中小企业提供了全国大约65%的发明专利、75%的企业创新和80%以上的新产品开发。2014年相关数据则显示中小企业完成了70%以上的发明专利。

在复杂多变的国内外发展环境中，中小企业面临成本上升较快、市场需求不足、融资困难、负担沉重等切实问题，激发中小企业的发展活力、增强其市场竞争力对国民经济提质增效升级、经济发展向创新驱动转变有重要的意义。知识产权作为一种保障和激励创新发展的制度设计，一方面是创新的"原动力"所在，另一方面是科技成果向现实生产力转化的"桥梁"，可以说，知识产权是构建和提升企业核心竞争力的关键因素。关注中小企业知识产权的研究自 2001 年起范围越来越广泛，内容越来越深入。

二、知识产权支持中小企业发展的现状

近年来，我国各级政府都对中小企业的发展给予了较高的关注，2002 年通过的《中华人民共和国中小企业促进法》为支持中小企业健康发展的各项政策提供了法律依据。2014 年，国家知识产权局发布《关于知识产权支持小微企业发展的若干意见》，从扶持创新发展、完善知识产权社会化服务、提高知识产权运用能力和优化知识产权发展环境四个方面提出了利用知识产权支持小微企业发展的政策意见，基本涵盖了企业发展过程中与知识产权相关的各个方面。但是，目前各项政策的落实有待加强，例如，有学者认为，上述文件中提出的"对小微企业亟需获得授权的核心专利申请予以优先审查"和"积极探索推进小微企业专利费用减免政策"等意见仍需在政策执行层面进一步落实。❶

在具体行动上，国家知识产权局与工业和信息化部 2011 年印发《中小企业集聚区知识产权托管工作指南》，帮助中小企业解决自身知识产权管理能力不足的问题；借助在全国设立的专利信息服务中心为包括中小企业在内的各类用户提供信息支撑；成立知识产权培训基地加强知识产权相关人才的培养；通过在各地设立维权援助中心、上线运行中国知识产权维权援助与举报投诉网等举措，不断加强知识产权保护力度。工业和信息化部持续推动"中小企业知识产权战略推进工程"。但是，直接针对中小企业的具体知识产权政策举措并不全面，也未充分考虑中小企业的特点。

另外，中小企业在专利、商标、版权、技术标准、商业秘密、自主品牌等知识产权各个方面的占有和使用情况都不容乐观，而且自身规模和资源的限制使其在知识产权的管理和保护方面也处于劣势，对知识产权的理解有待深入。依据国家统计局专题统计"2006 年全国工业企业创新调查统计数据"的研究表明，中小企业在知识产权的各个方面都不如大型企业。❷ 其中，中小企业在专利、版权、技术标准的使用情况上与大型企业差距最大。以专利为例，大型企业专利申请比率是中型企业的 2.3 倍，是小企业的近 6 倍。

即使是产品或服务拥有较高的技术含量、以技术领先作为企业竞争优势的科技型中小企业，其知识产权运用状况也参差不齐。有学者以上海市制造业 467 家科技型中小企业为样本，其中无任何专利的企业有 251 家，占

---

❶ 张亚峰，刘海波. 支持中小企业发展的知识产权政策对比与借鉴 [J]. 中国软科学，2015 (9)：142-150.

❷ 夏玮，刘晓海. 中小企业知识产权使用情况分析与政策建议——从中小企业创新现状、分类与模式的角度 [J]. 科学学与科学技术管理，2010，30 (6)：148-152, 193.

53.7%；93%的企业专利数少于50件，超过100件的企业仅占2.1%。[1] 此外，关于科技型中小企业专利申请"消零"行动成果的报道，[2] 则从另一面反映出相关企业知识产权意识欠缺和能力不足。

如上种种表明，各类中小企业尚不能充分利用知识产权制度并从中获利。

三、中小企业利用知识产权制度的影响因素

有研究认为，中小企业在知识产权创造、运用、保护和管理等方面的不足可以归纳为企业自身原因和企业外部因素两大方面。[3] 其中，企业外部因素既有政府职能作用发挥不充分的原因，也有服务机构不能满足需求的原因。知识产权的分散管理模式在很大程度上影响了知识产权的管理和服务效能，给创新主体和公众带来诸多不便。而在企业自身原因方面，大多数中小企业知识产权意识薄弱，对加强知识产权建设认识不到位；更主要的，中小企业面临资金、专有技术和人才的短缺问题，资金不足直接束缚了中小企业在知识产权开发上的投入，人才匮乏致使中小企业难以确保专门的知识产权人才，专有技术短缺往往导致低水平重复研究或者引发侵权纠纷，以及知识产权开发和管理能力不足，无法形成核心竞争力。

但是，对于企业自身因素的上述剖析并不全面。一方面，自国家知识产权战略实施以来，全社会知识产权意识普遍增强，中小企业尤其是其经营管理者也不例外，知识产权意识薄弱不应视为主要制约因素；至于中小企业资金、技术和人才短缺问题，在中小企业发展壮大直至规模提升之前都会是长期存在的难题，在必要的外部扶持下充分调动有限资源加以合理利用是有效解决之道，不应一味强调困难。另一方面，对中小企业的特点考虑不够到位。具体而言有以下几点。

第一，创新可以分为技术推动的革命性创新和市场拉动的改良性创新两类。大多数中小企业处在改良性创新甚至非创新之列，属于技术的追随者。基于中小企业自身的事业战略，对内涵丰富的知识产权有不同的需求。例如，商标、外观设计和实用新型专利可以帮助企业提供区分产品、分割市场、建立品牌、锁定特殊消费群体，由此增强企业竞争力，对大多数中小企业而言比发明专利的作用更大。又如，专利保护和技术秘密保护都是企业核心技术的保护方式，相较于专利保护，技术秘密不需要通过正式的申请与审批程序，更为简单便捷、花费时间少，因而不少中小企业倾向于用技术秘密保护企业

---

[1] 吴迪，陈荣，孙济庆．上海科技型中小企业技术创新能力分析［J］．现代情报，2015，35（4）：26-30．

[2] 赵建国．中小企业知识产权战略推进工程显成效［N］．中国知识产权报，2014-07-23．

[3] 赵亚静．促进我国中小企业知识产权建设对策研究［J］．商业研究，2014（6）：42-46．

的核心技术。再如，实用艺术品可以通过外观设计专利进行保护，也可以成为版权法保护的客体，具体法律保护模式的选择上取决于企业的自身需要。

第二，以不同模式开展技术创新的中小企业对知识产权有不同的需求。企业利用自身创新资源进行研究开发以获得新技术，这是一种封闭式的自主创新。企业在自身原有技术基础上引进外部技术进行消化吸收，再创新出新技术，通常是一种封闭式的模仿创新。企业、政府、科研机构多元主导的"官产学"合作创新则是一种开放式的创新。创新的成果需要得到保护，模仿创新的中小企业要面对技术研发输出方的技术标准与技术壁垒，合作创新的企业则要制定新产品的技术标准与技术壁垒，这些都与知识产权密不可分。

第三，从企业生命周期的角度看，处在不同阶段的中小企业对知识产权有不同的需求。有研究以科技型中小企业为样本，分析了企业进行技术创新的资金和政策需求。❶ 例如，尚处于萌芽阶段的科技型中小企业的技术创新需求主要聚焦在新产品的开发和样品试制上，以此来验证其项目的可行性和技术的合理性；在创立阶段，创投项目产品完成商品化并进入试销阶段，企业面临着技术、市场、管理三大风险；成长阶段的企业在扩大生产的同时，还要进行产品的进一步开发并要加强营销能力，主要面临市场风险和财务风险。随着企业的逐步发展，在企业内建立有效的知识产权架构、在经营中融入合理的知识产权管理是科技型中小企业需要持续深入探究的课题。

综合以上分析，中小企业受自身条件限制而需要外部力量的引导和扶持，中小企业群体形态各异且因行业、规模、资源、商业环境等不同而对知识产权的需求程度差异较大，只有高水平的知识产权服务才能为中小企业的良性发展保驾护航。这与当前知识产权分散管理影响服务效能、服务机构不能满足需求的现状形成了矛盾，也制约着中小企业对知识产权制度的利用。

四、日本支持中小企业知识产权的举措

主要发达国家十分重视中小企业知识产权推进工作，现有许多研究也借鉴相关国家的政策和动向，提出了有助于完善我国中小企业知识产权推进政

---

❶ 纪玲珑，陈增寿.科技型中小企业技术创新的资金支持与政策需求——基于生命周期视角[J].财会通讯，2015（35）：12-14.

策及具体举措的中肯建议。❶❷❸ 研究报告显示，美国、德国知识产权制度发达，中小企业知识产权意识强，知识产权高端服务业成熟完善，已经形成了以企业为主体、以服务性机构为媒介、国家提供支持的发展模式。不同于美国和德国的是，日本和韩国根据国家经济战略的需要，政府和知识产权管理部门运用公共资金和公共政策，更多地介入行业和企业的知识产权建设和管理，从而切实改变中小企业对知识产权的认知程度，督导中小企业进行知识产权实践，帮助中小企业建立知识产权架构并制定长期的知识产权战略。我国现实情况更加接近日韩，可以更多借鉴他们的经验。

以下将概要介绍日本在推动中小企业知识产权方面的举措。2002 年 7 月日本颁布的《知识产权战略大纲》❹ 即已关注中小企业，2003 年 7 月知识产权战略本部发布的《与知识产权的创造、保护和运用相关的推进计划》❺ 明确提出了对中小企业的支持举措。2013 年 6 月，日本知识产权战略本部发布《知识产权政策愿景》，❻ 确定今后十年的工作重点。有学者评述，该战略性文件立足全球、突出重点、强调支援。❼ 文件中，基于中小企业的重要地位和经营管理上的不足，确定政策重点之一是支持中小企业加强知识产权管理。文件提出，政府需要启发中小企业认识到知识产权管理的重要性，针对企业具体情况进行细致入微的支持，扫除中小企业在开展知识产权活动中存在的种种障碍。同时，需要加强对中小企业知识产权活动的激励，从知识产权的取得到海外市场开拓，再到充分利用知识产权，提供一系列首尾一贯的制度性支持。涉及的方面包括：改进中小企业进行全球扩张的支持系统；扩大中小企业的费用减免服务；激活知识产权市场，有效运用未实施的专利；增强知识产权综合支持窗口的机能；鼓励地方中小企业与高校之间的知识产权活动。

---

　　❶ 柴爱军. 浅谈近年来国外知识产权公共服务的改革及其对我国的启示 [J]. 中国发明与专利，2015（6）：43-47.
　　❷ 李伟华，王宁. 浅析专利行政部门如何对中小企业提供帮助 [J]. 中国发明与专利，2014（7）：91-94.
　　❸ 邵彦铭，孙秀艳. 美日韩中小企业知识产权推进政策及新动向 [J]. 中国商贸，2013（15）：67-69，71.
　　❹ 来源：知的财产戦略会議，知的财产戦略大綱，平成 14 年 7 月 3 日，http：//www.kantei.go.jp/jp/singi/titeki/kettei/020703taikou.html。
　　❺ 来源：知的财产戦略本部，知的财产の創造、保護及び活用に関する推進計画，平成 15 年 7 月 8 日，http：//www.kantei.go.jp/jp/singi/titeki2/kettei/030708f.html。
　　❻ 来源：知的财产戦略本部，知的财产政策ビジョン，平成 25 年 6 月 7 日，http：//www.kantei.go.jp/jp/singi/titeki2/kettei/vision2013.pdf。
　　❼ 杜颖. 立足全球、突出重点、强调支援的全方位知识产权政策设计——解读 2013 日本《知识产权政策展望》[J]. 私法，2014，24（1）：88-117.

目前，日本特许厅借助遍布 47 个都道府县的 57 个知识产权综合支持窗口，为中小企业提供一站式解决援助（如图 1）。在此之前，作为地区支持体制的一部分，自 1996 年起由各都道府县的知识产权中心为中小企业的技术开发提供支持，其服务包括专利信息阅览、提供专利信息和相关技术信息、关于专利信息运用的指导咨询。基于"不知去何处咨询较好""知识产权的门槛较高，难以去咨询"等中小企业的呼声，自 2011 年起，在各都道府县设置了统一受理关于知识产权相关烦恼和问题咨询的"知识产权综合支持窗口"，联合各专家和支持机构等提供知识产权的一站式服务，❶ 随之结束了各地知识产权中心的工作。其服务主要包括：窗口支持，即窗口负责人当场接受咨询，在免费且严格保密的前提下，对于从创意阶段到事业开展、海外发展的问题实现一站式解决，介绍中小企业能够利用的知识产权支持政策、专利申请手续等，对于专业性较高的问题，由专利代理人或律师等知识产权专家与窗口负责人共同解决；与支持机构合作，即与中小企业支持机构、贸易振兴机构之类的支持机构及其专家充分合作，高效解决各方面的问题；发掘未有效运用知识产权的中小企业并促进知识产权运用，即针对业务活动中知识产权意识不足的中小企业，培养其知识产权运用重要性的意识，促进知识产权运用。

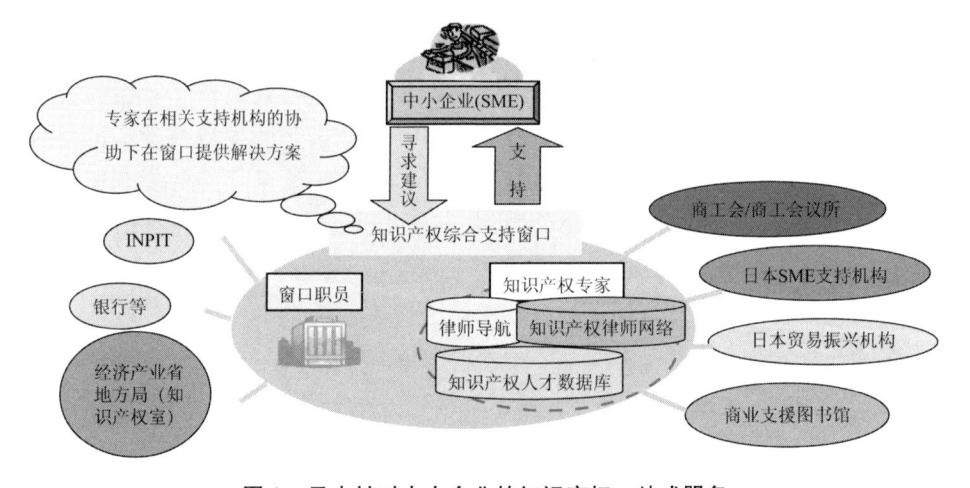

图 1　日本针对中小企业的知识产权一站式服务

数据显示，2011 年，各知识产权综合支持窗口驻有约 130 名员工，向 100 910 件案件提供了咨询服务，参与的专利代理人、律师等专家总计 11 000 人次。2012 年，共计 7 600 人次的专家参与其中，提供了对 118 685 件案件的咨

---

❶ 日本特许厅. 专利行政年度报告书 2012 年版 [R/OL]. [2012-08-30]. http://www.jpo.go.jp/shiryou/toushin/nenji/nenpou2012_index.htm.

询服务,支持的案件数量较上年增长近18%。2013年支持的案件数量达到148 770件,继续保持高速增长。从2014年起,进一步加强知识产权专家的配置,例如专利代理人每周参与1次以上,律师则每月至少参与1次;包括专利代理人、律师、中小企业诊断师、具有丰富经验和知识的企业前业务人员等专家基于各自的专业知识加强直接访问支持。由此实现知识产权综合支持窗口"发挥中小企业知识产权部门作用"的角色定位,2014年向146 612件案件提供了支持。❶ 知识产权综合支持窗口网站"知识产权门户"❷ 刊载了216件窗口支持事例,建立的知识产权人才数据库囊括了专利代理人、律师、技术员、司法代书人、行政代书人、税务师、会计师、中小企业诊断师、知识产权管理师以及其他具备实务经验的人员等各色人才,中小企业可以基于不同的技术领域、不同的企业事务类别、不同的知识产权实务来寻求帮助。

五、探讨我国中小企业知识产权一站式服务方式

考虑到中小企业的自身条件和现实状况,借鉴日本相关经验,建议有针对性地加强面向中小企业的知识产权服务,探索创设一站式综合服务中心。具体包括以下几方面。

(1) 优化知识产权公共服务,以各类组织和机构为服务载体,为企业等创新主体提供信息、代理、交易等各类服务,搭建为社会公众普及知识产权法律、提供公共咨询、开放知识产权文献数据库等职能的公共服务平台。基于中小企业资金方面的具体情况,合理运用公共资金,将面向中小企业的免费服务纳入知识产权公共服务平台的职能范围,吸引更多中小企业主动利用知识产权制度。

(2) 借鉴日本特许厅设立的知识产权综合支持窗口的模式,将中小企业知识产权一站式综合服务中心作为知识产权公共服务平台的一类具体组织形式,直接面向中小企业,能够为其提供一站式的知识产权服务,覆盖专利、商标、版权、技术标准、商业秘密、自主品牌等知识产权各个方面,为中小企业提供全面的知识产权信息情报,从而实现知识产权信息的惠及面最大化。

(3) 选择在整体经济实力相对突出且集聚了较多的知识产权服务人才的区域先行尝试,获得相关机构的支持,从国家知识产权局专利局及其所属的各专利审查协作中心、专利代理机构、律师行等以无偿兼职的方式招募人手,形成支撑上述一站式综合服务中心的知识产权专家队伍。

---

❶ 日本特许厅. 专利行政年度报告书2015年版 [R/OL]. [2015-09-24]. https://www.jpo.go.jp/shiryou/toushin/nenji/nenpou2015_index.htm.

❷ 来源:http://chizai-portal.jp/.

（4）从工作方式上考虑，应当主要采取窗口支持，当场接受咨询，介绍中小企业能够利用的知识产权支持政策以及说明相应的手续方法，帮助企业知悉如何取得适合企业发展的知识产权相关权利，支持企业在查询权利状态、转移和许可情况、检索现有技术文献等方面的需求和相应知识产权信息数据库的使用，从技术动向、企业战略、经营策略等角度出发提供如何保护和运用知识产权的建议。必要情况下，可以直接访问企业开展服务工作。

需要指出的是，考虑到中小企业数量庞大、参差不齐的知识产权状况、政府投入的人财物成本，建议在初期的工作实践中不宜面面俱到，而是与市场化的知识产权服务机构共同协作，形成配套以满足知识产权高端服务的需求。毕竟，知识产权高端服务应该向着成熟的商业化服务模式发展，要将政府的非营利行为慢慢转变为企业自愿付费的市场行为，让知识产权高端服务与企业的事业战略相结合，使双方互利共赢，一方面企业能够通过知识产权投入获取更大的收益，另一方面知识产权高端服务机构也能够健康发展。

因此，建议一站式综合服务中心初期将工作重点放在中小企业知识产权的意识培养、人才培育和权利获取三方面上。

（1）意识培养：一方面，在前来寻求帮助的中小企业之中，发掘业务活动知识产权意识不足的中小企业，培养其知识产权运用重要性的意识，促进知识产权运用。另一方面，定期开展相关培训，尤其是主动赴区域内的中小企业聚集区提供知识产权宣传培训，为更多的中小企业培养知识产权意识。从这项工作考虑，一站式综合服务中心构建的知识产权专家队伍的人员构成已经为相应工作的开展提供了便利条件和有力保障。

（2）人才培育：中小企业通常不能确保拥有专门的知识产权人才，而是由企业内部的技术人员、管理人员等兼职负责知识产权工作。提供一定的培训项目，使企业相关人员能够在其工作实践中锻炼并提高知识产权运用和管理能力，既有利于企业的长远发展，也有利于知识产权相关人力资源基础的扩大。况且，由于知识产权与企业创新的联系愈发紧密，知识产权管理在变化且日益多元化，企业需要全方位的知识产权管理，例如根据情况以适当、主动的方式运用"技术起点型周期模型"或"商业起点型周期模型"或二者的组合（如图2），使企业拥有更强的竞争力。

其中，还可以重点关注对于中小企业经营管理人员的引导。对中小企业尤其是小型或微型企业而言，企业经营管理人员对知识产权加深理解也有利于企业内部创新文化和知识产权文化的培育，使尊重知识、崇尚创新、诚信守法的理念深入人心。

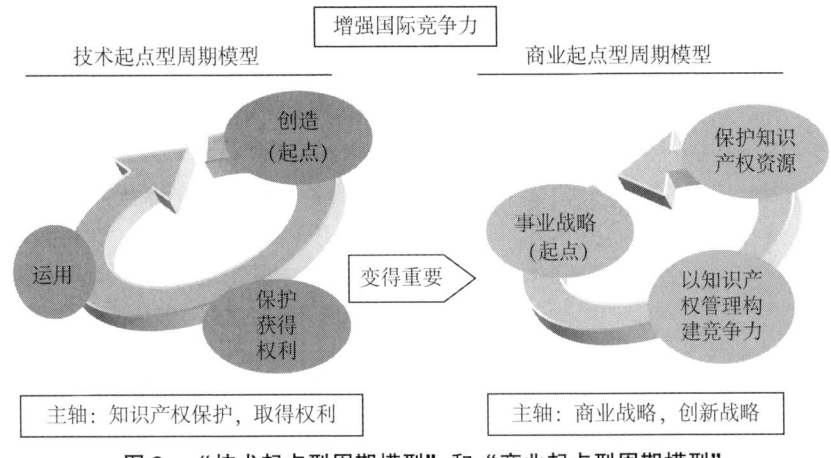

图2 "技术起点型周期模型"和"商业起点型周期模型"

（3）权利获取：基于中小企业的事业战略和发展状况，在契合企业需求的情况下，必要的是帮助企业合理获取相应的知识产权权利，从而为后续的知识产权运用和管理提供稳固的基础。这方面的工作可以促进现有政策的进一步落实，例如，一站式综合服务中心基于对前来寻求帮助的中小企业的深入了解，判断是否存在企业亟需获得授权的核心专利申请，进而帮助企业通过优先审查的途径及早获取审查结果。

通过一站式综合服务中心的建设，有助于形成一支知识产权高端服务人才队伍，有助于重点扶持一批有创新技术和发展潜力的科技型中小企业，有助于完善知识产权代理机构和从业人员信用评价机制，促进知识产权服务业优质高效发展，有助于完善知识产权信息采集机制，以及完善企业海外知识产权问题和案件信息提交机制。

六、小 结

综上所述，基于中小企业的现实状况和特点分析，建议政府及相关职能部门整合资源，优化知识产权公共服务，提升服务能力和水平，为广大中小企业提供免费的一站式知识产权服务，满足其不同层次、多样化的知识产权需求，从而促进中小企业成为革新技术的创造主体、产业竞争力的源泉，使知识产权在保障和激励创新方面发挥应有的作用，为"大众创业、万众创新"保驾护航，为"十三五"规划期间深入实施创新驱动发展战略创造有利条件，为加快知识产权强国建设奠定扎实的基础。

日本侵权及申诉程序介绍

专利局机械部纺织工程处　李　梅

摘　要：各国专利法中基本都涉及侵权和申诉（复审）程序。如需更好地利用侵权和申诉（复审）程序，把握更全面的竞争优势，有必要对主流国家和地区的相关制度进行较为深入的研究。而对日本的相关程序进行研究以及与中国程序进行对比，无论是对中国还是国外的专利申请人，都具有现实意义。本文正是基于此，对于日本的侵权及申诉程序进行介绍，并将其与我国当前的制度进行对比。

关键词：申诉　字面侵权　等同侵权　间接侵权　日本

各国专利法中基本都涉及侵权和申诉（复审）程序。为更好地利用侵权和申诉（复审）程序，把握更全面的竞争优势，有必要对主流国家和地区的相关制度进行较为深入的研究。而对日本的相关程序进行研究以及与中国程序进行对比，无论是对中国还是国外的专利申请人，都具有现实意义。本文正是基于此，对于日本的侵权及申诉程序进行介绍，并将其与我国当前的制度进行对比。

一、日本申诉程序

（一）基本架构

要了解日本的申诉程序，首先需要了解JPO的组织架构。

由图1可知JPO的基本组织结构，JPO属于经济产业部的一个下属局，包括商标部、专利和外观审查部、申诉部和政策事务和协调部，其中申诉部又包括负责专利申诉的第1到第33申诉委员会、负责外观申诉的第34申诉委员会、负责商标申诉的第35到第38申诉委员会以及审判和申诉部（包括侵权和无效事务办公室）。其中虽然侵权和无效事务办公室含有"侵权"的名称，但事实上JPO并不具备侵权审理职能。

其中申诉部的主要职能包括：

（1）对审查员作出决定的检查：a. 对驳回决定的申诉；b. 异议程序（对于注册商标而言），即授权后的再次审查。

（2）对工业产权的有效性的早期争议：c. 无效程序，即对对工业产权的有效性的再次判断；d. 撤销程序（对于注册商标而言）。

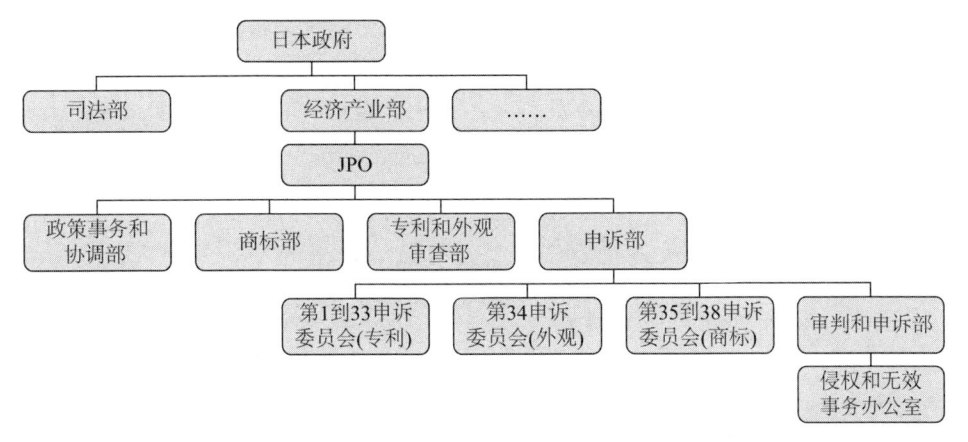

图 1　JPO 组织架构

由于 JPO 的职能既包括专利，又包括商标，因此其包含了专利和商标的双重申诉职能，即驳回申诉、异议、无效和撤销。根据我国专利法的规定，专利申诉包括对驳回的复审程序和对于授权专利的无效程序；而根据我国商标法的规定，商标申诉包括异议程序、无效程序和撤销程序。因此 JPO 的职能与我国的专利局和商标局并无不同。对于专利权、实用新型权、集成电路布图设计权、计算机软件著作权有关诉讼的法院层级设置如图 2 所示。

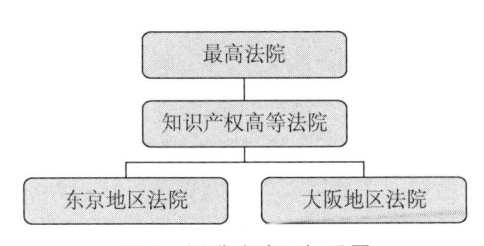

图 2　诉讼法院层级设置

对于技术型知识产权案（包括专利、实用新型、集成电路布图设计权和软件著作权），第一级受理法院仅为两个地区法院，避免了出现"forum shopping"的局面，因此大大提高了法院的审理一致性，也提高了申请人获得一致结果的预期。

（二）与我国的几点差异

对于无效请求，一般可以提交 JPO 审查。与我国不同的是，JPO 直接作为一个审级，其职能相当于我国的中级人民法院。另外在无效诉讼中，如果当事人不服 JPO 的无效决定，再向知识产权高等法院上诉时，JPO 不会作为被告，这与我国有着明显的不同（但在对驳回决定不服向法院上诉时，JPO会作为被告）。具体层级如图3所示。

```
┌─────────────────┐
│    最高法院      │
└─────────────────┘
         ↓
┌─────────────────┐
│  知识产权高等法院 │
└─────────────────┘
         ↓
┌─────────────────┐
│      JPO        │
└─────────────────┘
```

图3　无效上诉层级

与我国的无效制度还有着明显不同的是，在某些情况下日本的法院可以直接对是否无效作出判定，即实行无效判断的双轨制。首先，日本专利法规定了专利局有宣布专利权无效的权力，另外，在某些情形下，法院在处理侵权案件时也可以认定专利无效，这一规定来源于日本最高法院的判决。在2000年4月1日，日本最高法院作出判决，❶关于一个半导体装置专利纠纷，日本最高法院认为该案专利权存在明显无效理由，并且可以预见，即使当事人向行政部门提出审查申请，该专利权也将由行政部门宣告无效，在这种情况下仍然支持专利权人的损害赔偿等请求显然不合理。主要理由是：①如果根据此类专利权判决停止实施行为，并要求实施人进行损害赔偿，事实上给予了专利权人不当的利益，而对实施人造成不利，这违反了平衡的理念；②纠纷应在短时间内尽可能地一次性解决，这是社会的期望。若在侵权诉讼中必须首先向特许厅申请专利权无效审判、在特许厅得出专利权无效结论之前不得利用无效理由作为防御方法来对抗专利权行使的话，不但给当事人强加了申请无效审判的义务，也违背了诉讼经济原则。最高法院在判决中认为，在行政机关作出专利无效宣告决定之前，审理专利侵权案件的法院可自行判断专利权是否存在明显无效的理由，明显存在专利无效的理由时，若无特别情况则基于专利权而请求停止侵害和损害赔偿属于权利滥用。

受2000年日本最高法院判决的影响，加之理论界及产业界强烈呼吁应迅速处理知识产权纠纷，日本于2004年修改专利法时，在第104条第3款中明确规定：在专利权或专用实施权侵权诉讼中，如果法院认为该专利应被专利无效审判确认为无效时，专利权或专用实施者不得向对方当事人行使该权利。

然而这种双轨制会带来结果的不可预期，尽管基于日本专利法的规定，只有JPO能够对专利进行无效，法院的这种无效仅具有个案效力，不具有对世效力。然而这种双轨制的存在，仍然会带来结果不可预期的情况。例如专

---

❶ 赵振. 中日专利诉讼模式比较研究［D］. 武汉：华中科技大学，2008.

利侵权诉讼判决生效后，败诉的当事人再向特许厅申请审理专利是否有效，如果特许厅的审理结果与法院的判断相反，则当事人可以申请再审，这容易将纠纷拖入长期化。

二、侵权实务介绍

（一）侵权相关法条

对于侵权相关的法条规定如下：

日本专利法第68条　专利权人具有将授权专利在商业上实施的独占权。

日本专利法第36条　在专利的权利要求中，需要考虑申请人对发明限定的全部技术特征。

日本专利法第70条

（1）专利权的保护范围基于授权的权利要求来确定；

（2）授权的权利要求中术语的含义将结合说明书、附图进行解释。

日本专利法第2条

实施的含义是：

（i）对于产品而言，指的是产品的制造、使用、销售、进口或许诺销售（在计算机程序的案件中，通过网络进行提供）

（ii）对于方法而言，指的是使用该专利方法；以及

（iii）对于产品的制造方法而言，包括（a）使用该制造方法；以及（b）使用、销售、进口或许诺销售由该方法制造的产品。

从文字表述来看，该规定似乎与我国略有不同，我国专利法第11条规定：发明和实用新型专利权被授予后，除本法另有规定的以外，任何单位或者个人未经专利权人许可，都不得实施其专利，即不得为生产经营目的制造、使用、许诺销售、销售、进口其专利产品，或者使用其专利方法以及使用、许诺销售、销售、进口依照该专利方法直接获得的产品。但是根据《专利权的保护》[1]一书的解读，该产品应该也是限于制造方法，因此并无不同。

而对于间接侵权的规定如下：

日本专利法第101条　以下两种行为侵犯了专利权人的专利权：

（1）对产品发明专利而言，以生产经营为目的，制造、销售、进口等专用于生产该专利产品的物品等行为；

（2）对产品发明专利而言，在知道该产品发明专利获得授权并且该部件用于制造该产品的情况下，以生产经营为目的制造、销售、进口对制造该产品而言不可或缺的部件。

---

[1] 尹新天. 专利权的保护 [M]. 2版. 北京：知识产权出版社，2006.

（3）对方法发明专利而言，以生产经营为目的制造、销售或进口专用于实施该方法的产品等行为。

（二）几种侵权的情形

日本的侵权体系中，包括字面侵权、等同侵权和间接侵权。因此接下来对这3种情形进行进一步介绍。

1. 字面侵权

对于字面侵权而言，其判断比较简单，本文主要针对开放型权利要求和封闭型权利要求两种类型进行介绍。

开放型权利要求：（1）X，其包括A，B和C；
（2）X，其具有A，B和C；
（3）X，其特征在于……

封闭型权利要求：X，由A，B和C组成。

在侵权判定时要考虑封闭型权利要求和开放型权利要求的差异，在判断其保护范围时需要重点关注，封闭型权利要求的保护范围要小很多。

2. 等同侵权

对于等同侵权，在日本专利法中并没有相关规定。正式适用等同原则是1998年最高法院审理的"带有滚珠槽的轴承"案。[1] 这是日本将等同原则适用于专利侵权案件的首次确认。日本最高法院指出，适用等同原则应当满足如下条件：

（1）权利要求的某个或者某些特征与侵权装置有所不同，该部分特征不构成专利发明的实质性特征；

（2）被控侵权装置采用有关特征来替换上述特征，使其装置能够实现发明的目的，以相同的工作方式获得相同的效果（置换可能性）；

（3）上述可替换性在被控侵权行为发生时对所属领域中的技术人员来说是容易想到的（替换的显而易见性）；

（4）被控侵权装置与申请日之前的公知技术不同，而且也不是所属领域中的技术人员基于申请日以前的公知技术所容易想到的（公知技术抗辩原则）；

（5）专利权人在专利审批过程中没有有意地将被控侵权装置排除在其专利权保护范围之外（禁止反悔原则）。

对于具体的适用方式，给出了几个具体的案例。

对于原则（1），给出的案例的权利要求：具有六边形头的螺栓，其在头部的顶面具有六边形的孔。被控侵权产品为：具有四边形孔的螺栓（见图4）。

---

[1] World Intellectual Property Report, Vol. 123, p. 117.

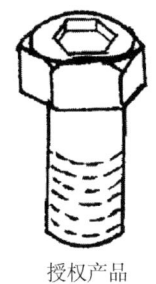

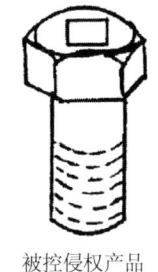

具有四边形
孔的螺栓

授权产品　　　　　被控侵权产品
图4　授权产品和被控侵权产品

如果在此之前具有多边形孔的螺栓不是已知的,那么该产品构成侵权。

相反,如果在此之前具有五边形孔的螺栓是已知的,那么该产品不构成侵权。

从之后日本法院的判决看,法院在认定专利发明的实质部分时,一般采取以下方法:❶

第一,以说明书的记载和公知技术为基础进行判断。认定专利发明的实质部分,不能只从权利要求的字面进行分析,必须以说明书的记载和公知技术为基础进行判断。

第二,参考专利申请经过。有些情况下,法院还参考专利申请经过确定专利发明的实质部分。

第三,参考其他证据。除了专利申请经过外,法院还参考其他的证据认定专利发明的实质部分。

对于原则(2),给出的案例为:授权专利为具有人造橡皮擦的铅笔,被控侵权产品为具有塑料橡皮擦的铅笔,此时被控侵权产品符合原则(2),因为通过将人造橡皮擦替换成塑料橡皮擦能够获得相同的功能和结果。对于置换可能的判断,还可以参照以下原则:❷

第一,置换可能性的比较对象。从日本最高法院的论述看,置换可能性比较的对象是"发明的作用效果"和"发明目的"。即看该被控侵权物是否与专利发明具有相同的作用效果,是否能够实现发明的目的;

第二,如何确定发明的作用效果。判定是否具有置换可能性的问题,首先要确定专利发明的目的及效果,然后看被控侵权物是否具有专利发明的作用效果,是否能够实现发明的目的;

第三,被控侵权物有附加的技术效果是否影响置换可能性的判断。日

---

❶ 高亚彪. 论国外专利侵权判定等同原则对我国的借鉴 [D]. 大连:大连海事大学,2008.
❷ 尹新天. 专利权的保护 [M]. 2版. 北京:知识产权出版社,2006.

本法院的判定认为，被控侵权物的附加技术效果不影响置换可能性的认定。

对于原则（3），给出的例子同上，判断的原则是如果"塑料橡皮"在制造被控侵权产品时是已知的，则由于在制造被控侵权产品时能够容易地对已知塑料橡皮进行替换，而满足原则（3）的要求；如果塑料橡皮在制造被控侵权产品时不是已知的，则不满足原则（3）的要求。

对于原则（4），如果具有塑料橡皮的铅笔在专利申请前就是已知的，那么不满足原则（4）的要求。也就是相当于我国公知技术抗辩的规定。关于公知技术抗辩的适用条件，日本最高法院也没有采用德国最高法院的观点，认为公知技术抗辩不仅适用于等同侵权的情况，同样也适用于相同侵权的情况。❶

对于原则（5）：

第一种情形为：原始的权利要求为"铅笔，其含有一根杆，一个木制外壳和一个连接到外壳一端的橡皮擦"，修改后的权利要求为"铅笔，其含有一根杆，一个木制外壳和一个连接到所述外壳一端的人造橡胶橡皮擦"，从而由于权利要求被限定为排除了人造橡胶橡皮擦以外的范围，因此不构成等同侵权。这种情形相当于我国禁止反悔的情形。

第二种情形为：说明书中提到了"橡皮可以由任意类型的橡胶制成，包括人造橡胶橡皮和塑料橡皮"，而授权的权利要求为"铅笔，包括一根杆，一个木制外壳和一个与所述外壳的一端相连的人造橡皮擦"。由于说明书中提到了使用塑料橡皮，但在权利要求书中仅仅提到人造橡皮而不包括塑料橡皮，因此塑料橡皮不属于等同侵权的范围。这种情形相当于我国捐献原则的情形。

由于日本最高法院的这个判例出现在美国关于禁止反悔原则的判例之前，在美国出现禁止反悔的新判例之后，有很多学者认为日本适用禁止反悔的原则过于严格，应当参照美国的原则进行适应性修改，但是始终没有定论，因此目前仍然很有争议。

实际上，日本法院对等同侵权原则的适用条件规定较为严格，"体现了对该原则谨慎适用、限制适用的态度"。❷ 这可能与日本专利申请的特点有关，日本的专利申请量极大，但凡作出一点点改进，就立即申请专利，这在日本工业界已经是一种习惯，因此在各个技术领域中，专利的"密度"都很高。❸ 在这种情况下，如果采用较宽的等同范围，可能导致在授予的专利权之间产

---

❶ 尹新天. 专利权的保护 [M]. 2版. 北京：知识产权出版社，2006.
❷ 张广良. 论我国专利等同侵权原则的适用与限制 [J]. 知识产权，2009（5）.
❸ 高亚彪. 论国外专利侵权判定等同原则对我国的借鉴 [D]. 大连：大连海事大学，2008.

生过多的"撞车"现象，这是日本所不能不考虑的，其对等同原则的立场与这一事实不无关联。

3. 间接侵权

日本专利法第 101 条对于间接侵权进行了规定。

其中，第（1）涉及的产品可以称为"专用品"，第（2）涉及的产品可以称为"非专用品"，对于与"专用品"相关的专利间接侵权诉讼，被告只需要证明被控侵权物品适用于专利之外的用途，就可以免除专利间接侵权责任。对于"非专用品"，在主观具有侵权故意的情况下，就应该承担专利间接侵权责任。其中，关于提供"非专用品"的主观具有侵权故意的判定条件为：❶ ①明知该物品是可以适用于专利技术；②明知该物品是解决专利技术不可缺少；③明知该物品是用于发明专利；④明知该物品将被用于实施该专利技术。因此日本对以"非专用品"为对象的制造、销售行为，在认定时对行为人的主观态度要求很严格。

对于间接侵权的情况，以下面两种典型情况为例进行说明。

【间接侵权情形一】

示例：

授权权利要求：一种铅笔，其具有杆，具有六角形横截面的木制外壳，该外壳表面具有高摩擦系数的颜料，一个橡皮与所述木制外壳的一端相连接。（简化来看，即包含本体和橡皮）

被控侵权产品：单独的本体和单独的橡皮。

分析：

这种情况下，利用这种本体和橡皮制造了这种铅笔的人构成直接侵权人，而提供单独本体和单独的橡皮的人构成间接侵权人。即属于第一种情形。

【间接侵权情形二】

同样对这个案例，如果被控侵权人仅生产了橡皮，那么由于橡皮是制造该侵权产品不可或缺的部件，因此需要核实其是否满足第二种情形的要求，即被控侵权人是否知情。

情形一和情形二都属于有一个间接侵权人，有多个直接侵权人的情况，如图 5 所示。

---

❶ 黄启法. 关于在中国建立专利间接侵权制度的研究 [D]. 广州：华南理工大学，2013.

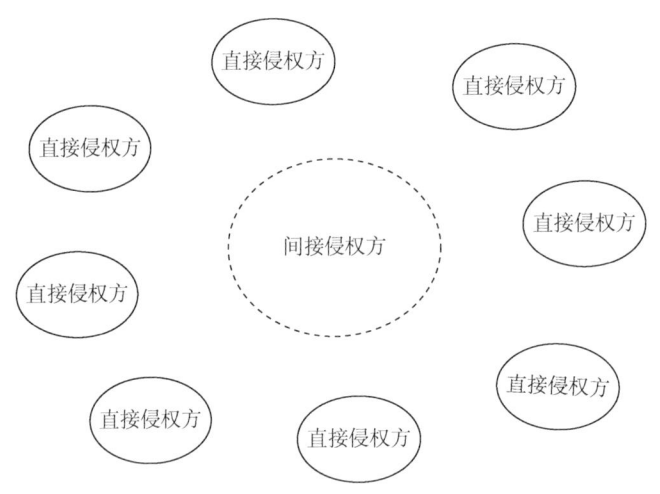

图 5 间接侵权（一个间接侵权人，多个直接侵权人）

【间接侵权情形三】
这种情况与情形一和情形二不同，在情形三中没有任何的直接侵权方。
示例：
授权权利要求：一种自动制造面包的方法，其包括步骤如下：……
被控侵权产品：一种家用自动面包制造机，其基于……步骤来制作面包。该步骤与授权权利要求的步骤相同。

这种情况下，使用面包制造机的人虽然使用了授权的面包制作方法，但其仅在家里制作面包，而并非用于生产经营目的，因此不构成直接侵权；

而制造这种面包制造机的人并未使用该授权的面包制作方法来制作面包，因此也不构成直接侵权。

因此，这个案例中并不存在直接侵权方，但是这种情况下明显会损害专利权人的利益，这就是日本专利法中关于间接侵权的第三点所涵盖的情形。认为对面包制作方法发明专利而言，以生产经营为目的制造、销售或进口专用于实施该方法的产品等行为已经构成了间接侵权。这种情形相当于图 6 的情形。

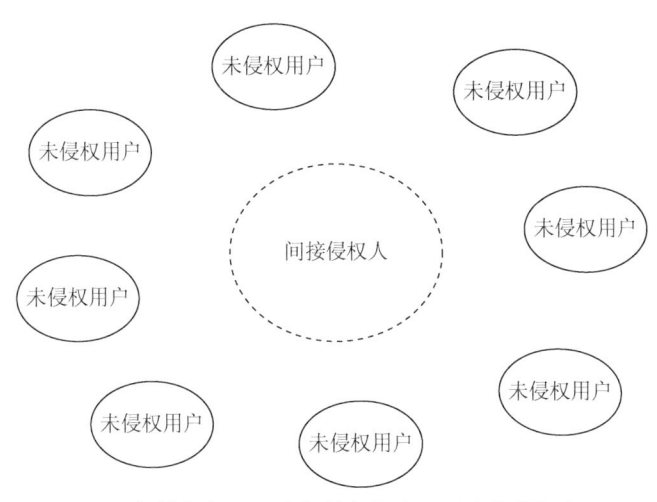

图6 间接侵权（一个间接侵权人，无直接侵权人）

我国在第三次《专利法》修改的讨论当中，对于是否要将间接侵权写入专利法中有一定争论。有观点认为，❶目前中国司法实践中遇到的间接侵权的纠纷案件不多，因此专利法中可以不作规定。也有观点认为，中国对专利权的保护都是对技术方案整体的保护，如果规定了间接侵权，在实践中可能会导致保护技术方案的局部或者部分，将可能造成对专利权保护的过度。而专利间接侵权最终也没有写入专利法修正案。因此间接侵权对于我国而言还属于争议较大的内容。而日本由于属于发达国家，提供专利的强保护，因此对于间接侵权也给予较大力度的保护，这与其国情也是息息相关的。但日本的相关立法和实践也可以为我国立法提供一定的参考和指导意义。

---

❶ 程永顺.《专利法》第三次修改留下的遗憾——以保护专利权为视角［J］.电子知识产权，2009（5）.

日本知识产权现状及对我国复审无效工作的启示

专利复审委员会材料申诉一处　宋晓晖

摘　要：本文介绍了日本特许厅审判部和日本知识产权高等法院基本概况，从两者的组织机构、职能、职责等方面进行了研究分析，在此基础上为了提高案件审查质量和效率，提出了从制度设计和人员职责两方面进行具体改进的相关措施。

关键词：审判部　知识产权高等法院　合议　异议

一、日本特许厅审判部基本概况

（一）审判部组织机构

审判部与总务部、审查业务部、审查第1~4部同是隶属于日本特许厅（JPO）的内设部门。审判部包括审判课、诉讼室、第1~38部；其中审判课下设审判企划室、侵权无效业务室，第1~33部涉及专利的无效和复审、第34部涉及外观设计的无效和复审、第35~38部涉及商标的无效和复审。日本特许厅审判部共有387名审查员，其中审判长有129名。

（二）审判部职能

审判部的职能除了与专利复审委员会（下称复审委）相似的专利复审案件的审查和专利无效宣告请求的审查以外，还包括专利的订正审判、专利的撤销审判、咨询意见和专家证言，以及专利异议审判（如表1所示）。

表1　JPO审判部职能总表

	案件类型	发明	新型	外观	商标
授权前	针对驳回提出的复审	√		√	√
	针对驳回修改提出的复审			√	√

续表

	案件类型	发明	新型	外观	商标
授权后	无效审判	√	√	√	√
	订正审判	√			
	撤销审判（商标）				√
	异议（2015年4月）	√			√
	咨询意见	√	√	√	√
	专家证人	√	√	√	√

（三）专利异议制度

JPO 审判部的专利异议审判职能是根据 2015 年 4 月 1 日开始实施的发明专利特许法的新异议制度赋予的。新异议制度是指，发明专利授权后，自授权公报公开起的 6 个月内，任何人都可以对该专利提出异议。

日本在 1964 年法改之前就存在与无效制度并存的异议制度，彼时异议提出的时间被规定在授权之前。1994 年法改后，异议提出的时间变更至授权之后，但规定异议提出后的审查过程中，针对专利权人的答辩或修改，异议人不再有陈述意见的机会。这样的设置，导致多数异议人被迫继续使用无效宣告请求来进一步充分陈述意见，异议制度不仅增加了双方当事人的负担，浪费了行政资源，同时还延长了案件审查周期，致使行政效率低下。因此，2003 年法改时取消了异议制度，增加了授权后提公众意见制度。

2003 年之前，JPO 审判部每年受理的无效案件在一两百件之间，异议案件在 3 000 件以上，最高曾达到 6 130 件。2003 年取消异议程序后，无效案件并未像预想中那样大幅增加，2004 年仅由 2003 年的 254 件升高到 358 件，而后的十年间基本保持在二三百件之间。这说明无效制度并没有因为异议制度的取消而得到公众的广泛利用（具体数据如图 1 所示）。

异议制度取消后，异议案件数量的消失和无效案件数量的稳定在一定程度上增加了授权专利的不稳定性，损害了专利制度的公信力。

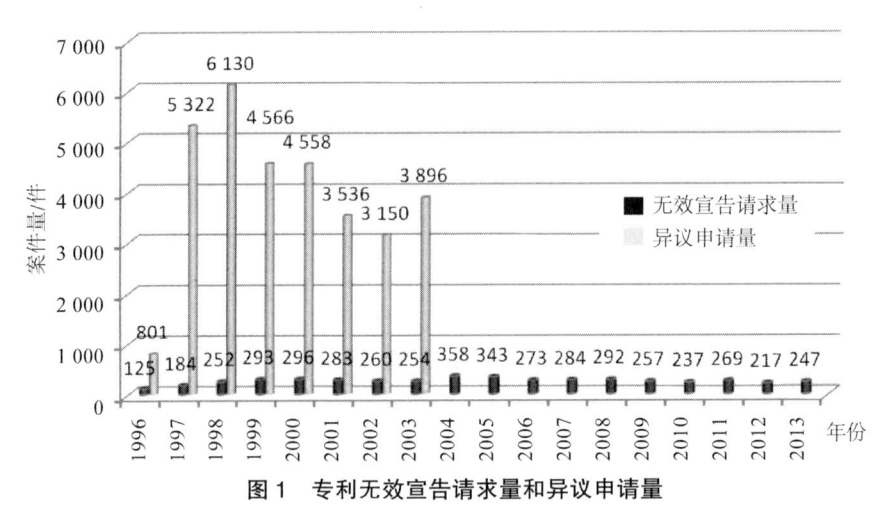

图 1 专利无效宣告请求量和异议申请量

随着日本企业国际化程度的提高，日本企业对获得稳定专利权的期望增大，同时 JPO 在时间、资源配置等方面客观条件成熟，JPO 于 2015 年 4 月 1 日，再次实施了专利权异议制度（下称新异议制度）。新的异议程序在设置目的、提出时间和请求人身份上与无效程序进行严格区分。异议程序用于更早地解决专利权的有效性问题，因此可以由任何人提起请求，但必须在专利授权公告后 6 个月内提出，异议理由须限于与公益性相关的理由。与此相应，无效程序旨在解决双方当事人之间就专利权有效性产生的争议，因此启动人必须是利害关系人，其可以在专利授权之后的任何时间提出无效宣告请求。新异议制度与无效制度的具体比较见表 2。

表 2　新异议制度与无效制度的具体比较

比较内容	新异议制度	无效审判
目的	早期专利权稳定性	当事人之间就专利有效性的争议
程序	单方（原则上 JPO v. 专利权人）	双方（被控侵权人 v. 专利权人）
请求人	任何人	利害关系人
请求时间	专利公告后 6 个月内	专利授权后任何时间
请求单元	权利要求	权利要求
请求理由	公众原因	1. 公众理由 2. 专利权属 3. 专利授权后产生的其他原因
审查方式	书面审	原则上，口头审

续表

比较内容	新异议制度	无效审判
上诉	撤销：可以审判部为被告上诉 维持：不能上诉	以对方当事人为被告上诉
费用	16 500日元+权利要求数×2 400日元	49 500日元+权利要求数×5 500日元

二、日本知识产权高等法院概况

日本知识产权高等法院是于2005年4月1日成立的专门处理日本有关知识产权案件的法院。日本知识产权高等法院是根据专门的法律成立、内设于东京高等法院之内、专门用来审理知识产权案件的法院，与其他法院相比具有更大程度的独立性，同时它被授予特定的权力处理司法行政事务。

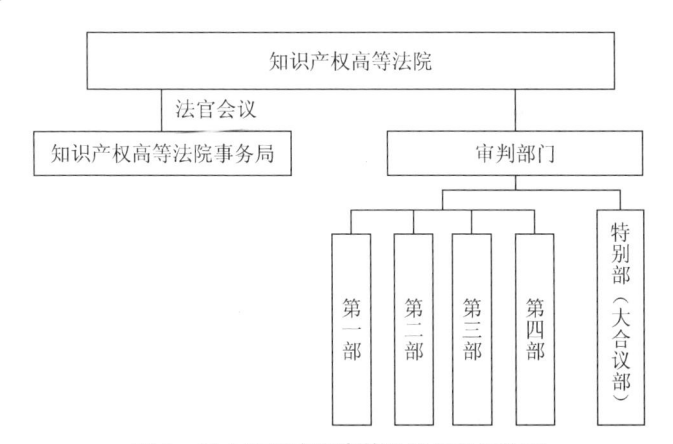

（一）日本知识产权高等法院组织机构

日本知识产权高等法院设有审判部门以及管理一般事务的知识产权高等法院事务局，其中审判部门由处理大合议案件的特别部和4个部组成（组织结构如图2所示）。目前共有法官18人，法院调查员11人。

知识产权高等法院的组成和管辖方面具有其自身的特点，尤其表现在法院内部设立的专家委员会。专家委员会的作用是协助法官对案件中的专门技术知识进行解释。知识产权高等法院的专家委员会制度产生于2004年4月1日，其目的在于保证有专家参与诉讼以与高度专业化以及日益发展的复杂技术相适应。

图2 日本知识产权高等法院组织机构图

（二）专利权行政保护与司法保护的衔接

长期以来，在日本审理侵权的法院是否可以对专利权的有效性进行判断存在着各种不同的司法原则。

起初,在特许厅的无效审决还没有生效之前,是不允许被告以专利权存在无效理由来进行不侵权抗辩的。这不仅造成了司法资源的浪费,而且造成了知识产权滥诉或故意创造诉讼的拖延。为此,日本摸索出了诸如"技术范围无法确定学说""自由技术抗辩学说""当然无效学说"以及"权利滥用学说"等各种学说。

2000年4月11日,日本最高裁判所作出的"Kilby第275号专利上告审判决"将专利权滥用的成立要件适当放宽。自此之后,利用无效抗辩的防御是侵权诉讼的被告使用得最多的防御方法。

在Kilby案件中将"专利权滥用"定义为"当该专利明显存在无效理由时,只要没有特别的事由,依据该专利的停止或者损害赔偿等请求属于权利滥用,因而不被允许"。也就是说,当侵权诉讼中明显存在无效理由时,法院可以运用权利滥用学说,宣告专利权在诉讼当事人之间相对无效,从而可不必等待JPO审判部的审决生效即可迅速作出不构成侵权的判决。由此可在当事人之间开辟一个实质上视专利权为相对无效的途径。日本2004年修订的专利法(2005年4月1日施行)第104条第3款第1项对此作出了明确规定。

在侵权诉讼中采用无效抗辩的事由可以是例如新颖性、创造性和并非保护客体等所有的无效理由。无效抗辩中,如法院认为该专利权应该被无效,则仅在判决理由中分析,无效抗辩的效力仅在侵权诉讼当事人双方之间有效;若该专利权不被JPO审判部宣告无效,该专利权不会因为法院判决而当然被无效。

也就是说现阶段,专利权的无效纠纷仍主要经过JPO审判部,对其决定进行司法审查的行政诉讼性质保持不变。但同时考虑到其特殊性,即对JPO就专利审查所作决定不服的,当事人可直接起诉至知识产权高等法院。而此时特许厅的审理活动实际上已被视为一次审级,这样就提高了确权的效率。

与此同时,日本知识产权高等法院的建立,使专利侵权诉讼与无效诉讼的关系进一步理顺。依照法律规定(日本专利法第168条第3、第4款,实用新型法第40条之3、之4),在专利侵权诉讼提起和案件审结后,法院都要向特许厅通报。特许厅在接到法院的通报后,应就该专利或实用新型是否被请求宣布无效向法院通报。这被称作"侵权诉讼与无效诉讼的连携强化"。如此,日本在坚持无效案件的行政诉讼性质之基础上,注重该类案件的特殊属性特别是与侵权案件的密切联系,通过相关制度链条打通行政程序与民事程序之间的天然鸿沟,取得了可资借鉴的成绩。

此外,专利的侵权案件和专利的确权案件的二审法院均为日本知识产权高等法院,这就确保了一审法院和特许厅审判部对同一事实作出不同认定后在日本知识产权高等法院可以得到一个统一的确认，使二元制诉讼可以有效、合理地衔接（如图3所示）。

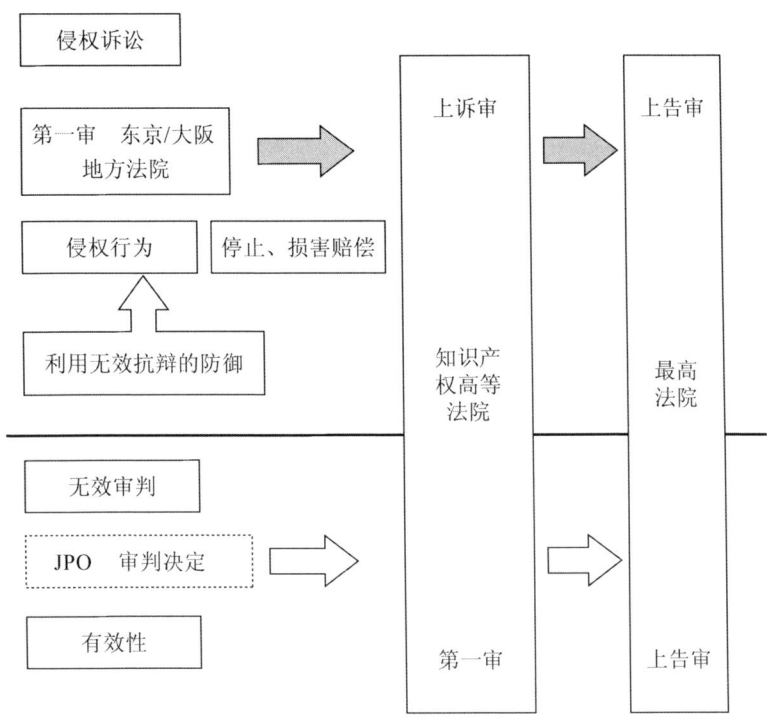

图3 日本二元制系统的有效连接

（三）侵权判定中引入专利无效抗辩制度的效果

在 2011~2013 年，东京和大阪地方法院审结的专利诉讼 238 件案件中通过判决审结的诉讼案件数共计 144 件（占总审结案件的 60.5%），其中专利权人胜诉的诉讼共 37 件（占总审结案件的 15.5%，占总判决数的 26%），专利权人败诉的诉讼为 107 件（占总审结案件的 45%，占总判决数的 74%）。

在总审结案件中通过诉讼和解终结的诉讼案件共计 94（占总审结案件的 39.5%），其中：①包括禁止对方制造和销售产品的和解 41 件（17.2%）；②包括支付金额或者许可合同的和解 29 件（45%）；③禁止查阅诉讼记录的命令 10 件（4.2%）；④其他 14 件。

在和解案件中，通常 70%~80% 的案件均是对于专利权人有利，因此，事实上在 2011~2013 年，专利权人的实质胜诉率在 45% 左右。

三、异议、无效与侵权的有机结合，提高确权速度，适应社会发展

（一）我国确权制度现阶段的缺陷

1. 专利确权耗时长

专利确权程序是专利授权机构对专利权的申请和无效作出决定的程序，以及法院就相关决定进行司法审查的程序。专利确权的每一个程序都会耗费很长时间才能结束。这样一来，一个专利确权案件要2~3年才能解决，涉及专利侵权的案件要6~7年或更久才能解决。

2. 专利无效制度的局限

专利法设置专利无效制度，不仅是为了对专利权相关利益人提供权利救济的途径，也是为了对专利权审查制度进行监督，保障专利审查的公正性，促进专利审查的高效性，并维护专利权人的合法权益。在实际应用过程中，无效宣告请求主体范围的宽泛和无效宣告请求理由的简单不仅造成专利复审委员会工作量的增加和司法资源的浪费，而且为恶意无效请求人利用无效程序达到不法目的打开了方便之门。

（二）日本知识产权现状给我国确权制度的启示

现阶段，由于确权时间长和恶意诉讼使得专利无效宣告制度乃至专利复审委员会倍受压力。

1. 异议制度与无效宣告请求的并存，使现阶段无效宣告请求案件"去芜存菁"

现阶段，我国每年无效宣告请求案件数量急剧增加，2014年，我国无效宣告请求量已达3 000多件。

如果借鉴日本异议程序与无效程序的制度设计模式，在专利授权后程序设计包括异议程序和无效程序两种途径，并对于两者在具体程序的设置例如请求人的身份、请求理由等方面进行限定，这样在一定程度上，能够改变现状。

例如，首先设定在异议程序中，由于请求人身份没有要求，则需要限定异议有效期限和异议理由，以保证行政成本不被浪费。对异议理由的限定可限定为的"实质性的新的可专利性问题"（substantial new question of patentability），全力体现专利复审委员会的技术优势，同时提高无效宣告请求审查的效率。其次可以对异议程序审查方式限定为书面审查，以缩短案件审查周期。

2. 无效程序与侵权诉讼有机结合，提高确权效率

在无效程序中，在不限制请求提出时间的前提下，可以限定请求人的身份，考虑与侵权诉讼双方当事人相结合。此时，专利复审委员会可以充分发挥其专业技术的优势，对案件所涉及的具体情况、技术性等问题予以阐述和

说明，主要包括案件争议的相关事实、争议专利权的新颖性、创造性和实用性等有关授权条件满足与否的相关问题，由此作出决定。专利复审委在专利无效宣告请求审查阶段掌握的资料和对案件的理解将有助于法院准确、快速地就双方当事人的专利权纠纷作出认定，从而确保行政复审程序和司法程序协调有序有效地进行。

由一件日本判例看申请日后提交
实验数据的专利审查

专利审查协作北京中心　王扬平

摘　要：本文通过分析一件日本司法判例，探讨了日本对申请日后补交的对比实验数据在创造性判断中的考量态度，结合专利制度的根本宗旨和原则以及主要国家的常规做法，对补充的对比实验数据在创造性判断中的判断规则进行讨论。

关键词：创造性　预料不到的技术效果　申请日后提交　对比实验数据

一、引　言

对比实验数据可以作为证明发明是否具有某种技术效果、具有何种程度的技术效果的直观证据，通常在专利审查及后续程序中作为重要的技术载体，尤其是在涉及化学、医药等实践性较强的学科。由于发明所具备的技术效果及相应解决的技术问题往往决定了其是否满足专利法有关创造性的要求，影响能否获得专利权，因此，在原申请文件未对相关技术效果以及证明该技术效果的实验数据进行记载时，申请人常常还试图通过修改申请文件、补充提交证据的方式引入对比实验数据。

如果发明与现有技术相比具有预料不到的技术效果，可以确定发明具备创造性。[1] 由于预料不到的技术效果是证明发明具备创造性有力的充分条件，因此在专利审查、无效及后续的诉讼过程中，申请人据此通过论述、证明发明具有预料不到的技术效果从而具备创造性的策略十分常见，也常采用在申请日后补交对比实验数据的方式进行证明。我国审查实践对补交的实验数据持谨慎态度，一般认为除非是对现有技术的客观表征，否则补交的对比实验数据是对发明的进一步研究、完善和改进，由于违背了先申请制原则，而不能接受。[2] 但对比美、欧等发达国家和地区的做法，在平衡社会公众和申请人

---

[1] 国家知识产权局. 专利审查指南 2010 [M]. 北京：知识产权出版社，2010.
[2] 彭敏. 创造性判断中如何考量补交的实验数据 [J]. 中国发明与专利，2015（5）：100-102.

双方利益上，我国更倾向于维护公众利益。❶

不容否认，专利相关法律在立法和司法方面的国际趋同日益明显，因而有必要在饱受争议的申请日后提交实验数据方面借鉴其他国家的做法，且鉴于现有的研究大多依据实审或者复审审查的案例，较少针对对审查具有指导意义的司法判例，因此本文选取了一件日本司法判例作为研究对象。

二、判例介绍

判例涉及申请人宝洁公司不服日本特许厅驳回该专利申请的审决决定而向知识产权高院提起诉讼。❷ 案件入选日本特许业务法人重要判例，同时也被一些教科书作为有指导性的判例予以引用，❸ 由此可见该判例也曾在日本引起广泛的讨论和关注。且由于法院给出了与特许厅及以往判例不同的意见，尽管有学者撰文试图维持原先的做法，但是业界仍将该判例解读为对于申请日后提交的对比实验数据的要求已有所降低。

判例所涉及的权利要求为：

"一种适合作为防晒剂的组合物，包含：……

c）按重量计0.1%~4%的2-苯基-苯并咪唑-5-磺酸的UVB防晒活性成分；……"

日本特许厅在审决决定中认为，本发明与作为对比文件的特开平9-175974号公报所记载的发明相比，本发明为"按重量计0.1%~4%的2-苯基-苯并咪唑-5-磺酸的UVB防晒活性成分"，而对比文件为"可选地包含通常的UVB防护剂"，除此之外，其余均相同。但从常用的UVB防护剂中容易想到选用2-苯基-苯并咪唑-5-磺酸，且由于原申请文件仅一般性记载了使用该UVB防护剂的效果，而缺乏客观数据支持，因而不能根据原申请文件确定使用该UVB防护剂所具有的特定技术效果，因而权利要求不具备创造性。而对于申请人补充提交的包含反映防晒效果的SPF值、PPD值的对比实验数据"参考资料1"，由于特定的技术效果在原申请文件中没有具体的记载，因而不予考虑。

申请人不服上述审决决定，向知识产权高院提出上诉请求。知识产权高院推翻了特许厅的审决决定，认为应当在创造性判断中考虑申请人在申请日后提交的实验数据。知的财产高裁平21（行ケ）第10238号裁判书论述了如何把握申请日后提交的对比实验数据：对于在原申请文件中对于发明的效果

---

❶ 田芳，卢士燕，等. 对申请日后补交的证明预料不到的技术效果的实验数据能否考虑[J]. 中国发明与专利, 2011（12）：97-99.

❷ 知的財產高裁平21（行ケ）第10238号裁判书.

❸ 青山紘一. 日本专利法概论[M]. 北京：知识产权出版社, 2014：102.

没有任何记载,而申请人在申请日后通过补交实验结果来主张或者证明该发明效果的情形,由于违背了先申请制原则以及以公开换保护的专利制度宗旨,因而不能被接受。但如果本领域技术人员根据记载的内容能够推论上述"发明的技术效果",且不超出记载的范围,基于各方公平考虑,申请日后提交的实验数据是可以接受的。对于本案,一方面申请文件中记载了"出人意料地发现"其组合物具有"光稳定性""抗紫外线"等效果,且记载了2-苯基-苯并咪唑-5-磺酸作为优选的UVB防晒成分,因而本领域技术人员可以认识到本发明具有上述技术效果。尽管原申请文件没有包含对比反映上述技术效果的相关实验数据,在判断本申请的创造性过程中,考虑申请日后提交的上述对比实验数据,判定本申请具有技术效果是符合申请人和社会公众的利益平衡的。并且由于申请人难以预知申请之后在审查、诉讼过程中被引用的所有现有技术,因而对于原申请文件中只是定性描述或者没有详细数据支持的技术效果,如果一概不考虑申请日后提交的对比实验数据,也会给申请人带来额外的负担。

三、判例分析

对比该日本判例和我国学界及审查实践,可以得出如下异同点:

首先,中日两国在创造性的判断标准上是基本一致的。我国《专利法》第22条第3款将发明的创造性定义为相对于现有技术具有突出的实质性特点和显著的进步。在审查实践中,将二者分别归于非显而易见性和有益的技术效果,虽然通常采用判断现有技术是否存在将其组合获得发明要求保护的技术方案的启示来表示非显而易见性,并进而判断是否具备创造性,但有益的技术效果取得了"质"的变化或者超出预期的"量"变,则可据该预料不到的技术效果肯定创造性。日本专利法第29条第2款将发明的创造性的判断定义为是否能由本领域技术人员依据现有技术容易地得到该发明,而其中具体的判断方法及步骤同我国判断非显而易见性较为类似。并且日本特许厅在审查基准中也要求判断创造性时还应当考虑说明书中明确记载的有利效果,特别是如果具有明显超出预料范围的效果,则不能否定其创造性。可见,虽然中日两国在专利法中对创造性的表述不同,但在实践中的判断标准是基本一致的,在预料不到的技术效果对创造性的肯定作用方面是相同的。

其次,对于申请日后提交的对比实验数据能否接受的问题,考虑的原则是一致的。我国在对待申请日后提交实验数据的观点可以归结为,要考虑专利的先申请制原则和专利权以公开换保护的制度本质,凡是所属领域技术人员不能从现有技术中直接、唯一地得出的有关内容,均应当在说明书中予以表述,对于超出所属领域技术人员预期的效果还应当有实验数据支持,否则不得作为评价专利权是否具备创造性的依据。而日本知识产权高院在该判例中同样强调了先申请制原则和公开换保护的专利制度本质，在探讨申请日后提交的对比实验数据中明确规定如果原申请文件对该效果没有任何记载，而申请人又在申请日后提交对比实验数据来主张并证明该技术效果的，一般不得接受。可见中日两国由于专利制度本质上的共同点，在对待申请日后提交的对比实验数据的态度是基本一致的，杜绝了申请日后进一步补充发明内容来获得专利权的行为，也要求申请人必须在申请日时公开包括技术效果在内的技术内容，才能作为日后授权和确权的基础。

但基于该判例仍可看出中日两国在该问题上有不同看法，二者在具体确定原申请文件需要对该技术效果记载或公开到何种程度，从而能够将申请日后提交的对比实验数据作为判断创造性的依据是不同的。我国《专利审查指南2010》第二部分第二章规定，作为判断创造性的重要依据，有益的效果不能仅断言发明所具有的效果，而应当通过分析和理论说明相结合，或者通过列出实验数据的方式予以证明。而对于包括化学领域在内的实验性学科，发明所具有的效果通常都需要实验数据予以证明。实践中，对于申请人希望在创造性判断过程中新引入的预料不到的技术效果，基本上不存在补充对比实验数据的可能性。而在该日本判例中，法院从各方利益平衡的角度出发，认为只要本领域技术人员根据记载的内容能够推论发明的技术效果，且不超出记载的范围，则可以接受申请日之后提交的对比实验数据。对上述"推论"，具体表现为原申请文件对于该技术效果的断言性记载以及说明相关的技术方案为优选的方案。对于特许厅关于相关的实验数据无法从原申请文件缺乏实验支持的定性描述推出的观点，日本知识产权高院予以否定，认为这会导致失去了检验技术效果客观性的机会，同时给申请人带来了额外的负担，因此对申请人不公平。可见，与特许厅及法院之前的做法不同，知识产权高院在对待申请日后提交的对比实验数据证明创造性方面采取了倾向于申请人利益的、更为宽松的要求，这也体现了法院进一步平衡申请人及社会公众的利益后，选择了更有利于申请人的立场。

考虑包括美欧等国家和地区关于这一问题的做法可以发现，虽然均采用先申请制及公开换保护的专利制度，但中日对于申请日后提交的对比实验数据是最为严格的，显然这与专利制度的上述特点并无绝对关系。美国由于受其成熟证据规则的影响，证据的逻辑关联性有较大的影响力，因而一般重视该实验数据是否反映了发明技术方案的客观技术效果，而没有从专利制度本质出发，对该实验数据作其他要求，这与我国有较大的差别。而欧洲由于专利授权方式的差异，欧洲专利局作为财政自收自支的单位，更多地考虑保护申请人的利益，而将争议问题留待各国法律进行规范，因此对在申请日后提交的对比实验数据的要求有所降低的做法是可以理解的。这方面的差异也导致了在美欧等地能获得专利权的发明，可能由于申请日后提交的对比实验数据不被接受而在中日等国无法获得授权。因此申请人更应当从各方面体会各个国家地区对于此类证据的态度。而上述日本判例在某种程度上也可以解读为，日本司法实践正在放宽对申请日后提交的实验数据的限制，若相关的技术效果能从原申请文件中"推论"得到，则有可能通过补交实验数据的方式来进行具体证明，从而肯定相对于现有技术的创造性。

四、对申请人补交实验数据的建议

从上述分析可知，由于创造性标准方面基本相同的前提，中日两国对待申请日后提交的补充实验数据的态度是基本一致的。尽管该判例标志着日本知识产权高院对该实验数据要求的降低，但从审查过程可知日本特许厅作为日本专利审查机构仍是持同我国类似的态度，而学界也更多地将该案例的指导价值解释为仅限于考虑创造性或者看作是最低的保险。❶❷ 因此，申请人在需要证明创造性时，仍应慎重考虑申请日后补交的实验数据。除了美国对于对应的技术效果是否在原申请文件中有记载的要求较宽松之外，其他国家均有相关的要求，尽管欧洲专利局并没有完全拒绝采用补交实验数据的方式证明原申请文件没有明确记载的技术效果，但考虑到欧洲各国司法的不确定性，作为较保险的做法仍应当在原申请文件中尽量描述该技术效果。因此，申请人在这些国家申请专利时，应当谨慎地运用申请策略，如果隐瞒相关的技术效果，可能难以在后续程序中通过补充实验数据的方式予以证明。

再考虑证据的各种属性，证据的真实性一向是我国专利审判案例中的质证焦点，相当一部分证据往往由于程序上的原因而导致被质疑真实性，例如是否提交的是原件、是否能证明来源可靠。但对于本判例，日本法院并未对涉案对比实验数据的真实性提出疑问，这可能是由于日本法院在证据合法性要求的前提下，由于已经有了较规范的标准对证据的收集、固定、认定进行了规范，因此降低了对其真实性的质疑。因此也提醒申请人注意提高实验数据的可信度，至少从格式和形式上加强证据真实性方面的工作。

当确实需要在申请日后补充对比实验数据以说明某一技术效果时，一方面应当注意相关国家对于证据的一般要求，引导专利局或者法院进一步考虑证据的实体内容，另一方面应当具体陈述该证据与原申请文件的联系，特别

---

❶ 生田哲郎，佐野辰巳. 審判請求理由補充書の実験結果を参酌して [J]. The invention, 2011, 108（4）：37-39.

❷ Takanori Abe, Michiko Kinoshita. Later submitted experimental data and inventive step [EB/OL]. www.managingip.com.

是从原申请文件中找出足以使本领域技术人员理解、得知或者推论该技术效果的证据。

五、小　结

上述日本判例表明，申请日后补交实验数据是否能证明发明相对于现有技术具有特定的或者预料不到的技术效果，从而足以证明该发明具备创造性，要看该实验数据所要证明的技术效果是否能从原申请文件中"推论"得到。可见，该判例在日本为申请日后提交实验数据以在创造性判断中证明技术效果提供了可能性，法院并不会简单以原申请文件仅结论性地记载了该技术效果而拒绝参考所提交的对比实验数据。尽管如此，学界普遍对该判例进行谨慎的理解，因此申请人仍应当重视在原始申请文件中全面、完整地记载其技术效果，对于特定的领域还应当给出实验数据，尽量避免采用在申请日后补交实验数据的方式来证明预料不到的技术效果。

浅析中日两局医药化学领域新颖性和创造性评判标准

医药发明审查部 黄 嘉

摘 要：本文介绍了中国《专利法》第22条与日本专利法第29条对发明新颖性和创造性的要求，对比了两国在医药化学领域新颖性与创造性的审查实践并结合案例重点分析两局不同的审查策略，为相关人士提供参考。结果表明，在医药化学领域，特许厅（JPO）一般采用较"宽松"的新颖性审查标准，将问题交给创造性来解决。评判创造性时，优先甄别请求保护的技术方案与现有技术所属的技术领域，严格控制"跨界"评述。在同一领域内的，从严评判创造性；我局新颖性审查标准相对"严格"，在难以一一比对时一般推定请求保护的技术方案不具备新颖性。评述创造性时同样需甄别技术领域，但技术特征本身带来的启示也常作为重要的考察因素，故"跨界"评述是一种可接受的选项。

关键词：发明专利 日本 中国 新颖性 创造性 医药化学

中日两国在政治、经济、文化、科技等多方面都进行着广泛而深入的合作。日本市场也是很多国内企业走出国门的第一站。在知识产权体系较完备的发达国家，专利是获取商业成功绕不开的一个环节。2010～2014年，我国通过PCT途径进入日本国家阶段的发明专利申请量逐年递增，共25 519件，占进入日本国家阶段的PCT申请总量的11.9%。2014年，我国通过PCT及其他途径向日本提交发明专利申请共2 531件，位列第五。[1] 因此，了解JPO审查策略，掌握中日两局审查标准上的异同，对快速、精准地获得在日权利有指导意义。

一、法条解析

日本专利法第29条规定了可专利的条件：

---

[1] 日本特许厅2015年现状报告。

(1) 除以下情形外，工业上可应用的发明的发明人有资格获得所述发明的专利：

(i) 在专利申请提出前，发明在日本或者外国为公众所知；

(ii) 在专利申请提出前，发明在日本或者外国为公众所用；或者

(iii) 在专利申请提出前，在日本或外国公开的出版物上记载的发明或者通过电子通信线路为公众可获得的发明。

(2) 尽管不属于前款规定的3种情形，但在专利申请提出前具有该发明所属领域普通技术人员基于前款各条目所述发明容易想到的发明，不得授予专利权。

第1款体现对新颖性的要求。由于日本专利法有专门条款（29bis）规定抵触申请的问题，因此该款第(i)、(ii)和(iii)项实际上对应于我国《专利法》第22条第5款对"现有技术"的规定。乍看之下，日本专利法认为满足在专利申请提出前"为公众所知""为公众所用"或"公开出版或通过电子通信线路可为公众所获得"条件的对象即为现有技术，而我国《专利法》将现有技术确定为申请日以前"在国内外为公众所知的技术"，两者似有显著差异——具体地，日本专利法在"为公众所知"之外还有更多的要求，亦即看似对现有技术的界定范围更广。但是，我国专利法所述"为公众所知的技术"，实际是指通过以下任何一种方式在国内或者国外为公众所知：①出版物公开，即在申请日以前的正式出版物上已经记载了同样发明创造的情况。出版物包括各种专利文献、杂志、书籍、学术论文、教科书、技术手册等，还包括采用电、光、照相等方法制成的各种缩微胶片、影片、照相底片、磁带、唱片、光盘等。出版物不受地理位置、语言或者获得方式的限制，也不受年代的限制。对于一些标有"内部刊物"等字样的出版物，如果是在特定范围内要求保密的，则不属于公开出版物。②使用公开，即由于该项技术的应用而向公众公开了该项技术的内容，如新产品的制造、销售、使用和公开展示、表演等。③以其他方式为公众所知，例如口头公开，通过报告、讨论会发言、广播或者电视的播放等方式使公众得知技术内容。这样一来，实际上，日本专利法第29条第1款第(i)项对应上述"以其他方式为公众所知"，第(ii)项对应上述"使用公开"，而第(iii)项则对应上述"出版物公开"。可见，中日两国专利法对现有技术的划定边界基本是一致的。但是，由于日本专利法采用排除式撰写，而我国《专利法》采用概括式撰写，导致在审查实践中对法条的不同理解与阐释，在医药化学领域尤为明显，甚至导致在新颖性判定上截然不同的结果，笔者会在后文详细述及。

第2款体现对创造性的要求，即在专利申请提出前该发明所属领域普通技术人员基于前款各条目所述发明不"容易想到"。我们先来看看中国《专利

法》对创造性的规定——判断一项申请专利的发明是否符合创造性的标准，是该项发明是否具有"突出的实质性特点"和"显著的进步"。所谓"突出的实质性特点"，是指发明与现有技术相比具有明显的本质区别，对于发明所属技术领域的普通技术人员来说是非显而易见的，其无法直接从现有技术中得出构成该发明全部必要的技术特征，也不能通过逻辑分析、推理或者试验而得到。如果通过以上方式就能得到该发明，则该发明就不具备突出的实质性特点；所谓"显著的进步"，是指从发明的技术效果上看，与现有技术相比具有长足的进步。具体包括：①发明解决了人们一直渴望解决，但始终未能获得成功的技术难题；②发明克服了技术偏见；③发明取得了意料不到的技术效果；④发明在商业上获得成功。相较于我国专利法对创造性的明确规定，日本专利法对创造性的规定看似笼统。实际上，这折射出两国对于创造性判定最核心部分的界定差异——日本在判断创造性过程中看重"动机"（Motivation），我国则更强调"进步"（Advancement）——尽管日语中将"创造性"称为"進步性"。

二、审查实践

笔者选取医药化学领域目前较具争议的几个问题，结合案例具体说明 JPO 审查实践指导标准❶及与我局的异同。

（一）具有预料不到的化学特性的产品权利要求

JPO 审查指南规定，当本申请的化合物与最接近现有技术中公开的化合物具有相似结构，但具备新的化学特性，或者更优越的相同特性时，如果所述特性本质上不同于或本质上相同但数量上显著优于最接近现有技术中公开的化合物的化学特性，且这一特性既非本领域技术人员可以从现有技术状况预料，也未公开在最接近现有技术中，则本申请具备创造性。也就是说，JPO 将结构与化学特性均作为衡量化合物型权利要求创造性的标准，在结构相似时，若所述化学特性"新"或"优"且"预料不到"，认可具备所述化学特性的化合物的创造性。

我局审查指南❷对此尚无详细规定，但在日常实践中，是否认可具备新化学特性的化合物的创造性，更多地考虑构效关系的密切程度，即"预料不到"的程度——构效关系越密切，预料不到的程度越高。

（二）中间产物

JPO 还没有基于中间产物来确定创造性的标准。

---

❶ Examination Guidelines for Patent and Utility Model in Japan（2015 年 10 月 1 日生效）。
❷ 中国国家知识产权局《专利审查指南 2010》。

在我国，中间体化合物的创造性通常根据由其生产后续产品的方法或所得产品进行判断。具体地，中间体化合物的创造性可体现在它用于制备有创造性的后续产品且对该后续产品的结构与性能做出了贡献，也可体现在它对由其生产后续产品的有创造性的方法做出了贡献。但需要注意的是，如果所述中间体经由一个已知化合物制备所述有创造性的后续产品，则不认为它对后续产品的结构与性能做出了贡献。

(三) 包含参数特征的产品权利要求

JPO审查指南规定，当一项权利要求包括通过产品的功能或特性等限定该产品的表述，且属于下述①或②的情形时，可能存在难以将本申请与最接近现有技术进行对比的情况。在这种难以精确对比的前提下，审查员有理由怀疑本申请所述产品与最接近现有技术所述产品类似，即推定本申请所述权利要求不具备创造性。当然，申请人可通过提交书面争辩或实验结果来推翻这种推定。

①功能或特性等不是标准的，在所属技术领域中并非为技术人员所公用，且无法用所属领域技术人员可理解的方式转换到公用标准的情况；或者

②一项权利要求的技术方案结合了多个功能或特性从而使该权利要求的陈述作为一个整体属于①的情形。但所述功能或特性中的单个是标准的，在所属技术领域中为技术人员所公用，或是能用所属领域技术人员可理解的方式转换到公用标准。

简而言之，针对由于包含参数特征而导致无法进行精确比对的产品权利要求，JPO认可其新颖性，但推定其不具备创造性。

与之相对应地，根据我局审查指南的规定，如果所属技术领域的技术人员根据参数无法将请求保护的产品与现有技术产品区分开来，则可推定请求保护的产品不具备新颖性。同样，如果申请人能够提出证据表明两者确有不同，则认可其新颖性。

通常，如果出现下述情况，一般可以推定请求保护的产品不具备新颖性：

①对比文件公开的产品与请求保护的产品包含相同的结构和/或组成特征。具体包括：

i. 对比文件没有公开参数特征，但其产品的结构和/或组成与请求保护的产品部分相同。产品权利要求中仅有参数特征的，可根据说明书的记载判断产品结构和/或组成特征；

ii. 对比文件公开了参数特征，但与请求保护的产品的参数的测量方法和/或条件不同；

iii. 对比文件公开了参数特征，其与请求保护的产品的参数相近。

②对比文件公开的产品与请求保护的产品的制备方法相同或相似。亦即

尽管对比文件中未提及用于表征产品的参数，或提及了不同参数，但所述产品的制备方法与本申请相同或相似。

（四）包含方法特征的产品权利要求

包含方法特征的产品权利要求，是指仅以产品制备方法表征的产品权利要求，或除产品制备方法特征外，还包含产品特征的产品权利要求。所述方法特征包括原料、制备工艺条件和/或步骤等。JPO 提出，在通过所述方法特征无法确定产品结构的情况下，由于无法将请求保护的产品与现有技术产品进行严格对比，有理由质疑两者相同，从而推定权利要求不具备创造性。在我局，在评述包含方法特征的产品权利要求时，由于考虑到相同的制备方法应得到相同的产品，但制备方法不同并不必然导致产品不同，因此，如果所属技术领域的技术人员根据方法特征无法将请求保护的产品与现有技术产品区分开来，则可推定求保护的产品不具备新颖性。另外，在评价其创造性时，应着重考察制备方法对终产品的结构和/或组成产生的影响，所述影响是否显而易见以及所述方法是否给所得产品带来了预料不到的性能和效果。

（五）天然产物

本文中，天然产物是指自然环境中已存在的物质或其组成部分，如药用动物、药用植物或前两者的药用部位。一般情况下，天然产物在 JPO 属于不授权的主题。但是，如果从天然产物中分离出来的化学物质展示出预料不到的特性，则认为其具备新颖性和创造性。原则上，我国也将天然产物视为不授权主题，但是，中药领域常见的药用动植物粗提产品，在我国是可授权对象。此外，JPO 所述的"预料不到的特性"，在我国并不属于评价从天然产物中分离出来的化学物质的创造性的要素，亦即我国是将所述分离出来的化学物质作为本身可专利的化学产品来看待，按照一般规则评判其新颖性与创造性。笔者认为，这是我国作为中药大国的特殊国情所致。

（六）立体异构体

JPO 认为，如果请求保护的异构体相较于现有技术化合物和/或异构体具有预料不到的特性（所述特性的评判详见本节第（一）项），则认为其具备新颖性和创造性。我局也有相应规定。同时，我局还更进一步地给出了立体异构体的新颖性评判标准，即，如果现有技术中从未提到过某化合物的立体异构体，或只是泛泛提到该化合物具有手性碳原子因而应存在光学异构体，那么一般来说，认为请求保护的立体异构体具备新颖性。

（七）化合物晶体

JPO 审查指南指出，应将化合物晶体作为本身可专利的化学产品，按照一般规定评判其新颖性和创造性。在我局，有一些对于新颖性评判的倾向性意见，例如，在无法严格比对时推定其不具备新颖性，但对于创造性尚无统一规定。

（八）组合物

对于组合物，JPO认为给药途径、给药剂量、给药方案、治疗用途、给药对象等的区别能够使请求保护的组合物区别于现有技术而具备新颖性，这与我局审查标准截然不同。但是，两局在组合物创造性判定上，又奉行十分相似的标准，即需显示出预料不到的技术效果，如果仅是各组分效果的简单叠加，则认为请求保护的组合物不具备创造性。

三、案例分析

以下结合案例对两局审查实践进行具体分析。

【案例1】限定新治疗用途的已知组合物

权利要求1：一种治疗肝癌的药物组合物，其特征在于包含化合物A作为活性组分。

说明书公开了常用抗菌剂化合物A能够抑制癌症细胞增殖，从而抑制肿瘤增殖。实施例部分记载了药理实验，结果显示化合物A能够显著抑制裸鼠中转移到肝的肺癌细胞以及人肝癌细胞株Hep G2的增殖。

现有技术公开了化合物A可作为抗菌药物活性组分。

案例1中，JPO给出的审查意见是，由于化合物A治疗肝癌的应用显著不同于治疗细菌感染的应用，因此权利要求1具备新颖性。在我国，由于认为治疗用途通常不会对药物组合物的结构和/或组成产生影响，故判定请求保护的组合物不能区别于现有技术的组合物，因而不具备新颖性。

【案例2】限定给药剂量与给药方案的已知组合物

权利要求1：一种治疗糖尿病的联用药物，其包括含有效成分A和B的药物，且以每日0.05~10mgA和5~50mgB的剂量给药1~3次。

现有技术公开了可以将已知治疗糖尿病的注射剂A与口服片剂B联合给药。

针对案例2，JPO的审查员通常认为，由于权利要求1所述组合物在给药剂量与给药方案上均不同于现有技术的组合物，因此权利要求1具备新颖性。我国审查员一般认为，由于认为给药剂量与给药方案通常不会对药物组合物的结构和/或组成产生影响，故判定请求保护的组合物不能区别于现有技术的组合物，因而不具备新颖性。

【案例3】立体异构体

权利要求1：一种治疗炎性疾病的药物组合物，其包含化合物1的纯（R）-立体异构体（99.9%）或其药学上可接受的盐、溶剂化物或水合物以及另一种治疗剂。

说明书公开了化合物1的（R）-立体异构体是具有效果的异构体，（S）-立体异构体没有抗癌效果。

现有技术公开了化合物1（没有标明立体异构）能够治疗包括银屑病在内的一系列炎性疾病。

案例3中，JPO给出的审查意见为，所述化合物1的纯（R）-立体异构体具备新颖性，以其为活性成分的组合物也具备新颖性；但是，两个光学异构体与相应受体结合时，存在难度差异并由此引发药理活性的强弱不同是众所周知的。因此，所属领域技术人员有动机、也有能力从外消旋体中确定出对炎性疾病疗效更好的那个异构体。同时，请求保护的发明相较于现有技术也没有预料不到的技术效果。综上所述，权利要求1不具备创造性。

在我国，案例3所述的化合物1的纯（R）-立体异构体有且仅有一个手性中心，且现有技术已公开了其外消旋体（没有标明立体异构情况，推定为外消旋体）。一般来说，所属领域技术人员根据常规技术手段必然能够拆分得到两个光学异构体。此时，推定这对对映异构体已经公开，除非申请人能够证明所属领域技术人员无法拆分得到其中的对映体。权利要求1不具备新颖性。

【案例4】多晶型化合物

权利要求1：化合物X晶型α，特征在于其X射线粉末衍射图谱在约N度（2θ）处有强反射。

说明书公开了化合物X晶型α的制备方法：使化合物X前体的醇溶液与溶解有氯化氢的醚相接触，形成混合液，控制温度不低于20摄氏度，接着分离从上述混合液中析出的化合物X晶型α。晶型α品质即为均匀，且溶解在水中时（浓度5质量%），所得水溶液pH值在5.0~5.2的狭窄范围内。

现有技术公开了晶体化合物X，其通过在酸性条件下的醇结晶过程得到。

案例4中，JPO审查员一般认为，许多化合物存在多晶型，不同晶型之间诸如溶解度、稳定性、熔点等性质均不相同。根据现有技术公开的重结晶溶剂来看，本申请所述新的晶型α通过所属领域技术人员常规使用的方法即能制得。同时，品质均匀并非预料不到的技术效果，pH值范围的狭窄也只是从另一个侧面表明结晶品质的均匀。因此，权利要求1不具备创造性。

在我国，案例4中现有技术仅公开了化合物X的制备方法，能确定其为晶体（由于是通过结晶方式获得的）但未公开任何晶体表征参数。此时，根据现有技术公开的信息，所属领域技术人员无法将请求保护的晶体与对比文件公开的产品直接区分开，应当推定两者相同，权利要求1不具备新颖性。

四、小　结

日本专利法对新颖性采用排除式进行规定，我国采用概括式。排除式表示排除条件以外的情况都认为具备新颖性，即，只要请求保护的技术方案不属于日本专利法第29条第1款第（i）、（ii）和（iii）项所述的情形，就认可其新颖性。概括式给出必需的一个或多个要件，但在实践中往往还需要进一步的解释。在上文的案例1和案例2中，权利要求1的技术方案被解释为仅由与组合物结构和/或组成相关的特征构成。在此基础上，权利要求1的组合物与现有技术的组合物有重叠的部分，因此不具备新颖性。当然，如果将权利要求1改写为瑞士型权利要求，即可顺利通过我国的新颖性审查。此外，在请求保护的技术方案与现有技术难以进行严格比对时，如上文的案例3和案例4，日本专利法推定其具备新颖性，我国推定其不具备新颖性。笔者认为，中日两国对组合物新颖性判定的区别基本可以归纳为：JPO将权利要求记载的所有特征均列入新颖性考察对象，只要有不同，就认为具备新颖性。而当无法确定是否确实不同时，推定不相同；我局以权利要求类型为基础，依照不同类型固有要件对权利要求技术特征进行"预筛"，将筛选之后的特征组成的技术方案作为新颖性考察对象。在此基础上有不同，才认可其新颖性。而当无法确定是否确实不同时，推定相同。

日本专利法对创造性的规定实际上只有一个要素：不"容易想到"，即有改良动机。所述"动机"与我国审查实践中的"启示"类似，但又不完全相同。"动机"源于本领域技术人员的主观意愿，一般与技术领域紧密相关。"启示"则更多来自现有技术的客观指引。如果请求保护的技术方案与现有技术所属领域有明显差异，即使请求保护的化合物与现有技术化合物结构十分类似，但所属领域技术人员依然没有动机对其进行改造利用。但是，一旦请求保护的技术方案与现有技术属于相同的特定领域，JPO审查员对改良动机的判断尺度则相对较大，即在没有预料不到的技术效果的前提下，倾向于对创造性从严审查。

综上所述，在医药化学领域，JPO一般采用较"宽松"的新颖性审查标准，将问题交给创造性来解决。评判创造性时，优先甄别请求保护的技术方案与现有技术所属的技术领域，严格控制"跨界"评述。在同一领域内的，从严评判创造性；我局新颖性审查标准相对"严格"，在难以一一比对时一般推定请求保护的技术方案不具备新颖性。评述创造性时同样需甄别技术领域，但技术特征本身带来的启示也常作为重要的考察因素，故"跨界"评述是一种可接受的选项。

日本专利法审查实践中关于权利要求撰写的要求

专利审查协作北京中心　王扬平

摘　要：本文介绍了日本专利法第36条第5、第6款对权利要求的规定，并重点介绍了涉及权利要求是否得到说明书支持、其保护范围是否清楚的相关条款，结合案例说明了一些典型缺陷的处理方式，并同我国相关规定进行了对比。分析表明，日本对权利要求撰写方面的要求与我国存在较多共同点，但是在权利要求保护范围是否得到说明书支持、保护范围是否清楚的具体理解与我国有着一定差异，更倾向于从技术角度去判断权利要求保护范围是否清楚。

关键词：日本专利法　权利要求　不支持　不清楚

一、引　言

随着国家知识产权战略的实施，中国企业和个人向国外提交的专利申请量呈逐年显著上升的趋势。作为中国的近邻，日本是中国重要的贸易伙伴，也是我国企业、申请人需要关注的主要国家之一。以通过 PCT 申请的方式进入日本国家阶段的申请数量为例，2014 年来自中国的申请量位列第五，达到2 531件。[1] 尽管绝对数量并不高，但仍占据着重要地位。随着我国企业"走出去"以及中日贸易的进一步发展，不难预测，未来几年我国申请人在日本的专利申请量仍将维持一个较高的增长率。除了发明创造本身的技术水平，申请文件、特别是权利要求书的撰写质量决定了能否获得专利权，以及能否获得范围恰当、权利稳定的专利权。鉴于此，本文介绍了日本专利法关于权利要求撰写的要求，并且结合特许厅的专利审查指南重点分析了相关法条的实践操作，简要分析了中日两局关于权利要求撰写要求的差异，以期为我国申请人在日本申请专利提供借鉴，帮助申请人理解相关审查意见，顺利获得权利。

---

[1] 日本特许厅 2015 年现状报告［R/OL］. www.jpo.go.jp/english/reference_room/statusreport/status2015_e.htm.

二、相关法律法规

日本专利法（下文简称"专利法"）第 36 条是关于专利申请文件的规定，其中，第 5、第 6 款涉及了权利要求书，第 5 款规定了权利要求书的总体作用，第 6 款规定了权利要求书的具体要求。

专利法第 36 条第 5 款规定："权利要求书应包含一项或多项权利要求，每项权利要求应记载足以限定申请人请求专利保护的发明的全部所需技术特征。此时，一项权利要求所记载的发明可以与另一项权利要求所记载的发明相同。"

专利法第 36 条第 6 款规定："权利要求书的记载应当满足以下任一项要求：（i）请求保护的发明被记载在说明书的发明详述部分；（ii）请求保护的发明是清楚的；（iii）每一项权利要求的记载是简要的；（iv）权利要求的记载符合经济产业省的相关法律条例。"

（一）日本专利法第 36 条第 5 款解析

专利法第 36 条第 5 款是对权利要求书的一般性规定。根据该条款的第一句话，申请人应当将请求专利保护的范围用记载在权利要求书中的一项或多项权利要求中的技术特征予以表述，也即申请人期望寻求保护的技术内容应当记载在权利要求中，而不期望作为保护范围的则不应记载在权利要求中。一方面，权利要求书的内容反映了申请人请求专利保护的范围，这体现了权利要求的本质属性，体现在审查阶段中，权利要求即作为审查的基础，而在授权后的保护阶段，专利权的技术范围则由其权利要求的记载而定。另一方面，该规定也从一个侧面体现了专利权的私权属性，也即申请人可以依据其请求保护的具体需求而决定权利要求的内容。

根据该条款的第二句话，一件发明可以表述为多于一项的权利要求，也即申请人在完成一件发明后，可以通过一项或多项权利要求的撰写来寻求不同的保护范围。这很好地反映了权利要求书的法律属性，体现了其将发明创造体现为法律语言以对专利权的保护范围进行界定的属性。显然，也表明了权利要求书中以一项权利要求为单位进行专利审查、专利保护等。

（二）日本专利法第 36 条第 6 款解析

专利法第 36 条第 5 款通过 4 项要求体现了对权利要求书的具体规定。前 3 项要求集中体现了对权利要求书的实质性要求，也即权利要求应当得到说明书的支持，且应当清楚、简要，最后一项要求则是对权利要求书撰写形式的要求。

从字面上看，日本专利法第 36 条第 6 款第（i）、（ii）和（iii）项分别对应于我国《专利法》第 26 条第 4 款中关于权利要求应当以说明书为依据，以及应当清楚、简要地限定要求专利保护的范围的三方面要求,但实质上还存在两点差异。一是日本专利法中关于权利要求应当以说明书为依据以及保护范围应当清楚的概念与我国《专利法》并不相同。事实上,很多种情形的权利要求的缺陷既不满足专利法第 36 条第 6 款第（i）项的要求,也不满足第（ii）项的要求。或者说,日本专利审查实践中很多时候对于"得不到说明书支持"和"保护范围不清楚"的区分并不明确。因而,与其说日本专利法第 36 条第 6 款的上述几项要求分别对应于我国《专利法》第 26 条第 4 款的两方面规定,倒不如说其整体上对应于我国《专利法》第 26 条第 4 款。二是上述对应亦不全面。这是因为我国《专利法实施细则》第 20 条第 2 款还规定了"独立权利要求应当从整体上反映发明或者实用新型的技术方案,记载解决技术问题的必要技术特征",而日本专利法并没有专门关于"必要技术特征"的条款,但这方面规定也体现在专利法第 36 条第 6 款的第（i）和（ii）项要求中（尽管在我国专利审查实践中,独立权利要求缺乏必要技术特征在某些特定情形下也可以得出权利要求没有以说明书为依据的结论,但在日本专利审查实践中,"独立权利要求缺乏必要技术特征"这一缺陷可能得到其不满足专利法第 36 条第 6 款的第（i）项要求或第（ii）项要求的结论,而不仅仅是不满足第（i）项要求）。同时,结合下文的分析可知,某些在我国可能不会以权利要求保护范围不清楚质疑的内容都归到了第 36 条第 6 款第（ii）项。可见,从细节上来说,日本专利法中权利要求得不到说明书支持以及保护范围不清楚同我国的理解既存在相同点,也存在明显的差异。

三、日本专利法第 36 条第 6 款的审查实践

由上文的法条解释不难看出,专利法第 36 条第 6 款是具有实践意义的主要条款,大部分涉及权利要求撰写的专利审查意见以及后续的司法审判都是围绕该条款进行的,因此结合日本特许厅审查指南❶(《特許・実用新案審査基準》,下文简称"日本审查指南")中的规定,对该条款的审查实践分析如下:

（一）第 36 条第 6 款第（i）项

该条款的目的在于避免申请人获得超出说明书公开范围的专利权,要求专利的权利要求不应该超出说明书的发明详述所记载的范围,体现了专利以公开换保护的原则。

在判断一项权利要求是否符合该项要求时,应当审查权利要求和说明书之间是否存在实质性的对应关系,而不是仅仅判断是否表述上一致。所谓实

---

❶ 日本特许厅审查指南（英文版）。

质性的对应关系的判断,指的是判断权利要求是否超出了以本领域技术人员能够认识到发明所要解决的技术问题能被有效解决的说明书记载的范围。上述"所要解决的技术问题"由说明书的记载而定,考虑到实际情况,本领域技术人员在某些情况下需要重新确定该技术问题。而上述"范围"实质上要大于说明书记载的范围,这是因为不仅考虑说明书记载的全部内容,还包括基于申请时的公知常识能认识到其技术问题可以被有效地解决的范围。

日本审查指南中规定了几种典型的不符合上述规定的情形:

(1) 发明详述没有记载或隐含权利要求记载的内容;

(2) 权利要求所使用的术语与发明详述不一致,使得权利要求与发明详述的关系不清楚;

(3) 即便考虑申请时的公知常识,权利要求的范围也无法由发明详述记载的内容扩展或概括(expanded and generalized)得到;

(4) 发明详述所记载的发明要解决的技术问题没有体现在权利要求中,从而请求保护的范围超出了发明详述记载的范围。

在上述4种情形中,第(3)、第(4)种既是较常见的情形,又是判断的难点。日本审查指南要求审查员在指出权利要求存在这两种情形的缺陷时不能仅下结论,而是应当详述理由并尽可能使申请人理解修改方向,例如对于第(3)种情形,要求审查员列出发明详述的相关部分以及判断时所考虑的公知常识,同时指出可以扩展或概括的程度,对于第(4)种情形,则要求审查员说明所要解决的技术问题以及解决的技术方案等。

对于申请人而言,其针对权利要求不符合该条款的答复可以包括意见陈述、修改替换页以及实验数据证据。对于第(3)种情形的答复,申请人可以指出与审查意见不同的公知常识,并可以提交实验数据证据予以证明,从而证明根据这些公知常识其发明详述记载的内容可以扩展或概括到请求保护的范围。但是对于由于说明书本身记载不充分,而导致即便考虑申请时的公知常识也无法将发明详述扩展或概括到请求保护的范围时,提交实验数据证据以弥补上述说明书本身记载不充分以克服该问题的意见陈述将不能被接受。而对于第(4)种情形的答复,申请人可以进行如下意见陈述,结合说明书及申请时的公知常识,对所要解决的技术问题以及解决该技术问题的方案提出不同于审查意见的见解。

与我国《专利法》相比较,上述条款第(1)~(3)种情形对应于权利要求得不到说明书的支持,而第(4)种情形并未限定是独立权利要求或者从属权利要求,因此对应于权利要求缺少必要技术特征或者得不到说明书支持。而日本审查指南中关于该条款的审查意见、意见陈述的要求在很大程度上与我国的审查实践也是相一致的,特别是其规定了审查员不能仅下结论,而应当进行分析说理，与目前我国的做法是相同的。

（二）第36条第6款第（ii）项

该条款要求的本质在于，使得请求保护的权利可以被清楚地界定，以满足权利要求上述作用。前述"权利可以被清楚地界定"指的是权利要求的保护范围可被清楚地确定，使得能清晰地判断具体的产品或方法是否落入其保护范围，当然权利要求中的技术特征被清楚表述是其前提。

日本审查指南规定了几种典型的不清楚的情形：

（1）由于权利要求的记载本身不清楚所导致的，例如：语言表述上或者术语不清楚。

（2）由于用于限定发明的技术特征存在技术缺陷所导致的，例如：包含了技术上不正确的内容，不仅技术特征的"技术意义"（technical meaning）无法理解，并且即便考虑申请时的公知常识，权利要求的技术特征也不足以限定该权利要求；技术内容前后不连贯；权利要求的特征之间的在技术上不相关；限定了非技术特征。

（3）权利要求的类型不清楚。

（4）并列选择的技术特征之间没有相似的性质或功能。

（5）特定表述所导致的，例如：否定性表述等。

需要注意的是，虽然权利要求的保护范围以其记载的内容为准，但在解释权利要求中的技术特征及理解技术特征的"技术意义"应考虑说明书及附图的记载，同时考虑本领域公知常识。其中，上述"技术意义"是指技术特征在权利要求中所起的功能和作用。因此，上述第（1）、第（2）种情形的判断过程中不仅考虑权利要求本身，可能还需要本领域技术人员结合说明书的记载及本领域公知常识进行判断。还需指出的是，规定上述第（2）种情形的原因在于，即使权利要求就其表述而言是清楚的，但其在技术上是无法理解的，则可能影响可专利性的判断，因此认为其不符合权利要求清楚的规定。

根据专利法第36条第5款的规定，申请人根据其请求保护的要求而撰写权利要求，因而可以采用功能性限定、效果性限定以及制备方法等限定权利要求，但日本审查指南规定采用不同撰写方式的前提是其权利要求是清楚的。类似于我国《专利法》，虽然采用这些限定方式还可能由于其超出了说明书记载所能扩展和概括的范围，而导致得不到说明书支持（不符合专利法第36条第6款第（i）项），但这种限定方式也可能导致不清楚，例如：参数限定中其测试方法不清楚、权利要求中的功能性限定或参数限定在技术上考虑不够确切、用制备方法限定的产品的特性不清楚等。

从上述规定不难看出，日本专利法第36条第6款第（ii）项的规定同我国《专利法》第26条第4款关于权利要求应当清楚的规定具有一定的共性，例如都强调了权利要求保护范围的清楚,都规定了某些表述可能导致不清楚,都要求明确权利要求的类型等。此外,日本专利法关于权利要求书清楚的规定还存在两个特点:一是强调技术特征的"技术意义",更侧重于从技术角度去考虑技术方案是否清楚、可被本领域技术人员理解,以作为准确判断新颖性、创造性的前提。二是针对功能性限定、参数限定和制备方法限定提出了清楚方面的要求,不止考虑了模棱两可表述所导致的不清楚,更侧重于技术方面是否清楚、明确。总的来说,日本专利法关于权利要求不清楚的规定更强调了技术方面的考虑,因此实践中其范围要大于我国,例如,根据我国《专利法》而言的部分权利要求得不到说明书支持、说明书公开不充分等问题,甚至推定新颖性等都可能被包含在上述第36条第6款第(ii)项中。

(三)第36条第6款第(iii)、第(iv)项

专利法第36条第6款的第(iii)项的目的在于使权利要求更容易被理解,其要求的简要是指每一项权利要求表述的简要。

专利法第36条第6款的第(iv)项是涉及权利要求撰写的形式,规定了权利要求书中的每一项权利要求应当另起一行并用数字编号、多项权利要求按顺序编号、引用其他权利要求的写明其编号并放在其后。

四、案例分析

由前文介绍可知专利法第36条第6款的第(i)、第(ii)项的要求涉及了权利要求是否得到说明书的支持、保护范围是否清楚,既是审查中的重点难点,也集中体现了中日两局关于不支持、不清楚的理解差异。以下结合几个案例对该条款进行分析比较,所选取的案例大部分来自于日本审查指南。

【案例1】(日本审查指南第Ⅰ部分第1章案例18)

权利要求1:一种图像处理芯片,其用于压缩图像,并输出进行X编码的图像,包括:一个A编码电路……;一个A解码电路……;一个X编码电路……向外界输出经过X编码的图像数据。

权利要求2为在上述基础上进一步限定了还包括:一个测量电路,用于测量A编码电路的编码时间,一个决定电路,用于根据上述编码时间而向X编码电路提供相应的恰当参数。

说明书记载了现有技术已经意识到为X编码电路提供恰当的参数可以缩短编码时间,而人工实现这一过程的效率较低且容易出错,而本申请将该功能集成到一个图像处理芯片,从而获得了相应的技术效果。

案例1中,日本审查指南给出的审查意见为:

(1) 本发明解决其所要解决的技术问题采用了如下技术手段,也即X编码电路可以获得A编码电路的编码时间,因而权利要求1没有体现发明所要

解决的技术问题，例如没有记载使用 A 编码电路所获得的信息进行 X 编码，因此不符合专利法第 36 条第 6 款的第（i）项的规定。

（2）按照本领域的公知常识，芯片的运行速率、小型化、低成本是所要考虑的因素，但权利要求 1 不符合上述公知常识，其中 A 编码、解码电路的技术意义难以被理解，且权利要求所记载的内容也不足以理解其作用，因而权利要求 1 无法清楚地确定该发明，不符合专利法第 36 条第 6 款的第（ii）项的规定。

根据我国的《专利法》，案例 1 缺少解决其技术问题的必要技术特征，其理由同上述审查意见（1）类似。可见缺乏解决必要技术特征的案例，日本审查实践中采用不支持进行对待，也即认为不满足"请求保护的发明被记载在说明书的发明详述部分"，同时，也认为由于权利要求限定了缺少必要技术特征的方案，从而其从技术角度而言是不完备的，因而还采用不清楚进行评述。

【案例 2】（日本审查指南第 I 部分第 1 章案例 17）

权利要求 1：一种加工机械，其装配有铸造而成的床、弹性体、金属板、自动工具转换臂、工具仓。

权利要求 2 为在上述基础上进一步限定了床、弹性体、金属板的相互位置及装配关系。

说明书记载了本发明要解决加工机械的振动而导致其加工精度下降的问题，采用了将床、弹性体、金属板进行适当的装配的方法解决这一问题。

案例 2 中，日本审查指南给出的审查意见为：

（1）根据说明书所要解决的技术问题，权利要求没有反映解决该技术问题所需的内容，例如关于弹性体、金属板与其他部件的相互关系，因此，权利要求 1 超出了说明书发明详述的记载范围，不符合专利法第 36 条第 6 款的第（i）项的规定。

（2）权利要求未记载弹性体、金属板与其他部件的相互关系，因而这些部件在权利要求 1 中的技术意义，也即其功能和作用难以被理解，同时，考虑到部件之间的关系可以影响其作用是本领域公知常识，因而，权利要求的记载不足以理解这些部件之间关系的内容，因此，权利要求 1 不清楚，不符合专利法第 36 条第 6 款的第（ii）项的规定。

本案例为典型的缺少部件之间的相互关系的权利要求，根据我国的审查实践，认为其得不到说明书支持或者不清楚，但更多数的意见倾向于得不到说明书支持，而在获得相关对比文件的情况下，会优先指出其新颖性、创造性问题。而在日本的审查实践中，则认为其既得不到说明书的支持，且从技术角度而言也不清楚。

【案例 3】（日本审查指南第 I 部分第 1 章案例 2）

权利要求 1：一种混合动力汽车，其能源利用率为 a%~b%，采用 X 方法测定。

说明书中记载了本发明的目的是为了获得高效率的混合动力汽车,实施例中采用了装配有对带式无级变速器执行 Y 控制的控制器,表明其采用 X 方法测定可以实现能源利用率为 a%~b%。发明详述还解释了该执行 Y 控制的控制器还可以用于除了带式变速器之外的其他无级变速器,同时详细解释了 X 方法。

案例 3 中,日本审查指南给出的审查意见为:

(1) 根据实施例的记载,上述能源利用率是通过装配有对带式无级变速器执行 Y 控制的控制器而实现的。且结合本领域公知常识,类似地采用对其他无级变速器执行 Y 控制的控制器也可以实现类似的高能源利用率,因而,权利要求的范围可以拓展或概括至装配有对无级变速器执行 Y 控制的控制器的混合动力汽车。但权利要求 1 仅限定了其能源利用率,而未记载任何关于控制器的内容,因而权利要求 1 超出了其所能拓展或概括的范围,不符合专利法第 36 条第 6 款的第 (i) 项的规定。

(2) 根据本领域公知常识,混合动力汽车的能源利用率普遍低于权利要求 1 限定的范围,因此,本领域技术人员难以理解仅用上述能源利用率所限定的混合动力汽车,因而从技术角度而言,这种限定方式是不充分的,导致权利要求不清楚,不符合专利法第 36 条第 6 款的第 (ii) 项的规定。

案例 3 为采用参数限定的方式,这在我国的审查实践中也常需要注意是否能够的到说明书的支持,但一般不会因为其在技术上无法理解具体内容而认为其权利要求不清楚。

【案例 4】

权利要求 1:一种混合动力汽车,包括……控制部,使得在切换执行模式时,对电池充放电的电力逐渐改变。

说明书记载了为避免内发送机运转点突然改变所导致的车内人员不舒适的问题,所谓的运转点即是发送机转速和转矩,说明书同时详细解释了控制部进行上述控制的过程,以及运转点逐步改变的实现。

案例 4 中,日本审查员给出的倾向性审查意见为:根据本领域公知常识,发动机转速和转矩的逐渐改变可以提高驾乘舒适性,但权利要求 1 所限定电池充放电的电力逐渐改变的作用和效果在技术上难以判断,且不足以实现提高舒适性,因此权利要求 1 无法清楚地确定该发明,不符合专利法第 36 条第 6 款的第 (ii) 项的规定。申请人应当将关于运转点逐渐改变的内容补入权利要求中,以明确其能实现的效果。

本案例来源于笔者与日本审查员共同讨论的案例,双方在对电池充放电的电力进行逐渐改变是否能获得上述技术效果进行了一番讨论。但无论电池充放电的电力进行逐渐改变是否能获得驾乘人员舒适性的提高,在我国的审查实践中都不倾向于根据技术效果是否能达到为由认为其不清楚。而是会首先考虑其是否概括了不能实现上述技术效果的技术方案,或者有没有记载解决该技术问题的必要特征,也即更倾向于考虑是否权利要求得不到说明书的支持或者缺少必要技术特征方面的缺陷。而日本审查员对于发明点,尤其是涉及解决技术问题的步骤或者结构较为慎重,更倾向于使用技术上无法理解或者不足以理解为由要求申请人完整记载相关内容。

【案例5】（日本审查指南第Ⅰ部分第1章案例19）

权利要求1：一种免洗大米的生产方法,包括步骤1~3……

权利要求2：一种采用权利要求1的生产方法所生产的免洗大米。

说明书记载了现有技术存在大米无法从清洗箱中完全排出的缺点,因此本发明在清洗大米过程中对清洗箱进行一定的处理（相关步骤记载在权利要求1~3中）,具体为向其内壁施加润滑剂以及向清洗箱内吹风,从而使得大米可以顺利从清洗箱中排出。

案例5中,日本审查指南给出的审查意见为：说明书记载了改善从清洗箱中排出大米的步骤,但是基于本领域公知常识,这些步骤并不会影响所生产的大米,因此,权利要求2所限定的使用这一方法所生产的大米的性质难以理解,因而权利要求2不清楚,不符合专利法第36条第6款的第（ⅱ）项的规定,并认为申请人应当删去权利要求2而保留权利要求1。

实际上本案例中,申请人相对于现有技术所作出的贡献在于其方法步骤,而不在于其产品。其权利要求2为典型的采用制备方法限定的权利要求,根据我国专利法对权利要求保护范围是否清楚的规定,权利要求2已经清楚地限定了其所请求保护的范围,因此不会认为其保护范围不清楚。在我国的审查实践中,更倾向于认为这类制备方法没有对产品带来区别于现有技术的结构和组成,并以此为由认为其产品相对于权利要求不具备新颖性或创造性。

五、小　结

总的来说,无论在权利要求的实质性要求还是在撰写形式方面,中日两局都存在诸多类似的规定,这同世界上其他主要知识产权局的做法是类似的。❶ 但是,在实质性要求方面,尽管两国都要求权利要求能得到说明书的支持且保护范围清楚,但在实践操作中,对这两方面内容的理解却存在一定差异。日本专利审查时更侧重从技术角度上看权利要求是否反映了发明创造,是否体现了说明书中关于所要解决的技术问题的记载。也正是基于这点考虑,

---

❶ 杨兴,等. 美、日、欧三局关于审查实践的对比研究报告——有关公开、权利要求书和创造性问题［R］. 国家知识产权局学术委员会.

如果是由于权利要求没有完整反映所解决技术问题的技术方案，则按照日本审查指南的规定，该权利要求很可能既得不到说明书的支持也不清楚，而日本审查员在审查实践中更倾向于以不清楚为由指出该缺陷。日本将清楚、支持、必要技术特征等权利要求的典型缺陷与说明书及发明所涉及的技术方面因素密切联系的做法，既可以避免审查员过度关注语言表述，也有助于使专利审查回归技术本质，值得我们借鉴。

浅谈日本局的检索外包

审查业务管理部　严嬿婉　孙　迪

摘　要：本文系统介绍了日本特许厅采取的检索外包制度，具体涉及其起因及发展、外包的方式、外包机构及人员培训等方面。希望能使我国用户对特许厅的专利检索有所了解，从而更好地进行海外申请。

关键词：特许厅　检索　外包

引　言

专利在审批过程中需要将发明内容与现有技术作对比，从而判断其相对于现有技术是否具有新颖性或创造性，因而对现有技术的检索至关重要。目前，五大局中，中国和欧洲专利局都是由本局审查员完成现有技术的检索，而日本、韩国及美国专利局都在不同程度上采取了检索外包制度以满足本国专利审查的检索需求，其中日本特许厅是较早采取检索外包制度的专利局。本文通过对日本特许厅检索外包制度起源及发展等相关情况的介绍和分析，希望能使我国用户对特许厅的专利检索有所了解，从而更好地进行海外申请。

一、检索外包制度的起因及发展

为了加快专利审查，日本特许厅最早于1990年开始检索外包。最初由特许厅指定外部机构（只限定为公益法人）检索现有技术，审查员利用指定检索机构检索出的对比文件进行专利审查。

2003年，受到专利申请及实审请求率增加的影响，特许厅每年待审案件逐渐增加并超过50万件，待审时间也达到25个月。此外，由于1999年日本专利法进行修改，将实审请求年限从7年缩短为3年，所以实审请求满7年和满3年申请的叠加使得请求实审的案件也突然增加。因此，特许厅急需处理大量的待审案件。

2004年，特许厅为了实现快速、高效的专利审查，设定了在2013年实现待审时间为11个月的目标。为了实现该目标，特许厅采取了多种措施，其中包括：

（1）修改《关于工业所有权的手续的特例法》（简称《特例法》），采取登记检索机构制度，即只要满足一定条件，民间企业也可以参与检索外包业务，检索机构不再局限于公益法人。

（2）为了使申请人也能利用登记检索机构，从而有效提出实审请求，日本特许厅还引入了特定登记检索机构制度。特定登记检索机构是特许厅长官批准特别注册的登记检索机构，专利申请人可以在提出实审请求前利用其获得检索报告，从而决策申请是否需要进入实审程序，并且如果申请人在请求实审时提供该检索报告，则可以减少实审请求费。❶

图1显示了特许厅2004~2013年检索外包和一通案件的数量对比，可以看出特许厅约有60%~70%的案件利用检索外包制度。截至2014年，在特许厅注册的登记检索机构有11家，特定登记检索机构共4家。检索外包制度极大地提高了特许厅的专利审查效率，有效消除了专利待审积压。在2014年3月，日本也终于实现了专利待审时间为11个月的目标。

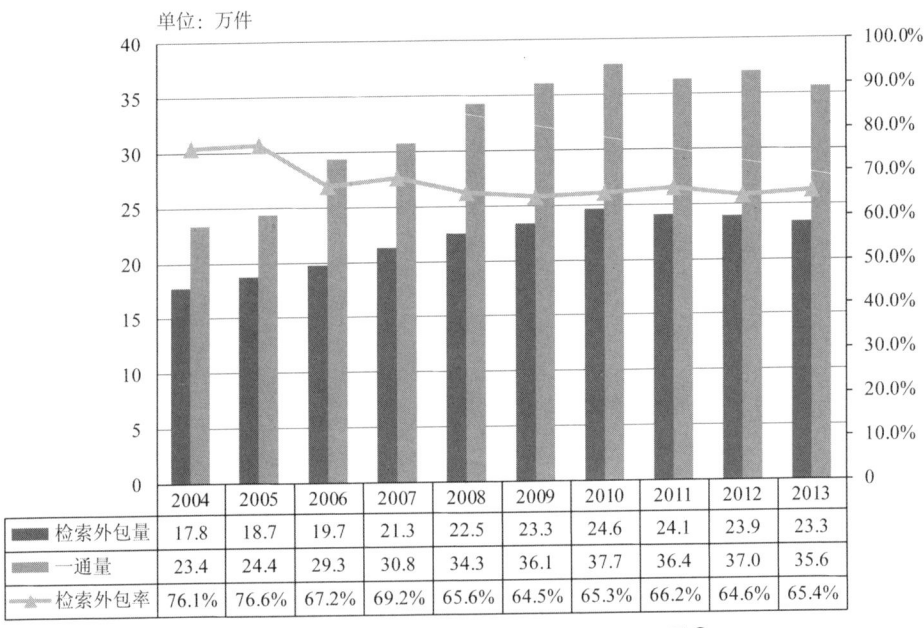

单位：万件

	2004	2005	2006	2007	2008	2009	2010	2011	2012	2013
检索外包量	17.8	18.7	19.7	21.3	22.5	23.3	24.6	24.1	23.9	23.3
一通量	23.4	24.4	29.3	30.8	34.3	36.1	37.7	36.4	37.0	35.6
检索外包率	76.1%	76.6%	67.2%	69.2%	65.6%	64.5%	65.3%	66.2%	64.6%	65.4%

图1 2004~2013年特许厅检索外包和一通量 ❷

---

❶ 译自2011年日本知的财产研究所《今後の登録調査機関制度及び特定登録調査機関制度の在り方に関する調査研究報告書》。

❷ 检索外包量和一通量来自2011年日本知的财产研究所《今後の登録調査機関制度及び特定登録調査機関制度の在り方に関する調査研究報告書》、日本特许厅《Annual Report 2014》和《特許行政年次報告書2005年版》。

二、检索外包的方式

特许厅将检索外包的领域划分为40个,其中1~39为技术领域(具体领域划分参见本文后附件),40为形式审查(包括分类、摘要等的审查)。这些技术领域与特许厅的审查处室并不完全对应,二者主要通过F-term分类号相关联。❶ 检索机构在进行申请登记时,可以只涉及其中一个或者多个领域。

特许厅在分配检索案件时,如果同一个领域登记了多个检索机构,则根据外包机构的排名(该排名综合考虑审查员对各机构所完成案件的评价、外包价格、指导机构的评价等)以及各机构希望承包的案件数进行分配。表1为检索分配的示例(对A、B和C三个机构分配10 000件检索案件),分配时会优先满足排名靠前的机构,即如果排名前几位的机构能承包的数量已经可以满足外包需求(例如表1的一个示例中,机构A、B和C的评价排名分别为1、2和3,排名前两位的机构A和B能承包的数量为11 000件,超过将分配的10 000件),则排名在后的机构可能无法获得检索外包案件(例如表1机构C分配的外包件数为0)。

表1 检索外包机构分配检索案件的示例❷

登记检索机构	希望承包件数	评价排名	分配的外包件数	评价排名	分配的外包件数
A	9 000	1	9 000	3	7 000
B	2 000	2	1 000	2	2 000
C	1 000	3	0	1	1 000

特许厅检索外包的案件仅限于已经公开的专利申请。特许厅向检索机构提供检索所需的案件资料,检索者在理解发明后利用安装的检索系统进行检索,原则上不能只检索全文文本,还必须使用FI、F-term等手段进行检索。有机化合物相关的申请还必须检索化学式。

检索者主要检索特许厅公布的专利、实用新型、日本语申请的国际公布,而不用检索外国专利、非专利文献等。检索完成后,他们需要提供电子数据及书面检索报告给特许厅。检索报告书包括发明的特征、检索式及检索结果、对比文献列表、本申请同对比文献对比存在的差异点、本申请未被现有技术

---

❶ 译自2011年日本知的财产研究所《今後の登録調査機関制度及び特定登録調査機関制度の在り方に関する調査研究報告書》。

❷ 译自日本特许厅网站《調査業務外注先及び外注件数の決定方法並びに請負金額の決め方について》。

公开的结构。检索报告书在递交给特许厅前还必须经过检索指导者的检查及确认。

对于部分案件，特许厅会采用对话型的检索外包方式，即检索者在向审查员提交书面检索报告的同时，还必须向审查员口头说明检索方针、检索结果及对比文献的技术内容。对话过程中如果审查员认为完成的检索未能满足要求，并给予补充检索的指示时，检索者会根据审查员的补检要求在特许厅内进行检索并向审查员再次说明新的检索结果。❶

2013年，为了改善专利审查质量，特许厅针对国内申请人及代理人作了用户满意度问卷调查，其中与国内申请相关的问卷共592份。调查采用5个等级的评价方式，包括不满意、比较不满意、一般、比较满意和满意，其调查结果如图2所示。其中，外国专利文献检索以及非专利文献检索的满意度不是很高。图3显示了针对国内专利文献检索、外国专利文献检索以及非专利文献检索的进一步统计，可以看出日本申请人对外国专利文献及非专利文献"满意"的比例远低于对国内专利文献"满意"的比例。❷

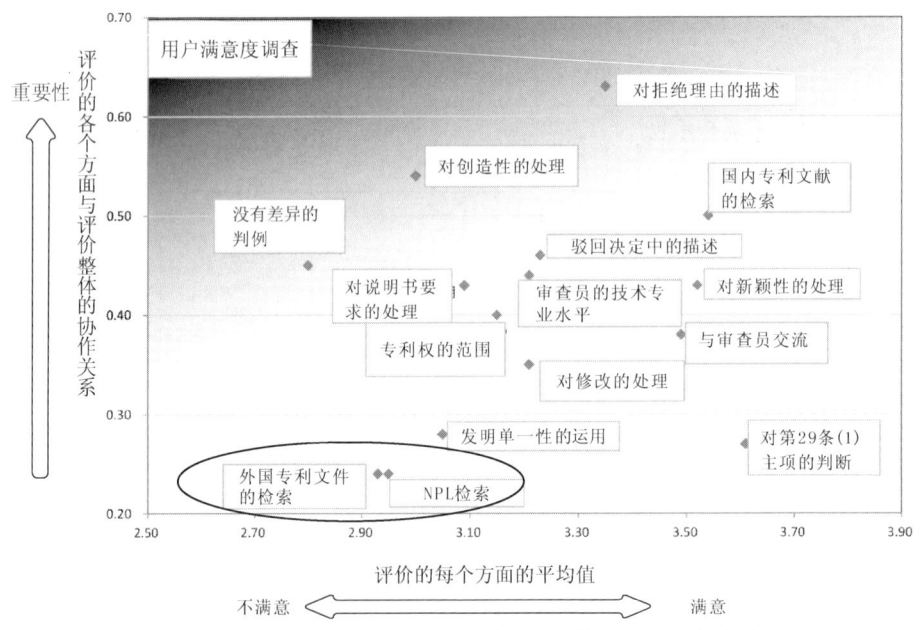

图2　2013财年特许厅的用户满意度调查❸（日本国内申请）

---

❶ 译自日本特许厅网站《Fターム等を用いた先行技術文献調査の概要》。
❷ 2014年《パテント》杂志第67卷第1期，藤井真吾《特許審査における先行技術文献調査とその外注》。
❸ 译自日本特许厅《平成25年度特許審査の質についてのユーザーアンケート報告書》。

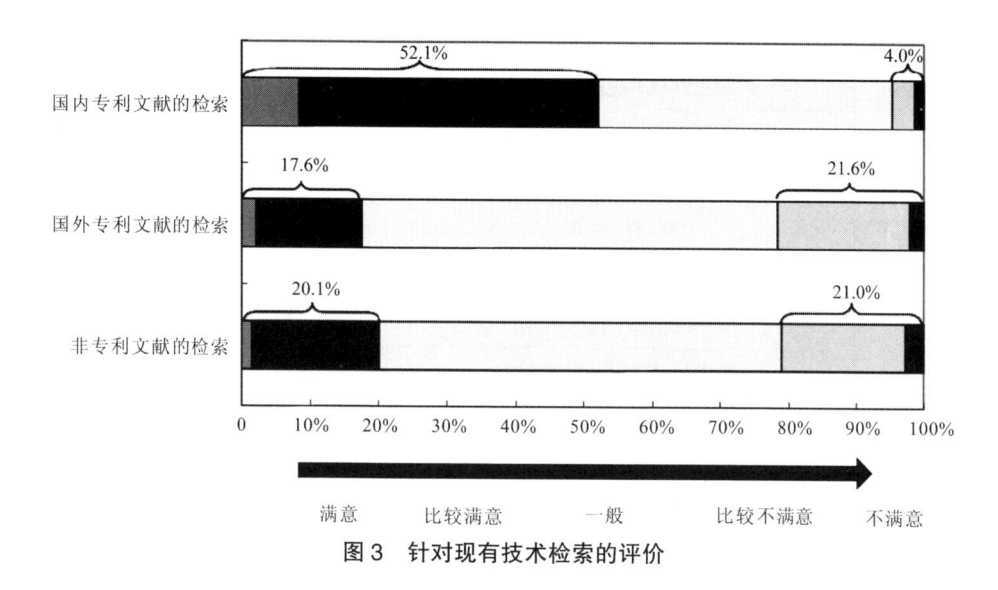

浅谈日本局的检索外包

```
国内专利文献的检索    52.1%                              4.0%
国外专利文献的检索    17.6%                             21.6%
非专利文献的检索      20.1%                             21.0%
                    0  10% 20% 30% 40% 50% 60% 70% 80% 90% 100%

             满意    比较满意    一般    比较不满意    不满意
```

图3 针对现有技术检索的评价

为了提高检索的质量，2013 年特许厅将外国专利文献检索外包费用纳入预算，试行几千件规模的检索外包。❶ 然而对于中国和韩国文献等非英语文献的检索，考虑到检索和翻译工具、外包检索人员的能力以及成本等方面，并未加入外包试点中。

三、登记的检索外包机构及人员培训

在日本，登记成为检索外包机构需要在所申请的技术领域具有 10 名以上满足下列条件的检索人员：❷

（1）大学（不包括短期大学）毕业，具有 4 年以上科技相关工作经验，并且在独立行政法人工业产权信息与培训机构完成培训的人员。

（2）短期大学或者职业高中毕业，具有 6 年以上科技相关工作经验，并且在独立行政法人工业产权信息与培训机构完成培训的人员。

（3）具有上述相同能力的人员。

登记检索机构还必须具有基本的硬件设备，同时特许厅会提供检索所需要的可以检索 F-term 等的必要程序。

每次登记成功后有效期为 3 年，截至 2014 年在特许厅注册的登记检索机构有 11 家，具体见表 2。

---

❶ 由于外国专利文献的检索中越来越显得重要，特许厅在 2011~2012 年已经开始试行外国专利文献的检索外包，不过试行规模较小，只涉及在特定的技术领域的几十件案件。

❷ 译自日本特许厅网站《登録調査機関の申請の手引き》。

表2 截至2014年的登记检索机构

机构名称	机构性质
工业产权合作中心（IPCC）	一般财团法人❶
化学信息协会	一般社团法人❷
博科集团	民间企业
技术检索株式会社	民间企业
高级知识产权研究所	民间企业
技术传输服务株式会社	民间企业
未来知识产权技术研究所	民间企业
古贺研究院	民间企业
专利在线检索株式会社	民间企业

如上所述，用户可以在请求实审前请特定登记检索机构对申请进行检索，从而有效提出实审请求。特定登记检索机构在向用户提交检索报告时，也必须向特许厅提交检索报告。需要注意的是，即使检索报告针对申请的新颖性或者创造性作出了结论，特许厅在实际审查时也未必会给出相同的结论。检索的费用由各个特定登记检索机构自行规定。如果用户在提交实审前请特定登记检索机构进行检索，可以适当减少提交实审请求的费用。根据2011年7月的费用规定，一般的专利申请的实审请求费用为118 000日元（约6 800元❸）+权利要求数量×4 000日元（约230元），而如果之前特定登记检索机构完成过检索报告，则实审请求费用为94 000日元（约5 417元）+权利要求数量×3 200日元（约184元）。❹

特定登记检索机构共4家：专利在线检索株式会社、博科集团、工业产权合作中心（IPCC）和技术传输服务株式会社。

检索机构的检索人员需要参加独立行政法人工业产权信息与培训机构的培训。培训包括两种，一种是选择39个技术领域中的一个领域（费用为219 000日元，约合人民币12 621元），另一种是同样选择39个技术领域中一个领域以及第40个领域（即分类及摘要等形式审查）（费用为255 000日元，约合人民币14 696元）。培训的内容包括专利法等相关内容、检索及练习、对

---

❶ 财团法人，是以一定的目的财产为成立基础的法人。
❷ 社团法人，是以人的组合作为法人成立基础的法人。
❸ 根据2016年3月15日的日元和人民币汇率。
❹ 摘自日本特许厅网站 http：//www.jpo.go.jp/tetuzuki/ryoukin/shinsaseikyu_kaisei.htm。

话型检索、检索报告等。❶

四、对日本检索外包制度的思考

(一) 日本的审查员人数有限是采取检索外包的一个可能原因

特许厅实行检索外包对于减少待审积压以及缩短待审周期起到十分重要的作用。笔者认为日本的审查员存在人数限制也可能是特许厅采取该制度的一个重要原因，因为在日本要成为专利审查员必须通过国家公务员综合职位考试，考试合格后才能参加特许厅面试。图4显示了2006~2015年特许厅发明和实用新型审查员的人数，可以看出发明及实用新型审查员人数在2006~2008年有显著增长，但是之后直至2015年基本呈稳定的趋势。通过外包有助于解决人员不足的问题，降低现任审查员的工作负担。

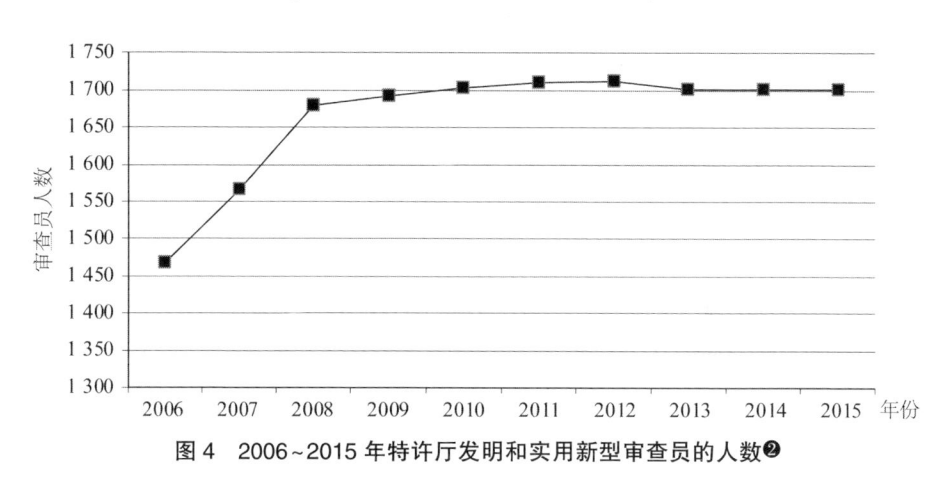

图4　2006~2015年特许厅发明和实用新型审查员的人数❷

(二) 采取检索外包有助于提高特许厅的检索质量

在检索外包过程中，检索和审查大致由两人协作完成：检索者通过对发明的理解获取相应的对比文献，审查员在接收检索结果时对检索到的文献进行再次确认。特别是在对话型检索外包中，审查员和检索者可以讨论检索结果并根据需要补充检索。审查员和检索者的双重确认有助于减少错误的发生，确保检索和审查的质量。同时，检索者和审查员在工作中各有侧重点，也有助于两者分别快速提高在检索或审查方面的专业能力，从而有效完成专利审批工作。

此外，如上所述，特许厅在分配检索外包案件时需要同时考虑外包机构

---

❶ 译自独立行政法人工业所有权情报·研修馆《調査業務実施者育成研修について》。
❷ 数据来自日本特许厅《特許行政年次報告書2015年版》。

的排名以及各机构希望承包的案件数,而机构的排名与其质量密切相关,因此这有助于督促外包机构在快速完成检索任务的同时也确保相应的检索质量。同时,每隔三年重新登记的制度也从另一方面确保检索机构切实符合要求。

(三) 合理了解和利用检索外包有助于申请人的海外申请

检索外包虽然主要涉及特许厅和外包机构,也充分考虑到用户的实际需求,例如前面提到的用户可以利用特定登记检索机构,以有效确定是否提交实审请求。申请人在向海外申请时,如果能事先了解国外专利局的专利审批制度,将有助于提高申请的效率和减少不必要的费用。

附件 特许厅外包的 39 个技术领域划分❶

1	计测	钟表・普通计测、长度测量、测量、距离测量、电气测量等
2	纳米物理	电子管、显示控制、可变信息显示装置、洗印・显影・投影、半导体曝光、核电等
3	材料分析	机械分析、化学分析、物理分析、医疗诊断设备等
4	应用光学	电子照相(材料)、标记、照片、光致抗蚀剂、光学元件(透镜、棱镜、过滤器等)・光学设备(望远镜、显微镜、眼镜等)、相机、EL(电致发光)技术等
5	光器件	光纤、激光、发光元件、光接收元件、光束的控制、液晶等
6	企业设备	电子照相(过程・控制)、印刷、打印机等
7	自然资源	耕作・移植、收割・脱粒・谷粒的处理、农林牧渔、木材加工及种植、水工程、基础工程、挖掘、道路、隧道等
8	娱乐	柏青哥・自动售货机、运动・游乐设备、游戏・玩具、办公用品、教学设备、时间表・标签・广告等
9	居住环境	建筑结构・材料、建筑物等的润饰、特殊用途的建筑物(停车场等)、施工、锁、门窗、家具、卫浴等
10	自动控制	控制・报警器、电动车辆、导航、交通控制、电动机・发电机、电动机・发电机的控制、电路的调节(AC-DC 变换、电流・电压的调节)等
11	动力机械	内燃机的控制、燃料供应、引擎阀门・汽缸・活塞、涡轮机、进气和排气、流体机械等

---

❶ 译自日本特许厅网站 http://www.jpo.go.jp/torikumi/t_torikumi/touroku_chousa.htm 業務規程。

续表

12	运输	汽车（车体的构造）、铁路、摩托车、船舶、航空·宇宙、武器、救援、操向、悬架、车轮、事故预防·维护、普通阀、液体分配器、油压等
13	通用机械	连接器·离合器、轴·轴承、传动装置的构造·控制·配置·操作、制动器、固定、缓冲、防震动、密封件·压力容器等
14	生产机械	机床、NC（数控）、机械手、手工工具、生产管理、压制加工、激光加工·焊接、放电加工、非金属的处理、半导体材料的机械处理、微机械等
15	交通运输组装	运输·储存装置、电梯、起重机、叉车、破碎·粉碎、喷雾设备、涂布设备、自动装配、晶片等的操作（运输等）、印刷电路及其制造的处理、电气元件安装、电气设备（个人计算机、便携电话等）的外壳等
16	纤维包装机械	进纸（送纸·运输·废纸）、纺织机械、服装、包装机械、纸制品生产、包装、容器、大型容器（集装箱、水槽等）等
17	生活设备	家用电气机械产品（吸尘器、洗碗机、洗衣机、熨斗等）、清洁、连接器、照明、开关等
18	热设备	燃烧、电加热、暖炉、灶具、供暖、锅炉、烘干、蒸煮设备、肉·鱼·蔬菜的加工、冷冻、热泵、制冰、冰箱、空调、加湿、通风、管道、热交换、普通管等
19	福利与服务设备	治疗仪、卫生·保健、注射·口服、治疗、物理治疗、假体、检查装置、陈列架、日用品、座席、床等
20	无机化学	无机化合物、单晶成长、沉积、催化剂、玻璃的制造·构成·表面处理、水泥·混凝土的构成·成型、陶瓷（烧结体）的构成·成型等
21	金属加工	压制·拉丝、铸造、金属的表面处理、通过电解处理、半导体组装（键合、容器·密封、引线框、安装板等）、半导体制造（蚀刻、膜的形成、测试·测量等）等
22	金属电气化学	精炼、合金、热处理、普通炉、焊接·焊接材料、电池、电线等
23	半导体设备	半导体元件、半导体集成电路、超导元件、半导体元件的制造工艺（退火、离子注入、再结晶、电极·布线的形成等）等
24	医疗	化妆品、配方·医疗材料等
25	生命工程	基因工程、肽·蛋白质、食品·饮料、微生物·酶、植物·动物等

续表

26	环境化学	水处理、固体废弃物处理、灭火剂、气体分离·废气处理、过滤·过滤材料、固体分离、液体分离、同位素分离等
27	有机化学	有机化合物的制法、农药、化肥、染料·染色、煤·石油·燃料·火药、润滑剂、去污剂·油、香料、涂料、黏合剂·胶带、颜料等
28	高分子	聚合·催化剂、添加类高分子化合物、缩合类高分子化合物、高分子化合物的组合物、高分子的处理等
29	塑料工程	轮胎、塑料成型、涂装方法、纤维、加工纸、层压板、皮革等
30	有机化合物	有机化合物、医药等
31	电子商务	电子商务、信息检索、语言处理、加密等
32	接口	计算机细节、人机界面、专用计算机、演算、输入输出控制、电阻、磁石·电感、电容等
33	信息处理	架构、程序管理、错误检测·修正、电线安装、存储控制、静态存储装置、IC卡等
34	传动系统	传输方式、移动无线通信系统、过滤器、传送细节、放大器等
35	电话通信	电话系统、交换、远程控制、电力系统、微波等
36	数字通信	码转换、数字调制、数据传输、脉冲电路、通信网络等
37	视频设备	电子乐器、卡拉OK、音响设备、语音识别·合成、视频录制、视频摄像机、数码相机、电视（编码、双向、接收器等）等
38	图像处理	CG、CAD、图像识别、传真等
39	信息记录	磁带、磁盘、光盘（磁光盘）、磁头、记录·再现装置、信号处理以进行记录和再现、索引·编辑等

第三部分
欧洲风云/欧洲问题研究

欧洲统一专利制度的创建及发展

机械发明审查部　史　冉　李　奉　方　华[*]

摘　要：欧洲统一专利制度旨在以解决现行欧洲专利制度所存在的问题为目的，建立起一套与欧盟各成员国国内专利和欧洲专利并行的跨国专利制度。从当前形势看，欧洲统一专利制度的创建已大致定局，其实际业务尚需持续调整方能最终实施。在此背景下，本文拟从欧洲统一专利制度的创建情况、主要内容、潜在优势以及面临困境等多方面尝试对欧洲统一专利制度进行解析，借此使读者对欧洲统一专利制度能有进一步的认识和理解，同时，提出欧洲统一专利制度对中国申请人可能产生的现实影响。

关键词：欧洲统一专利制度　统一专利　统一专利法院

引　言

现行欧洲专利制度并存各国专利和欧洲专利两种制度。2012年年底，欧盟（European Union，简称EU）终于同意创建欧洲统一专利、统一专利法院（以下简称"欧洲统一专利制度"），尽管其实际业务方面的详细情况仍持续在调整，但欧洲统一专利制度旨在以解决现行欧洲专利制度所存在的问题为目的，建立起一套与欧盟各成员国国内专利和欧洲专利并行的跨国专利制度。

第一部分　欧洲统一专利制度的创建

一、欧洲统一专利制度的创建背景

欧洲是专利制度的发源地，也是国际专利制度发展的先驱与缩影。欧洲专利制度统一化是几十年来欧洲大陆的一个梦想，随着1973年《欧洲专利公约》（European Patent Convention，简称EPC）的签署及其实施细则和议定书于1977年生效，欧洲专利局（European Patent Office，简称EPO）开始统一

---

[*] 所有作者对本文的贡献均等同于第一作者。

的审查、并在授予程序中授予欧洲专利。发明人在欧盟申请专利除了在欧盟成员国直接申请外，还可以先向欧洲专利局申请，获准后再到各成员国申请生效。EPC 与 1978 年生效的《专利合作公约》(Patent Cooperation Treaty，简称 PCT) 共同成为国际专利制度统一化的重要内容。欧洲专利自 2010 年 10 月 1 日起可以在 40 个欧洲国家生效，包括 38 个缔约国及 2 个延伸国。❶

欧洲专利并非是一项单一的超国家的专利权，其受成员国国内法的约束，统一了的只是专利申请的受理、审查与授予阶段在欧洲层面的集中。换言之，在现行欧洲专利制度下，欧洲专利申请在经欧洲专利局审批后，欧盟各国自行决定该专利是否可在其国内生效以及负责授权后的维持，由此可能产生一些问题。

(一) 程序烦琐

尽管欧洲专利为欧洲各国专利申请人提供了便利，但由于欧洲专利具有 EPC 各缔约国授予的本国专利的效力，申请人在取得、实施、维护其专利权方面受到与本国专利同样条件的约束，任何同欧洲专利有关的侵权、无效或撤回等专利纠纷都将受限于各个国家的法律及相应程序。

举例来说，将国内专利和欧洲专利申请件数 (2012 年) 相比，国内专利申请件数比较多的德国约 6.1 万件，英国约 2.3 万件，法国约 1.6 万件，欧洲专利申请件数约 14.9 万件。相比欧洲专利，申请人更经常采用国内专利。由于无需成为欧洲专利，各国的申请、审查手续可以灵活运用。

(二) 成本高

一项专利经欧洲专利局审批并认可后，如果要在欧盟各成员国生效，必须翻译成欧盟各国官方语言文字。❷ 欧盟全体 28 个成员国共有 24 种官方语言文字，❸ 遵循"国家不分大小语言文字一律平等"的基本原则，欧盟所有法规和几乎所有正式文件都必须翻译成各国官方文字版本。

此外，对于欧洲专利，专利权的效力被限定在登记生效了的国家领域内。出现专利侵权诉讼时，为在全欧洲范围内更好地行使专利权，需要在各国法院分别进行诉讼，从而会导致诉讼费用的重复。在欧洲各国专利诉讼体制中，当事人所支付的诉讼费用不仅高昂，而且各国有所不同。欧洲专利诉讼案件有 90% 发生在德国、英国、法国和荷兰等国，在相同案件的审判中，诉讼成本最为昂贵的是英国，其余各国的诉讼费用相差不大。根据欧洲专利局统计，

---

❶ 罗霞. 参加"欧洲专利法官三十年论坛"出访报告 [R]. 2012-09-18.
❷ 在欧盟申请一项专利约 3.2 万欧元，其中仅翻译费约 2.3 万欧元 (我国发明的申请费约 110 欧元，美国约 1 850 欧元)。
❸ 2013 年 7 月 1 日，克罗地亚正式成为欧盟第 28 个成员国。

对于一个争议标的额为 100 万欧元的专利诉讼案件，其诉讼费用在德国、法国、荷兰和英国大致如图 1 所示。

图 1　欧洲四国专利诉讼费用对照表　　单位：1000 欧元

	德国	法国	荷兰	英国	全部
一审	50~250	50~200	60~200	150~1 500	310~2 150
二审	90~190	40~150	40~150	150~1 000	320~1 490
全部	140~440	90~350	100~350	300~2 500	630~3 640

（三）法律状态不稳定

欧盟成员国由于授予专利之后对专利的侵权以及无效的审查适用的是成员国的国内专利法，没有集中的专利法院，专利权人通过侵权诉讼保护权益时不得不对抗那些有选择性地在多个成员国对专利的有效性进行挑战的被告，而不同国家法院对专利诉讼的判决可能完全不同。

随着欧洲专利局工作的开展、欧洲专利数量的增加，欧洲专利引发的纠纷亦在逐年增长之中。欧洲专利纠纷的司法权不统一亦成为欧洲专利制度最大的掣肘之处。

有鉴于此，创建一个在欧盟所有成员国有效的统一专利权的共同体专利的呼声日益高涨。

二、欧洲统一专利制度的创建历程

（一）初期酝酿（20 世纪 70~80 年代至 20 世纪末）

早在欧洲经济共同体成立初期，专利制度统一的重要性就引起重视。1959 年成立有一个工作小组，研究设立欧洲经济共同体专利问题。几经周折后，1975 年 12 月 15 日，欧洲共同体 9 个成员国在卢森堡签订了《欧洲共同体专利公约》（简称《卢森堡公约》），第一次以法律条文形式确定只需一份申请就能获得在欧共体全体成员国均有效的"共同体专利"（Community Patent），并于 1989 年 12 月对该公约进行了修改。然而，该公约因未获法定要求的 12 国批准而未能生效，其主要原因在于翻译成本和司法管辖权的问题。[1]

1997 年，欧洲共同体委员会发布《通过专利促进创新：欧洲共同体专利

---

[1]　根据该公约规定，专利申请文件须翻译成所有的欧共体工作语言，而随着欧共体的进一步扩大，其工作语言的种类还可能增加。显然，这种规定导致翻译成本过高而令申请人难以接受。同时，该公约规定任何一个成员国的法院可以宣告共同体专利在整个欧共体范围内无效，从而令申请人感到共同体专利缺乏法律确定性。

和专利制度绿皮书》，指出除极个别领域如法国的高速铁路和 GSM 移动电话外，欧洲在很多科技领域已经落后，必须有一个统一的共同体专利制度来保护和促进创新。

（二）创建伊始（20世纪末至2004年）

20世纪末，随着国际经济技术竞争加剧，与美国、日本等国家的专利制度相比，欧洲专利制度的缺陷导致申请人缺乏申请欧洲专利的动力，一定领域内的欧洲专利申请数量下降严重，极大地抑制了欧洲的创新活动。为了让中小企业能够以较低费用获得专利权，激励其投资创新与研发，使自身能够在面对美国、日本以及新兴经济体国家的竞争时保持竞争地位，欧洲国家开始意识到，解决现有欧洲专利制度的缺陷已是紧迫之举。

2000 年 8 月 1 日，欧洲共同体委员会正式向欧盟部长理事会递交了《共同体专利条例》立法提案。与《欧洲共同体专利公约》相比，《共同体专利条例》的目标在于创建一个与各国专利和欧洲专利并存、在整个共同体范围内生效的统一专利。每件共同体专利的许可、宣告无效或失效都将自动覆盖整个欧盟，由此消除各国专利保护的地域性给欧盟范围内的竞争可能造成的不利。同时，关于侵权纠纷问题和共同体专利的效力问题，将交由欧洲法院框架下集权的共同体专利法庭解决。❶ 尽管该提案也得到欧洲议会、经济与社会委员会和内部市场委员会等机构的支持，但最终因遭到西班牙、葡萄牙、希腊、意大利以及多数正在申请加入欧盟的国家的反对而被否决。

2004 年 3 月 11 日，出席欧盟竞争委员会会议的代表一致表示，关于权利要求应被译成欧盟其他 20 种语言的提案不可接受。至此，共同体专利的发展再次停滞不前。随后，欧洲各国政府开始寻找统一欧洲专利制度的新路径。

（三）艰难推进（2005~2010年）

2007 年 4 月初，欧盟委员会制定了一份"强化欧洲专利制度"的专利战略规划，积极倡导改革现行欧洲专利制度。但在欧盟国家内部，支持旨在建立"欧洲专利法庭"的《欧洲专利诉讼协议》（European Patent Litigation Agreement）和支持法国所倡导的组建"欧洲专利共同体法庭"（Community Court for European Patents）的争议却日趋两极化。因此，欧盟委员会不得不承诺将寻求一种能够兼顾双方意见的折中方案。

2008 年 3 月 12 日，欧盟轮值主席国斯洛文尼亚向欧盟委员会提交了一份题为"强化欧洲专利制度"（Enhancing the Patent System in Europe）的文件，认为可通过建立一个能够自动翻译为所有共同体国家语言的翻译服务中心体系，以及向作为共同体专利授权机构的欧洲专利局缴纳 50% 的专利年费，另

---

❶ 任晓玲. 浅析欧洲单一专利制度的创建背景和历程 [J]. 中国发明与专利，2013（10）.

50%则根据共同体特别委员会决定的分配方案摊派到各欧盟成员国的方式，解决专利权利要求翻译和共同体专利年费收入分配问题。❶

随着《里斯本条约》于2009年12月1日生效，原欧洲共同体的地位和职权由欧盟承接，欧盟从此在国际舞台上成为一个真正的实体。❷ 统一欧洲专利制度的问题再次峰回路转。《里斯本条约》对《建立欧洲共同体条约》进行修改，使之转变为《欧洲联盟运行条约》（Treaty of the Functioning of the EU，简称TFEU），允许欧盟25个成员国根据所谓的"强化合作"（Enhanced Cooperation）机制先进行专利统一计划。至此，欧盟委员会就共同体专利的实现方式等问题基本达成共识，由欧洲专利局授权欧盟专利，同时，用"欧盟范围内的统一专利"（EU wide unitary patent）这一称谓取代了以往的"共同体专利"。

（四）稳步前行（2011年至今）

"强化合作"机制在2011年获得了两个重要决议的支持：2011年2月15日，欧洲议会投票通过启动"强化合作"❸机制的决议；2011年3月10日，欧盟理事会投票通过在欧盟成员国内启动"强化合作"机制的欧盟决议（2011/167/EU），采纳了在除西班牙和意大利以外的欧盟25国建立统一专利制度的立法建议，同时，不再使用"欧盟范围内的统一专利"这一称谓，而是以立法形式将其明确为"具备统一效力的欧洲专利"（European patent with unitary effect），或简称"欧洲统一专利"（Unitary Patent）。此举意味着，欧洲统一专利制度已获得所有欧盟法律审批机构的认可，持续了近半个世纪的有关该专利制度的讨论终将进入实际的操作和运行阶段。

然而，2011年3月8日，欧洲法院就关于建立欧洲共同体专利法院的提议发表意见，认为根据《欧洲联盟运行条约》，建立共同体专利法院同现行欧盟法律相抵触。其理由在于，此类法院在欧盟机构和司法框架之外运转，会夺走欧洲法院及各成员国法院的权力，使他们不能在专利领域解释和运用法律。

2011年5月25日，欧盟委员会公布新的知识产权战略蓝图，计划继续推进就欧洲统一专利建立统一和专门专利法院，以及统一专利在欧盟成员国拥有统一效力相关提议的拟定工作。

2011年6月，西班牙、意大利两国相继就语言问题，以及欧盟理事会未

---

❶ 任晓玲. 浅析欧洲单一专利制度的创建背景和历程［J］. 中国发明与专利，2013（10）.
❷ 任晓玲. 浅析从"共同体专利"到"欧洲单一专利"的称谓变化［J］. 中国发明与专利，2013（9）.
❸ "强化合作"机制之前只在国际离婚规则的决议上使用过，所以该规定的利用起到了很重要的作用。

经其同意启动"强化合作程序"违背《欧盟条约》相关规定为由，向欧洲法院提起诉讼。❶ 尽管欧盟各界对欧洲统一专利制度持积极态度，但由于所牵涉问题繁多，且需多方协调，欧洲议会法律事务委员会于 2011 年 12 月 21 日决定将此事延至 2012 年讨论。

由于无论是政府、企业还是社会公众基本上均广泛认同统一专利司法权、创建欧盟专利法院的重要性，随着此项工作的艰难推进，终于在 2012 年 6 月 29 日的欧洲理事会会议上，欧盟成员国就争论多年的欧洲统一专利法院中央法庭所在地选址问题达成一致，决定将巴黎作为统一的欧洲专利法院一审法院中央法庭及院长办公室所在地，且首任院长将来自法国。同时，统一的欧洲专利法院将在德国慕尼黑和英国伦敦分设两个技术分院。❷

2013 年 2 月 19 日，在欧盟竞争理事会会议上，除西班牙、波兰和保加利亚外，欧盟 27 个成员国中的 24 个就建立统一专利法院签署协议。这标志着欧盟在推进欧洲统一专利制度进程方面取得了又一重大进展。值得注意的是，原本和西班牙意见一致的意大利此次没有对文件签署提出异议，尽管其仍徘徊于统一专利制度外围，但同意将当前体制下产生的有关授权专利的任何纠纷交由统一专利法院审理。

2013 年 4 月 16 日，欧洲法院认定欧盟理事会在欧盟 25 国范围内启动"强化合作程序"的做法"可以接受"，这从根本上消除了有关创建欧洲统一专利和统一专利法院合法性的顾虑。根据欧盟成员国达成的协议，欧洲统一专利制度将在包括德国、法国和英国在内的至少 13 个欧盟成员国批准后生效。

值得注意的是，意大利于 2015 年 5 月宣布加入统一专利并审议通过统一专利法院协议，意大利众议院随后于 6 月通过了支持意大利加入"强化合作程序"的决议，对参议院早于 2013 年的决议予以了支持。随后，意大利于 9 月 30 日正式提交加入针对统一专利制度的"强化合作程序"的申请，此举令承认该举措合法的欧盟国家增至 26 个。

但截至 2015 年 8 月 10 日，仅有 8 个成员国（奥地利、法国、瑞典、比利时、丹麦、马耳他、卢森堡和葡萄牙）签署批准，3 个必须通过的国家中，目前只有法国通过审批，德国已开始审批进程，而英国则由于大选等原因要

---

❶ 西班牙和意大利两国难以对欧洲统一专利制度达成共识的最大障碍在于专利申请语言问题，两国认为其本国语言未被纳入该专利体制，一方面表明其语言未得到应有的尊重，另一方面由于其国内企业不能使用本国语言申请专利，有可能因翻译成本问题阻碍其中小企业竞争力提升，同时会对使用 3 种官方语言的欧盟国家的企业提供不正当的竞争优势。

❷ 慕尼黑分院管辖机械工程领域的案件，伦敦分院管辖化学（包括医药）和人类生活必需品领域的案件。

面临推迟的可能,13个国家签署协议尚未最终完成。❶

第二部分 欧洲统一专利制度的主要内容

欧洲统一专利制度的引入,意味着1件专利将在参与统一专利保护制度框架的欧盟26个成员国内统一生效、由统一专利法院受理相关专利纠纷。

一、欧洲统一专利（Unitary Patent, UP）

欧洲统一专利,又称"具备统一效力的欧洲专利",由欧洲专利局根据EPC规则和程序授予专利权,自授权公告起1个月内,根据权利人的申请,在参与统一专利保护制度框架的26个成员国提供统一保护并具体统一效力,有效期自申请日起20年。

欧洲统一专利将与欧洲各国专利和传统的欧洲专利并存。欧洲统一专利一旦被注册,则无法回到传统的欧洲专利。权利人可以选择单独或组合方式寻求对专利的最佳保护,例如,在参与统一专利框架的26个欧盟成员国内申请具有统一效力的欧洲统一专利,也可将统一专利与一件在一个或多个没有参与统一专利框架的EPC成员国（如西班牙、瑞士、土耳其、挪威、冰岛等）具有效力的传统欧洲专利进行组合使用。❷

2013年1月20日,有关统一专利保护和专利文本翻译的两份条例草案正式生效,但其将延至UPC协议生效后施行。根据关于统一专利保护的条例草案第22条第4款,只有在条例被适用之日或其后得到授权的欧洲专利才有资格请求获得统一专利保护。

在欧洲统一专利制度下,参与成员国将授权欧洲专利局行使以下职责:

1. 受理和审查要求具有统一效力的欧洲专利申请;
2. 登记具有统一效力的欧洲统一专利;
3. 在过渡期内公开相关翻译;
4. 建立并维护一个新的"统一专利保护登记机构",其职责包括对统一专利的出让、转让、失效、许可、限制或废止等信息的管理;
5. 收取统一专利年费,并按比例将部分年费分配到参与的成员国;❸

---

❶ Benoît Battistelli. Unitary patent-An attractive option for the renewal fee [EB/OL]. [2015-06-26]. EPO官网博客.

❷ 卫军,任晓玲.浅析欧洲单一专利制度的实质内容 [J].中国发明与专利,2013 (11).

❸ 根据欧盟成员国2012年12月17日签署的有关统一专利保护问题的条例,欧洲专利局将保留50%的专利年费,其余部分将依据相关规定,基于公平、公正、合理的原则分派到各成员国:(1) 专利申请量;(2) 市场规模,但同时亦要确保参与国的最低分派额;(3) 对官方语言为非欧洲专利局官方语言、专利活动水平极低以及新近申请成为欧洲专利组织成员国的参与国给予一定量的补偿。

6. 管理费用减免机制——对部分采用欧盟其他官方语言（即英语、法语、德语之外的语言）提出申请的申请人减免翻译费用（最多可全免）。

上述新职责与欧洲专利局根据其内部规则进行的单方登记职责相符合。此外，相关人员若对欧洲专利局作出的与统一专利保护有关的决定有异议，可诉至统一专利法院。

二、欧洲统一专利法院（Unified Patent Court，UPC）

专利权的地域性、司法权以及语言问题一直影响着欧洲专利制度的发展，而司法权问题更是影响欧洲专利制度发展的核心问题。在现行欧洲专利制度下，EPC 缔约国法院和授权机构均有权对欧洲专利的侵权和无效纠纷予以审理，由此产生如下不便和不稳定因素：因判定标准和人员水平存在差异，进而招致裁决结果不一致等法律不确定性风险，例如，在考量商业方法、计算机软件以及胚胎干细胞研究的可专利性问题上，欧洲专利组织成员国内部以及和欧洲专利局之间就存在多种声音；不利于专利权方实施以及第三方寻求撤销欧洲专利；诉讼当事方须在每一个案件涉及的国家分别提请诉讼，进而造成专利纠纷审理费用高昂；诉讼当事方可利用各国法院对 EPC 以及程序性法律相关解释、审理进度以及损害赔偿金的差异，挑选有利于自己的法院择地行诉。

目前仅欧盟 26 个成员国签署了《统一专利法院协议》（简称 UPC 协议），决定设立欧洲统一专利法院。此 UPC 协议提供了 7 年的过渡期（可视需要延长）。即，在 UPC 国内认可生效后 7 年内，诉讼当事人仍然可选择以现行方式进行专利诉讼。UPC 协议计划在欧盟地区建立数级对专利案件具有专属管辖权的专利法院。

设立统一专利法院的相关工作由一个专门的筹备委员会负责，目标是尽快完成设立一个能有效运行的统一专利法院（UPC）的相关准备工作（涉及法律、行政管理、财务等多个领域）。但根据统一专利法院筹备委员会在其官方网站上发布的最新工作进程，统一专利法院的筹备工作在 2015 年年底之前还无法全部就绪。❶

（一）机构设置

新创建的统一专利法院受理欧洲统一专利和传统欧洲专利的诉讼，其由一审法院、上诉法院以及登记处组成，具体设置如下：

1. 一审法院（Court of First Instance）

分散的一审法院由一个中央法庭以及位于各成员国的地方法庭、地区法

---

❶ 来源：http://unified-patent-court.org/images/documents/roadmap-201409.pdf。

庭组成。一审法院的中央法庭主要负责专利权宣告无效，地方法庭、地区法庭主要负责专利侵权诉讼。

一审法院中央法庭设于巴黎，主要审理物理、电子、计算机科学、织物/纸类、固定结构等专利案件（国际专利分类 B、D、E、G、H 类）；涉及特定主题的专利案件将交由中央法庭设在伦敦和慕尼黑的分法庭集中处理，其中慕尼黑分院管辖机械工程领域的案件（国际专利分类 F 类），伦敦分院管辖化学、冶金以及人类生活必需品类型的专利案件（国际专利分类 A 类及 C 类）。

原则上，协议缔约成员国可依据协议规则申请设立 1 个地方法庭，但在 UPC 协议生效前或之后连续 3 年专利案件受理量超过 100 件的欧盟成员国，可提出加设地方法庭的请求，每个成员国设立地方法庭的数量最多不能超过 4 个。同时，可应两个或以上的成员国的请求建立地区法庭，地区法庭可听审涉及多国的专利案件。但目前的设立地点还没有确定。

2. 上诉法院（Court of Appeal）

对一审法院决定不服，可向设置在卢森堡的上诉法院提出诉讼。上诉法院的判例对地方法庭、地区法庭具有统一的指导作用。

3. 登记处

统一的登记处在每个一审法院分庭设有分支机构。

此外，统一专利法院还将在匈牙利的布达佩斯设立法官培训中心，以及分别在葡萄牙的里斯本和斯洛文尼亚的卢布尔雅那设立专利仲裁和调解中心。

（二）法官选任

统一专利法院法官由各国具备法律资质的法官和具备技术资质的法官组成。一审法院的法官由来自不同国家的 3 名人员组成。

对地方一审法庭而言，在 UPC 协议生效前或之后连续 3 年专利案件受理量低于 50 件的欧盟成员国，审判庭人员应由该成员国 1 名具有法律资质的法官和 2 名从法官人选名单中挑选的非该成员国的法官组成；而受理案件量高于 50 件的欧盟成员国，审判庭人员应由该成员国 2 名具有法律资质的法官和 1 名从法官人选名单中挑选的非该成员国的法官组成。

对地区一审法庭而言，审判人员应由该地区的 2 名具有法律资质的法官和 1 名从法官人选中挑选的该地区外的具有法律资质的法官组成。

上诉法院的审判庭则由来自不同国家的 5 名法官组成，其中 3 人具备法律资质，2 人具备技术背景。

此外，法官由成员国从独立委员会提供的专利从业人士名单中选定。案件必须由有资格在国内法院出庭的律师或有资质的欧洲专利律师代理。[1]

---

[1] 卫军，任晓玲. 浅析欧洲单一专利制度的实质内容［J］. 中国发明与专利，2013（11）.

（三）管辖权

《建立统一专利法院协定和法令草案》第 15 条对统一专利法院的司法管辖权问题作出详细规定，它将在下列方面享有专有管辖权（exclusive jurisdiction）：❶

（1）对于专利及其补充保护证书（SPC）和相关抗辩，包括对许可的反诉等造成实际的或潜在的侵权威胁引发的诉讼案件；

（2）不侵权宣告之诉；

（3）临时性、保护性措施和禁令引起的诉讼；

（4）专利撤销之诉或反诉；

（5）已披露的专利申请的临时保护导致的损害赔偿诉讼；

（6）专利授予前该发明的应用或者基于专利在先使用引起的诉讼；

（7）对基于《关于在建立统一专利合作方面实施强化合作的条例的建议》第 11 条的专利许可进行补偿引起的诉讼；

（8）欧洲专利局在基于《关于在建立统一专利合作方面实施强化合作的条例的建议》第 12 条履行职责时所做决定引起的诉讼案件。

值得注意的是，统一专利法院不仅对欧洲统一专利具有管辖权，其对传统的欧洲专利诉讼也具有专属管辖权。但是，在过渡期内是否采用统一专利法院管辖，诉讼费用的高低是一个十分重要的因素。

三、工作语言和文本翻译

鉴于欧洲专利局负责欧洲统一专利的审批和诉讼，未来欧洲统一专利制度将采用与欧洲专利一样的体制，即可选择德语、英语、法语任一语言作为未来欧盟统一专利的申请和授权公布语言。欧洲统一专利制度实施过渡期（最长为 12 年，始自 UPC 协议生效后）结束后，在授予欧洲专利后，如果权利人选择统一专利，则对专利说明书不要求进一步的人工翻译，高质量的自动翻译❷将能够呈现专利内容。

但在自动翻译系统不断完善的过渡期内（不超过 12 年），为了确保所有具有统一效力的欧洲专利都能够以英语这一广泛用于科技研究和出版的语言形式存在，关于统一专利翻译安排的欧盟理事会决议［（EU）No1260/2012］规定：若在欧洲专利局相关程序中使用的语言为法文或德文，则权利人须提供该欧洲专利说明书的完整英文翻译；若在欧洲专利局相关程序中使用的语

---

❶ 张怀印. 欧盟统一专利法院研究［R］. 2015 年高层次人才知识产权法律培训班.

❷ 对于官方语言的翻译部分，欧洲专利局计划将提供免费在线计算机翻译程序（与 Google 合作）以供申请人准备相关专利文件的翻译。

言为英文,则权利人须提供一份该欧洲专利的其他欧盟国家任一种官方语言的翻译。因此,过渡期内欧洲统一专利的优点并不能充分发挥。

值得注意的是,经机器翻译的文本只适用于信息收集,不具备法律效力。在发生纠纷时,经法院或被诉侵权方的请求,专利权利人须提交完整的经人工翻译的专利文本,语言为发生被控侵权行为或被控侵权人所居住的统一专利制度参与国官方语言,所产生的翻译费用由专利权人承担,机器翻译不对涉及纠纷的专利文本进行翻译。

同时,对于居所或主营业所在欧盟成员国的中小企业、自然人、非营利组织、大学和公共研究组织,将适用费用减免机制;当上述申请人使用英、法、德之外的欧盟官方语言提出申请时,申请翻译费用将得到减免(最多可全免)。❶

若申请人希望在西班牙取得专利,仍须依据 EPC 的规定,个别指定进入该国,并将专利申请说明书和权利要求译为国家官方语言。若申请人期望在参与《伦敦协议》❷的非欧盟国家提出专利申请获取专利权,也须遵循一定的原则。❸

第三部分 欧洲统一专利制度的发展

目前欧洲统一专利制度已具雏形,但其因实际业务方面的持续调整而未能予以最终实施。客观来说,这一新制度尽管有着潜在的显著优势,其未来的发展却仍面临着诸多困境而导致暂时无法形成。

一、欧洲统一专利制度潜在的优势

(一)简化专利权生效程序、降低申请成本

欧洲统一专利制度产生的最直接影响无疑是使得欧洲地区的专利申请多了一种新选择,专利申请人可通过一次申请即获得在欧盟所有成员国均有效的、超越地域性限制的统一专利权。显然,创建欧洲统一专利制度有利于简

---

❶ 卫军,任晓玲. 浅析欧洲单一专利制度的实质内容 [J]. 中国发明与专利, 2013 (11).

❷ 根据 2008 年 5 月 1 日正式生效的《伦敦协议》,如果缔约国的官方语言为欧洲专利局任一官方语言(英语、法语和德语),将根据《欧洲专利公约》第 65 条(1)完全免除专利翻译要求;如果缔约国的官方语言中不包含欧洲专利局官方语言,则有权要求申请人将欧洲专利申请的权利要求翻译成该国指定的一种官方语言。此外,根据《伦敦协议》第 1 条(2)的规定,上述国家还可要求申请人将欧洲专利申请的说明书全文翻译成该国指定的一种欧洲专利局官方语言。对于未指定任何语言的缔约国,申请人则无须提交说明书译文。

❸ 申请列支敦士登、摩洛哥及瑞士等国家的专利可省却翻译要求;申请克罗地亚及冰岛专利,须将欧洲专利的权利要求分别译为克罗地亚文及冰岛文;申请阿尔巴尼亚、马其顿、挪威、圣马力诺、土耳其和塞尔维亚的专利,需将专利申请说明书和权利要求译为其国家官方语言。

化专利权生效程序、大幅降低欧盟范围专利的申请和授权费用、减轻申请人的经济负担。

据欧盟委员会估测，随着统一专利制度的引入，在过渡期内，1 件专利若在欧盟 27 国生效（包括意大利和西班牙国家专利在内），其费用将从以往的 32 000 欧元锐降至 6 500 欧元，节省近 80% 的费用。据此推算，申请人每年因此节省的费用高达 5 000 万欧元。而机器翻译全面投入运作后，1 件统一专利的审批费用则会降至 680 欧元。

欧洲专利组织行政管理委员会下属的专职委员会在 2015 年 6 月 24 日以四分之三多数通过了欧专局递交的"True Top 4"统一专利年费提案。根据该提案，统一专利的年费水平将等同于目前欧洲专利指定生效最多的四个国家（德国、法国、英国和荷兰）的年费之和。此次专职委员会作出的针对统一专利年费的决定，使得欧洲范围内统一的专利保护体系建设又迈出了重要一步。❶

（二）解决专利案件审判结果不统一的问题

欧洲专利司法权的不统一带来的不利后果主要表现在两个方面：一是某一成员国的法院在审判中对于涉及多个外国专利的案件无管辖权；二是各国法院对于统一案件判决结果不一致。

基于此，建立欧洲统一专利制度能够避免在现行欧洲专利制度下可能出现的同一件欧洲专利或同一种行为在不同的成员国法院判决不同的现象，极大地改善当前多国法院管辖专利纠纷以及判决结果不一致的局面。

（三）推动欧洲经济发展、促进技术创新

创建欧洲统一专利制度在方便申请人和提高专利的法律确定性的同时，更是与欧洲经济发展密切相关。由于申请程序的简化以及申请成本的降低，自然会吸引更多的欧盟内部研究机构、中小企业和个人参与创新，并提高保护其创新成果的热情，而随着欧洲统一专利制度的创建，简便的申请程序和较低的申请成本必然会招致更多非欧盟国家申请人对欧盟市场的青睐，也必将给欧盟市场带来更多的新产品和新创造，从而积极推动欧洲经济发展、促进技术创新。

此外，专利申请授权程序和异议、侵权审理程序的一致，可有效消除欧盟内部市场中因专利法律差异所带来的技术交流与合作的难度和风险，打破欧盟成员国之间新技术获取壁垒，保障欧盟内部市场创新活动顺利开展，从

---

❶ 来源：http://www.epo.org/news-issues/news/2015/20150624.html。

而在一定程度上刺激欧洲的创新。❶

二、欧洲统一专利制度面临的困境

（一）工作语言和文本翻译的困扰

在 2008 年 5 月 1 日《伦敦协议》未曾生效之前，欧洲专利持有者如果要在欧洲不同国家获得专利保护，就需将专利分别翻译成各国的语言提出申请，按 1 件欧洲专利在 7 个国家生效，平均需翻译成 5 种语言计算，费用为 7 000 欧元。而随着《伦敦协议》的生效，欧洲专利在 7 个国家生效，只需提供 2 种语言（本国官方语言和欧洲专利局官方语言）的说明书全文翻译和 3 种语言（欧洲专利局官方语言）的权利要求翻译，费用约为 3 600 欧元。欧洲专利文本翻译费用将因此降低 45%。❷ 然而，出于某些政治因素，时至今日，仍有包括奥地利、比利时、保加利亚等在内的 16 个欧盟国家未加入该协议，因此造成大部分欧盟国家无法享受专利文本翻译费降低所带来的惠利。

值得注意的是，对于采用统一专利的申请人而言，在不考虑翻译补助的前提下，在过渡期间内所新增的第二官方语言翻译的费用，可能比该申请人选择使用现行欧洲专利申请产生更高的费用。这是因为前述《伦敦协议》可能降低翻译费用之故。因此，申请人在计算及估计相关费用时，应特别注意《伦敦协议》的影响。

此外，在专利诉讼情况下，经法院或被控侵权人的请求，专利权人仍需将专利申请文件以人工方式翻译成指定官方语言。

（二）法官遴选和法官培训的困难

《建立统一专利法院协定和法令草案》对法官的遴选作了初步规定。该草案第 10 条第 1 款提出：统一专利法院的法官要确保高标准并在专利诉讼领域有丰富的经验，而第 6 条规定每一审判庭要由来自不同成员国的法官组成。

根据欧盟委员会的估计，到 2022 年过渡期截止时，将需要 101 位全职法官和 4 位兼职法官。目前，欧盟各国的专利审判的专业化程度存在很大差异，法院运用的积累和上诉法院的判例积累也不同，在英国、德国、荷兰、法国这些国家，专利案件较多，也有很多知识产权专业律师和法官，而一些东欧国家专利诉讼较少，其专业的知识产权诉讼人士就较少。因此，如果要求审判庭的组成人员一定是不同国别的资深专利诉讼人员，那么培训如此多的合

---

❶ 卫军，任晓玲. 浅析欧洲单一专利制度的现实意义及欧专局在其中的职责 [J]. 中国发明与专利，2014 (1).

❷ 卫军，任晓玲. 浅析欧洲单一专利制度的实质内容 [J]. 中国发明与专利，2013 (11).

格的法官将是非常困难的事情。❶

(三) 专利申请人的担忧

尽管从表面上看欧洲统一专利制度能带来简化申请程序、降低申请成本以及提高专利权保护一致性的优点，但当专利申请人在考虑是否要选择统一专利时，申请人应深入分析其所欲保护区域的相关法律制度，有助于更好地维护自身权益。

1. 关于统一专利

表面上，相较于必须个别地取得各欧洲国家专利而言，统一专利似乎可以便利地提供较为宽广和便捷的保护。但是，在专利无效的观点来看，有可能产生不一致的结果。

举例来说，申请人可选择独立地申请并取得 A 国及 B 国两个国家专利 a 及专利 b。此时专利保护范围仅限于 A 国及 B 国。因为 A 国与 B 国的专利法对于现有技术的规定并不相同（例如，对申请在前公开在后的抵触申请的规定不同，或是对于申请目标的申请前公开有不同的宽限期，或是对于特定对比文件的证明力有不同的解读等），有可能产生某现有技术文件 X 可以作为成功无效专利 a 的证据，但无法用于无效专利 b。假设某竞争对手以现有技术文件 X 为证据成功地无效专利 a，但无法成功地无效专利 b，则该申请人仍然可在 B 国拥有专利保护。❷

假设申请人当初选择统一专利，则竞争对手可能仅用前述现有技术文件 X 作为证据而在单一程序中将申请人的统一专利无效。专利申请人在享受申请便利的同时，也同时承担了可能被竞争对手"一枪毙命"的风险。因此，申请人在考虑是否选用统一专利时，对于可能发生的区域性不一致的问题也应有所掌握。

此外，专利的维护也可能产生相同的问题。承前例，申请人可以独立地选择是否要继续维护专利 a 或专利 b。例如，该申请人的产品在 A 国需要专利 a 的保护但其产品已经于 B 国停止销售，则该申请人可选择仅维护专利 a。然而，若申请人当初选择的是统一专利，则可能根据产品地域性来弹性地选择是否进行专利维护。这也是值得专利申请人考虑的因素之一。❸

2. 关于统一专利法院

虽然以技术领域来决定审理范围能使特定法院较为熟悉某技术领域的案件，但可预期的是在某些情况下可能造成诉讼当事人负担更多的费用。例如，

---

❶ 张怀印. 欧盟统一专利法院研究 [R]. 2015 年高层次人才知识产权法律培训班.

❷❸ 孙大龙，等. 2014 年国家知识产权局赴西班牙阿利坎特大学 ML 知识产权项目专利和技术转移模块团组学习报告 [R].

位于法国生化领域专利权人若必须到位于伦敦的一审法院应诉，则可能产生较高的诉讼费用。此类增加的诉讼费用可能迫使该专利权人放弃应诉或是接受较不利的和解条件。申请人在选择是否申请选择统一专利法院时，也应考虑此类可能产生的风险。

统一专利法院的另一个潜在问题在于，目前签署会员国对于间接侵权的认定标准不一。在签署会员国不能给予统一专利优于其国内专利的前提下，统一专利法院对于专利间接侵权的判断恐与国内法院产生分歧。举例来说，A国对于间接侵权的认定包含了进口主要用于侵权用途的关键组件，而B国对于同样情形则不认为其成立间接侵权或未有明确规定。专利申请人在选择是否申请选择统一专利法院时，也应考虑前述可能产生的问题。❶

对于统一专利法院的担心集中在法院未来运行的不确定性上。这种不确定性主要是对法院的运行是更接近现在的德国法院还是更接近英国法院的疑问。此外，还有一些专家指出，统一专利法院是否会成为目前在美国已经相当活跃的"专利流氓"将其活动扩展到欧洲的途径。

结　语

归根结底，政治利益的纠葛一直是欧洲专利制度一体化中的重要影响因素。由于欧盟各成员国在专利申请和授权数量、专利保护水平、对专利制度的依赖程度等方面各不相同，出于自身利益的考量，各成员国对欧盟统一专利制度的态度存在很大的不同，由此造成欧洲统一专利制度在未来的发展和实施过程中仍将遭遇一定的困难。

随着中欧贸易往来的不断深入，越来越多的中国企业开始寻求在欧洲对其创新结果予以专利保护。目前，中国向欧洲专利局申请专利的数量增长显著。根据EPO年度报告显示，2012年中国中兴通讯跻身专利申请数量第十名，2014年中国华为公司以1 600项专利申请数量名列第五。中国企业积极进军欧洲海外市场的信心由此可见一斑。而我国2015年上半年在美国、日本、韩国、欧洲等专利申请量比去年同期增长32%以上，这说明我国企业用专利保护自己，拓展国际市场的意识正在增强。

若欧洲统一专利制度在实践中得以实现，它也将成为中国专利申请人在欧洲申请专利保护的可选择途径之一，从而可有效降低中国企业在欧盟提交专利申请的成本和专利维持费用。同时，中国企业应加强对欧洲统一专利制

---

❶ 孙大龙，等.2014年国家知识产权局赴西班牙阿利坎特大学ML知识产权项目专利和技术转移模块团组学习报告 [R].

度的关注和研究，充分了解欧洲统一专利的取得方式、权利内容与救济途径等具体制度内容，更有效地借助专利技术开拓欧洲市场，这也是维护自身利益、提升专利竞争力的必然要求。❶

---

❶ 卫军，任晓玲. 浅析欧洲单一专利制度的现实意义及欧专局在其中的职责［J］. 中国发明与专利，2014（1）.

芬兰专利审查制度变革与实践

机械发明审查部　刘　建
光电发明审查部　范文扬

摘　要：在经济衰退和欧洲统一专利制度的双重压力下，芬兰专利注册局并没有止步不前，而是不断调整审查标准、优化流程、加强服务，为激励创新、推动发明创造的应用、促进本国经济社会发展作出贡献，本文重点从芬兰专利制度和审查实践两个方面的调整变化进行阐述，并提出完善我国专利制度的建议。

关键词：芬兰　专利制度　审查实践

地处北欧的芬兰，面积为33.8万平方公里，人口仅有540万，但根据世界经济论坛发布的《2014－2015年全球竞争力报告》，芬兰入选全球最具创新力国家五强。[1]

芬兰在知识产权方面具有悠久的历史和完善的体系。芬兰知识产权制度始于1835年，经过一百多年的发展，已较为成熟和完备，拥有一整套有效的现代知识产权保护体系。与很多国家一样，芬兰的知识产权法律包括专利法、商标法、实用新型法、外观设计法、植物育种者权利法和版权法，这些法律法规的制定和实施为芬兰的技术创新和经济发展做出了重要贡献。

芬兰的专利事务曾先后由芬兰参议院财政部、制造委员会、工业委员会和贸易及工业部进行管理，1842年芬兰参议院颁发了首个专利。芬兰国家专利注册委员会创建于1942年，2013年后更名为芬兰专利注册局（简称芬兰局），是就业经济部下设的行政管理单位。截至2014年年底，芬兰局共有工作人员405人，其中专利审查员126人。[2]

芬兰局主要负责涉及发明专利申请、实用新型、外观设计的审查和商标注册。2015年，芬兰局共收到1 416件发明专利申请，1 005件PCT国际申请，436件实用新型申请，352件外观设计申请以及3 286件商标注册申请。[3]

---

[1] 芬兰入选世界经济论坛最具创新力国家五强［EB/OL］. http://world.huanqiu.com/hot/2015-07/7023810.html。

[2] 来源：https://www.prh.fi/en/presentation_and_duties/historia.html。

[3] 来源：芬兰专利注册局网站 https://www.prh.fi/stc/attachments/tietoaprhsta/vuosikertomus/PRH_Vuosikertomus_2015_epdf_medres_ENG.pdf。

随着欧洲专利一体化进程的推进，在欧洲专利局（EPO）的竞争压力下，芬兰局不断完善其专利制度和审查实践，不断调整优化审查流程和质量管理，注重为国内创新主体提供更全面、更贴心的服务，其中很多改革和实践具有借鉴意义。

一、芬兰专利制度

从1842年颁发第一件专利，芬兰专利制度经历了一百多年的发展，形成有专利法、专利指令（DECREE）以及规程（REGULATION）等较为完善的专利法律法规体系。一方面，作为EPC的成员国，芬兰在专利制度上与欧洲有很多相似之处。由于芬兰局每年受理的专利申请量在千件水平，法院的知识产权案件数量少，[1] 因此，芬兰局审查员在审查实践中也更多地借鉴EPO的判例作为指导。另一方面，面临芬兰经济陷入衰退以及欧洲专利一体化的双重压力，芬兰局认识到专利制度和审查标准必须适应国内创新主体的需求，不断作出调整以激励创新，从而更好地服务于芬兰经济社会的发展。

（一）新颖性的审查标准

1. 互联网证据的使用

根据芬兰局《专利审查指南》（Patenttikasikirja）的规定：[2] 现有技术公开的方式包括出版物公开、使用公开和以其他方式公开，在申请日前公开的任何证据均可以使用。芬兰局审查员在审查过程中可以检索和考虑使用包括维基百科、Internet Archive[3] 以及视频网站 YOUTUBE 上的证据评价专利申请的新颖性和创造性。

2. 权利要求中的所有特征均应考虑

根据芬兰局《专利审查指南》E3.4.1的规定：权利要求所记载的所有特征在评述新颖性时均应考虑在内。

例如，对于一项发明名称为"可透气的植物贮存器"的专利申请，其权利要求1相对于现有技术不具备新颖性，其权利要求2为"如权利要求1所述的可透气植物贮存器，所述的合成微孔薄片材料为包含聚烯烃类聚合物丛丝薄膜原纤维的闪蒸法丛丝织物"，其中"闪蒸法"的制备方法并没有在对比文件中公开。对此，EPO审查员认为该织物的制备方法并没有对权利要求所要求保护的主题"可透气织物贮存器"产生实质影响，因为该制备方法没有导致产品具有某种特定的结构，因而在权利要求1不具备新颖性的情况下，

---

[1] 2013年9月至2014年8月，市场法院受理的涉及知识产权的注册和纠纷案件不足200件。

[2] 来源：https://www.prh.fi/en/patentit/theabcofpatenting/whatcanbepatented.html。

[3] 自1996年成立起，The Internet Archive（也叫"网站时光倒流机器"，Wayback Machine）定期收录并永久保存全球网站上可以抓取的信息。

认定该从属权利要求也不具备新颖性。而芬兰局的审查员认为在评述新颖性和创造性时，会将权利要求所记载的特征皆考虑在内，由于对比文件没有公开该织物的制备方法，因此权利要求2具备新颖性，但考虑到该制备方法应该是很常规的技术手段，因而应该评述权利要求2不具备创造性。

（二）创造性的审查标准

1. 现有技术需给出明确的技术启示

与EPO的创造性评价方式相同，芬兰局也是采用问题技术解决方案（PSA）的判断方法，回答5个问题，即：最接近的现有技术？区别技术特征是什么？区别技术特征带来的技术效果？客观上解决的技术问题？本领域技术人员采用权利要求限定的技术方案能否解决上述技术问题？

在判断要求保护的发明对本领域的技术人员来说是否显而易见的过程中，芬兰局审查员倾向于在现有技术中找到明确的技术启示，才会考虑用来评价创造性。而且，如果区别技术特征在第二份对比文件披露，但该第二份对比文件的技术领域远离发明的技术领域，也不能认定"有动机"进行结合。他们认为采用这种严格的判断方法，公众、专利申请人可以事先预测到专利局审查员和法院的审理结果，从而将创造性的主观随意性减少到最低程度，增强创造性判断的确定性。

例如，芬兰申请"一种武器的枪口套，包括至少一个罩体（2）置于枪口和保护盖（3）上，其中包括保护盖锁定装置以将保护盖锁紧在枪口前，其特征在于：在罩体的锁定装置具有锁紧位置（2b），在该位置处成形安装（form fitted）保护盖"，审查员检索获得两篇现有技术，一篇对比文件是猎枪的瞄准镜的可旋转盖，用于保护瞄准镜不会进水或灰尘；另一篇是枪口套，通过边缘的卡合部卡在枪管上。由于检索发现在枪管上的盖非常少见，现有技术并没有给出明确启示将常见的瞄准镜盖应用到枪管（尽管领域相当接近）的防尘防水。因此，仅凭瞄准镜上普遍常见的保护盖不能影响枪管盖的创造性。

2. 尽可能引用证据进行评述

对于一项既包含技术特征，又包含非技术特征的权利要求，EPO会对技术特征和非技术特征进行区分，如果非技术特征不对要解决的技术问题产生作用，则只基于技术特征来考虑新颖性或创造性；而且，如果除去非技术特征后的技术特征在本领域中属于公知常识，可以不引用对比文件直接评述其新颖性或创造性。但是，芬兰局的审查员审查时，虽然也会将非技术特征不予考虑之后的方案作为判断基准，但是他们会检索一篇最接近的现有技术，通过与现有技术的对比，确定其差异是非技术性的，不对技术效果产生贡献，从而不具备创造性。

例如，"一种为网店个人客户提供电子产品目录的方法，该方法包括：提供在线访问,可供购买的产品电子目录;从在线客户接收部分电子目录请求,其中该部分对应于在电子目录所代表的产品的一个子集;识别由客户预先放置相关的订单;将上述相关订单与产品子集建立关联;用相关订单信息补充部分电子目录;和返回上述部分电子目录提交给客户;即在浏览电子目录过程中将以前的订单信息发送给顾客"的专利申请,该申请涉及技术特征部分包括计算机系统服务器、客户和数据传输、电子目录、数据库(以前的订单);非技术特征部分属于商业方法,包括销售系统和为已购产品建立的用户间的应用软件。EPO指出上述技术特征部分的特征属于公知技术,检索报告中未列出对比文件,直接评述了新颖性。芬兰局审查员则会对权利要求的所有特征进行检索,给出技术特征部分的公知常识证据并指出非技术特征部分缺乏技术贡献。

虽然可能最终的结果还是驳回,但芬兰局希望通过这种做法给申请人提供更多信息,也有利于国内申请人获得该检索报告在向外申请时考虑,体现芬兰局为申请人考虑和服务的一种举措。

(三) 改革实用新型制度

芬兰于1991年建立起实用新型体系,由于提交实用新型申请必须使用芬兰语或瑞典语,申请人主要是芬兰国内申请人;同时,申请量排在前面的两个技术领域主要涉及化学和通信领域,因此,基于本国产业经济发展的需要,近年来,芬兰意识到实用新型专利制度不仅是为那些不能满足专利标准的发明创造提供排他性保护,而且,还应作为专利制度的辅助手段发挥出更大的作用。因此,芬兰于1995年、2006年、2008年、2010年、2011年、2013年对实用新型法进行了多次修订,❶ 推出的一系列改革举措,包括保护期由8年延长至10年(需要每隔4年续展一次);删除实用新型专利所要保护的发明创造必须具有一定的形状、结构或构造的要求;将保护客体扩展到化合物、食品、药品、微生物以及计算机程序,但方法不属于实用新型保护的客体;允许申请人将发明专利申请转为实用新型申请,同时不再要求将原发明专利申请进行放弃处理。任何人可以请求对注册的实用新型进行新颖性检索,申请人也可以要求对其申请进行新颖性检索。

二、审查实践的变革

随着1996年3月1日芬兰加入欧洲专利公约成为EPC成员国,芬兰局收到的国内专利申请逐渐减少,国内申请人向EPO提交的专利申请不断增多。为了鼓励申请人向芬兰局提出专利申请,芬兰局从专利申请咨询服务、申请

---

❶ 来源:https://www.prh.fi/en/hyodyllisyysmallit/lainsaadantoa/hyodyllisyysmallilaki.html。

流程、审查效率等多个方面进行了改进,以提高客户满意度。

(一) 提高效率

1. 缩短审查周期

芬兰局采用独具特色的审查周期控制方法缩短审查周期,使审查更快、更有效率地进行。

由于审查员的审查能力不同,在岗时间不同(例如休假、出差、培训、担任其他兼职任务等),因此总会有一些"不走运"的案件会恰好分配给审查速度慢或恰好出差不在的审查员,造成一部分申请人等待时间过长。

芬兰局制订了审查员能力评估表和审查员年度在岗工作计划,将不同级别审查员的审查能力和工作时间的差异因素纳入案件分配的考虑中,更科学有效地进行审查周期控制。

从图 1 可以看出,通过改革,尽管平均审查周期没有变化,但改进后的方案,即考虑了审查能力因素和审查员时间安排情况进行案件分配的方案消除了超长周期的那部分案件,提高了组织的整体效能。

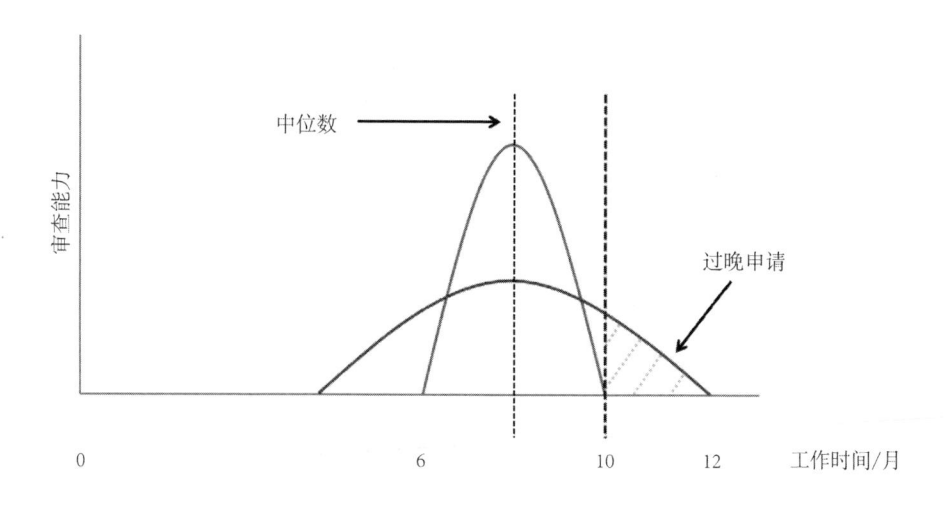

图 1 审查能力和工作时间的差异因素纳入案件分配前后的审查周期变化

2. 增加申请语言

2011 年 6 月 17 日修订后的芬兰《专利法》第 8 条规定,申请人可以英文向芬兰局提交发明专利申请,当选择英语作为处理语言时,全部文件(申请文件、审查意见和答复)必须使用英语,但在申请公开前,说明书摘要和权利要求书需要翻译为官方语言(芬兰语或瑞典语)。此外,根据第 8 条的规定,芬兰局还可以受理除英语、芬兰语和瑞典语外的其他语言提交的申请并获得申请日,但在提交上述 3 种语言的翻译文本后才能进行审查。

芬兰专利法的这项改革，降低了申请成本（节省了说明书翻译费用），使得国内申请人向外提交申请变得更便利，特别受到那些公司工作语言为英语的芬兰企业的欢迎。2013年以英文提交的专利申请数量就增长至853件（当年的专利申请总量为1 737件），约占49%。❶ 同时，这项举措也将会方便其他国家包括中国企业在芬兰获得专利，他们将不再需要将专利文件翻译成芬兰语和瑞典语。

（二）提升质量

1. 完善质量管理体系

迫于生存的压力，芬兰局近年来在持续完善其质量管理体系。该局的质量控制在审查部门内分为两个等级，分别为PCT申请的质量控制和国内申请的质量控制。对于国内申请，主审作出第一次审查意见通知书后，需发送给本组的高级审查员审核，然后发送给处长，得到认可后才能发出；质量评估组（QAG）负责局级质检，收集并分析相关信息作出质量报告，发送给审查员和审查部门领导。

除了审查质检体系之外，芬兰局还早在2004年就开始建立符合国际标准ISO 9001：2000的质量管理体系，而这也是为该局审查员所自豪的，因为他们的更新速度远超EPO。自2006年芬兰局获得ISO 9001：2000标准的质量管理认证，2010年又更新为ISO 9001：2008的质量管理认证体系。自2006年芬兰局实施质量控制之后7年来，收集内部检查、外部检查和客户满意度调查等信息共同来推动质量的提升，通过高标准的检索工具和数据库为客户提供高质量的检索和审查意见通知书。

2. 增加授权后异议程序

在发明专利获得授权之后的9个月内，公众包括专利权人本人都可以针对该项专利提出异议。异议理由包括：新颖性和创造性、保护客体、修改超范围、发明是否清楚完整足以实施等方面是否合乎授权条件规范。异议程序是专利授权之后，除无效宣告程序之外的另一道关卡。异议程序仍由作出授权的原审查员主持（包括口审），高级审查员复核。针对芬兰局的异议决定可以在60天内上诉至市场法院（Market Court），针对市场法院的判决还可以上诉至芬兰最高行政法院。由于在异议程序中专利权人仍有权对专利申请作出修改，通过增设异议程序可以更好地保护专利权人的利益，保障授权专利权利稳定性。❷

---

❶ 来源：https://www.prh.fi/stc/attachments/tietoaprhsta/vuosikertomus/PRH_2013_vuosikertomus_eng.pdf.

❷ 来源：https://www.prh.fi/en/patentit/applyforanationalpatentinfinland/opposition.html。

3. 统一知识产权案件审理

2012年，根据知识产权司法保护的发展潮流和通行经验，芬兰司法部决定设立专门的知识产权法院（市场法院），对知识产权案件实行集中管辖和审理，审理与专利、实用新型、商标、商号、外观设计、集成电路、植物品种权和版权及相关权有关的所有民事诉讼，同时还将受理对芬兰局就工业产权作出的行政决议提起的上诉，例如有关知识产权注册和异议的上诉，该项改革已于2013年9月1日起正式实施。❶

为了保证市场法院拥有与技术和与知识产权案件相关的专业知识，市场法院将采用不同的人员组合审理不同的案件。根据案件本身的情况，除一名或多名拥有法律知识的法官外，市场法院审理知识产权事务的人员还可能包括一名或多名拥有技术专业知识的市场法院工程师，以及一到多名其他专家。对市场法院对知识产权民事案件所做判决提起的诉讼，将直接交由最高法院审理。当涉及行政性的知识产权注册事务时，对判决的上诉将由最高行政法院审理。但这两种上诉渠道都需要相关法院出具的上诉许可。❷

（三）优化流程

1. 鼓励申请人提交电子申请

芬兰局与EPO合作开发了eOLF（Epoline Online Filing），❸ 致力于改进电子提交系统使之更便于申请人使用；此外，芬兰局还为电子申请提交方式设置更优惠的政策，包括发明专利申请费为450欧元，而电子申请优惠费用为350欧元，工业设计申请费250欧元，电子申请则为200欧元，通过上述措施，电子申请率持续上升，2013年电子申请比例达到93%。❹

2. 加快审查

在竞争的压力下，芬兰局为芬兰专利申请人提供加快审查通道，承诺申请人可以自申请日4个月内收到第一次审查意见通知书，并在答复第一次审查意见通知书后1个月内发出第二次审查意见通知书。此外，对于绿色清洁技术和信息技术的申请、PPH途径的申请以及经济困难的申请人还可以免缴费用。❺

针对首先在芬兰提交专利申请的申请人，芬兰局一般要求发明专利申请

---

❶ 来源：https://www.prh.fi/stc/attachments/tietoaprhsta/vuosikertomus/PRH_2013_vuosikertomus_eng.pdf.

❷ 来源：http://www.wipo.int/wipolex/en/text.jsp?file_id=194109。

❸ 来源：https://www.prh.fi/en/patentit/servicesanddatabases/onlineapplication-eolf.html。

❹ Annual Report 2013 [R/OL]. https://www.prh.fi/stc/attachments/tietoaprhsta/vuosikertomus/PRH_2013_vuosikertomus_eng.pdf.

❺ 来源：https://www.prh.fi/en/patentit/applyforanationalpatentinfinland/processingofapplicationsatprh/fast-trackprocessing.html。

自申请日起6~10个月内发出第一次审查意见通知书。❶

上述政策使得专利申请在申请公开前即进行实质审查，可以帮助申请人在优先权期限内判断是否需要对申请文件进行进一步修改、申请的可专利性、是否需要进入其他国家等。

3. 专利期限延长

根据芬兰《专利法》第70a条规定❷，允许对医药或植物保护产品专利延长专利保护期限，以弥补产品安全性研究所花费的时间。补充保护证书（Supplementary Protection Certificate，SPC），通常可以申请5年的保护期限延长。如果所述医药产品适用于儿科或者正在进行需要的测试时，可以在5年的延长期基础上再要求延长6个月。但是，必须以芬兰或瑞典语提交申请表格并缴纳欧元。❸

（四）加强服务

1. 专利申请咨询检索服务

芬兰局为公众提供了3种咨询服务：①通过官网的专利咨询及信息服务；②通过电话或现场咨询提供客户服务；③专家服务，专利审查员作为法律专家和技术专家为公众提供现有技术检索、市场评估和技术咨询服务。

2014年，芬兰局为申请人提供一项新的在线初步审查（Online Preliminary Examination）服务。申请人可以在提交发明专利申请或实用新型申请之前，请求芬兰局审查员对其构思的技术方案进行快速地初步审查服务。芬兰局审查员与客户一起通过电话或者网络方式共享检索屏幕，在客户计算机上共同完成检索。检索结束后客户将会获得发现的相关文献，以帮助其完善希望申请的发明。检索费用90分钟300欧元。❹

2. 国际ITS类型检索

申请人基于各种考虑，可以就国内专利申请提出国际检索需求（International Type Search）❺，申请人可以选择芬兰局、瑞典局或欧专局进行这种检索，审查员在审查该申请时应该考虑该国际检索ITS报告。

3. 专利审查信息查询

芬兰局的所有审查文件均会在申请公开之时向公众公开，公众可通过芬兰局

---

❶ 来源：http：//www.sipo.gov.cn/dtxx/gw/2003/200804/t20080401_351960.html。

❷ 来源：https：//www.prh.fi/en/patentit/lainsaadantoa/patenttilaki.html。

❸ 来源：https：//www.prh.fi/en/patentit/applyforanationalpatentinfinland/maintainyourpatent/supplementaryprotectioncertificatesspc.html。

❹ 来源：https：//www.prh.fi/en/patentit/servicesanddatabases/searchservices/onlinepreliminaryexaminationoftheinvention.html。

❺ 来源：https：//www.prh.fi/en/patentit/pathakmaks/itstutk.html。

官方网站的"PatInfo"子栏目查询申请的所有审查过程信息。网站链接如下：

https://www.prh/fi/en/patentit/servicesanddatabases/freedatabases/patinfo.html。

（五）促进共享

截至2016年1月1日，芬兰局已经与美国、日本、中国、俄罗斯、韩国、德国、英国、瑞典、丹麦、挪威、冰岛、西班牙、葡萄牙、澳大利亚、以色列、匈牙利、加拿大、奥地利、捷克、新加坡、爱沙尼亚和北欧专利组织共22个国家和地区签订了PPH协议，❶ 其中全球PPH协议覆盖20个专利局以及2个双边PPH协议（中国和捷克共和国）。

截至2015年6月，由芬兰局审查后向外局提交的PPH请求数量为252件，由其他局向芬兰局提交的PPH请求数量较少，仅为11件。❷

根据中芬两局签署的PPH协议（2013年1月1日生效），包括PPH和PCT-PPH两种方式，截至2015年6月，由芬兰局向SIPO提交的PPH请求为25件（常规PPH 14件，PCT-PPH 11件），而芬兰局尚未收到来自SIPO的PPH请求。

统计显示，在芬兰局从递交PPH请求到获得通知书的平均时间为15天，一通授权率为80%。根据芬兰局发布的PPH申请指南，❸ 可以在申请的任何阶段提交PPH请求，PPH请求表格可以在芬兰局的官方网站上获得。

三、对完善我国专利制度的启示

（一）完善我局的质量保障体系，持续改进专利审查质量

芬兰局的实审和异议均是由3人共同处理完成，例如主审员准备发出审查意见通知书时，需由高级别审查员负责检查，处长负责对案卷的总体质量进行把握，这样大大增加了授权的稳定性。而我国专利局实行的是独立审查制，因此，芬兰局的质量管理体系从一定程度上比我局现行的独立审查制更能保证审查质量。

此外，芬兰局通过实施ISO 9001：2008质量管理认证体系，收集内部检查、外部检查和客户满意度调查等信息共同来推动质量提升的方式值得我局借鉴。目前我局外部反馈可通过投诉平台等方式进行，而内部反馈方式不足。我们可以借鉴芬兰局的思路，由各部门的质量保障处组织人员根据E系统数据的后台反馈及时发现审查质量问题，以及增加系统内的反馈平台进行内部

---

❶ 来源：https://www.prh.fi/en/patentit/applyforapatentoutsidefinland/patentprosecutionhighwaypph/pphrequest.html。

❷ 来源：http://www.jpo.go.jp/ppph-portal/statistics.html。

❸ 来源：https://www.prh.fi/stc/attachments/patentinliitteet/pph/ohjeet_prhhon_haettaessa/PRH_PPH_Guidelines_for_GPPH.pdf。

反馈，例如对申请质量、申请人/代理人水平的反馈，即基于审查员的内部申请质量反馈。

（二）以激励创新为导向，适时调整我国实用新型制度

我国自实施《专利法》30多年来，对实用新型的定义变化不大，仍限于对产品的形状、构造或其结合的技术方案的保护。从《专利法》及其审查指南的修改历程来看，对实用新型的保护客体虽也有放宽的趋势，但仍然存在诸多的限制性规定，例如对于微观结构不予保护，不允许包含材料或者方法步骤特征，导致在审查实践中难以操作。

相比芬兰等发达国家，我国的自主创新能力以及对知识产权制度的理解和应用能力尚有差距，如何利用好后发优势，建立符合我国国情的专利法律制度，对于实施创新驱动发展战略，建设知识产权强国具有十分重要的意义。因此，有必要合理吸收借鉴芬兰等发达国家的先进经验和成果，并根据我国经济和科技发展状况适时调整我国的实用新型法律制度，包括扩大实用新型保护客体以及转换保护机制等，以有利于实践操作和满足不同领域的产品创新需求，充分发挥实用新型制度的魅力。

（三）增加专利信息服务，提升自主创新的效能和水平

芬兰局提供包括现有技术检索、市场评估、技术咨询以及在线初步审查（Online Preliminary Examination）等多种服务项目，以满足公众和创新主体的多种需求。

随着我国企业"走出去"步伐不断加快，对专利信息的需求也越来越大。为了更好地服务企业，我们可以学习和借鉴芬兰，创新知识产权服务模式，发展咨询、检索、分析、数据加工等基础服务，为创新主体向外申请专利提供强有力的支撑，使专利信息更好地服务于技术创新；同时，扩大知识产权基础信息资源共享范围，提升专利检索与服务系统原有功能，使公众和各类中介服务机构可低成本地获得基础信息资源。

参考文献

[1] 李明德，等. 欧盟知识产权法 [M]. 北京：法律出版社，2010.

[2] 弗雷德里克·M. 阿伯特，等. 世界经济一体化进程中的国际知识产权法（上册）[M]. 2版. 王清，译. 北京：商务印书馆，2014.

[3] 实用新型保护客体研究 [D]. 北京：中国政法大学，2010.

[4] 陈洁. 国家创新体系构架与运行机制研究——芬兰的启示与借鉴 [M]. 上海：上海交通大学，2010.

西班牙专利法改革及影响

机械发明审查部　焦红芳
通信发明审查部　李　龙[*]

摘　要： 西班牙新专利法案将于 2017 年 4 月 1 日生效，其专利法修改将波及我国申请人。本文拟分析西班牙专利法改革、本次专利法改革的主要内容、改革产生的影响，并就我国申请人如何应对提出建议，借此使读者对西班牙专利法修改有进一步认识和理解，并为我国申请人在西班牙申请专利提供借鉴。

关键词： 西班牙　专利法　改革

一、前　言

自我国与西班牙建立全面战略伙伴关系以来，中西贸易往来不断深入，越来越多的中国企业开始寻求在西班牙对其创新成果予以专利保护。随着 2015 年意大利宣布加入统一专利并审议通过统一专利法院协议，欧盟国家中仅西班牙独立于欧洲统一专利框架之外，即使统一专利体系生效，如果寻求在西班牙获得专利保护，也必须由西班牙专利局授予专利权。与其他欧盟国家相比，西班牙专利法的修改对我国申请人的影响更大。因此，本文拟分析西班牙专利法改革的背景、本次改革的主要内容、改革产生的影响，借此使读者对西班牙专利法修改有进一步认识和理解，并为中国申请人在西班牙申请专利提供借鉴。

二、专利法改革的背景

自 1986 年实施以来，西班牙现行的专利法已经实施了 30 年。虽然该专利法在促进创新方面发挥了积极作用，但目前西班牙约 90% 受保护的专利是通过欧洲专利局或由世界知识产权组织管理的《专利合作条约》（PCT）等途径申请取得的。毫无疑问，西班牙现行的专利制度在实践中产生了一些问题，主要表现在以下方面：

---

[*] 等同第一作者。

（一）专利权不稳定

西班牙专利权不稳定主要是由其专利审批程序引起的。西班牙目前的专利审批程序有两种：[1] 普通授权程序和实质审查程序，如图1所示。

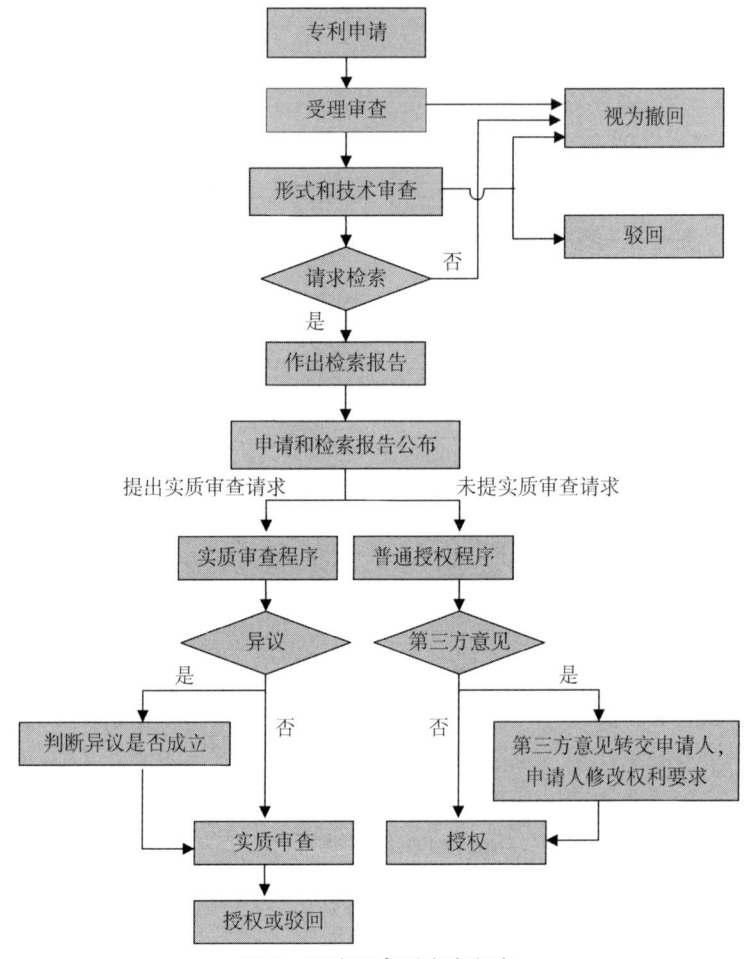

图1　西班牙专利审查程序

按照目前的审查程序，当一件发明申请被受理后，首先对其进行形式和技术审查，在该阶段审查员将审查专利申请文件是否齐备、是否符合专利申请各项形式要求。除了进行形式审查外，还审查三性之外的其他授予专利权的实质性条件，例如权利要求保护的主题是否属于专利权保护的客体、权利要求是否清楚等。

---

[1] 资料源自2014年西班牙阿利坎特大学ML知识产权项目专利和技术转移模块《西班牙专利授权程序》课件。

当形式审查合格后，将由审查员检索现有技术并制定检索报告，该检索报告包括用于评价发明新颖性和创造性的在先技术。

申请人在收到检索报告后，有两种审查程序可以选择。一种审查程序是一般授权程序。按照这种程序，发明专利不经过新颖性和创造性审查，即使检索报告中存在影响全部权利要求新颖性或创造性的现有技术，只要满足其他要求，该申请也会被授权。另一种审查程序是实质审查程序。按照这种程序，发明专利将经过与我们国家类似的实质审查程序，只有满足实质审查的各项要求，申请才能被授权。

两种授权程序获得的专利在保护期限上并无不同，但在后续的专利侵权等司法活动中，法官会根据授权程序的不同，在诉前禁令、侵权判定时对专利的效力产生不同的判断。当侵权诉讼涉及一般授权程序授予的专利权时，如果被诉侵权方进行无效诉讼，法院有可能基于审查员作出的检索报告宣告专利权无效。目前西班牙约90%的发明都是选择经过一般授权程序的审查。因此，西班牙大量的专利权不稳定，从而带来了诸多问题。

（二）与EPC、PCT、PLT等申请途径兼容性差

向西班牙局申请专利，至少需要以西班牙语或卡斯蒂利亚语按照西班牙局规定的格式和内容要求向西班牙局提交专利申请表、说明书、权利要求书。欧洲作为政治经济一体化程度最高的地区，在西班牙申请专利的申请人往往希望能在欧洲其他国家也获得专利权保护。这就导致申请人既需要以西班牙语按照西班牙局规定的形式和内容向西班牙局提交申请，又需要以欧洲其他国家规定的语言、形式和内容向各局提交申请。当然，不仅申请阶段如此，专利审批阶段也存在类似问题，除了各局审批程序存在差异外，申请人在审批阶段还需要以各局规定的语言、格式、内容提交各种文件。审批程序、语言、文件格式不兼容增加了申请成本以及申请的烦琐程度，降低了申请人直接向西班牙局申请专利的积极性，申请人更倾向于通过EPC等途径在包括西班牙在内的多个国家同时获得保护。

（三）程序复杂、时效性差

按照西班牙程序，在作出专利检索报告之前，先进行形式和技术审查，在形式和技术审查程序中将审查三性以外的形式和实质条件，只有满足形式和技术审查的要求并经申请人请求及缴纳检索费用后，审查员才制作检索报告。在人力资源有限的情况下，这种程序使得申请人不能及时获得关于创新高度的参考性意见，不利于申请人进行专利布局。另外，异议程序设置在授权前也延长了获得授权的时间。

在当前人们对专利日益重视的情况下，西班牙专利制度的上述问题日益凸显，急需改革专利法以便为申请人提供更好的服务。

（四）欧洲统一专利的顺利推进促使西班牙改革专利法

在欧洲统一专利体系下，专利申请人通过一次申请即可在欧盟所有成员国获得有效的专利保护。欧洲统一专利体系由于简便的申请程序、较低的申请成本以及统一的司法审判结果受到关注欧盟市场的申请人的青睐。虽然欧洲统一专利的发展面临诸多困难，但其实施是大势所趋。西班牙、意大利两国曾相继因为语言问题，以及欧盟理事会未经其同意启动"强化合作程序"违背《欧盟条约》相关规定为由向欧洲法院提起诉讼。但随着意大利于2015年9月30日正式提交针对统一专利制度的"强化合作程序"申请，欧盟统一专利法院和欧洲统一专利的如期运作正式进入倒计时阶段。西班牙在反对加入欧洲统一专利体系问题上越发显得势单力薄。欧洲统一专利体系顺利推进给西班牙专利制度带来巨大挑战，如何吸引申请人通过西班牙的国内途径在西班牙保护其发明创造成为急需解决的问题。

三、专利法改革的主要变化

西班牙为了使专利法案与国际法律框架接轨，加强西班牙专利制度以及使专利权人能够更简单、更快速地在西班牙取得可靠的专利权。2015年7月25日西班牙公布了《新专利法案》，该法案将于2017年4月1日生效。新专利法包括了一些显著的变化。[1]

（一）加入PLT等国际条约的相关规定

近年来，西班牙签署了PLT、PCT、EPC等条约，但尚未将相关内容增加到专利法中。新修改的专利法引入相关内容，例如，按照新专利法，申请人可以以任何一种语言向西班牙局递交一份看起来像说明书的文件或声明引用某一国家的在先申请即可获得申请号和申请日，权利要求书以及西班牙语的翻译件都可以在日后再提交。

（二）强制审查新颖性和创造性

为了解决现行专利法不强制进行新颖性和创造性审查而带来权利不稳定等一系列问题，按照新专利法，不经过新颖性和创造性审查的一般授权程序不再构成发明申请的可选程序。换而言之，发明专利只有一种审批程序，即进行包括新颖性和创造性审查在内的实质审查程序。新颖性和创造性审查与其他要求一样都是发明专利获得授权的必经程序。

（三）优化审批程序

根据修改后的专利法第36条，提交专利申请后西班牙局即开始检索，检

---

[1] 资料源自 http://www.boe.es/buscar/act.php?id=BOE-A-2015-8328#。

索的现有技术范围包括西班牙国内或国外书面形式、口头描述、使用公开或以其他形式公开的任何内容，各种形式的公开均无地域限制。西班牙局将基于检索结果形成检索报告以及初步无约束力的书面意见，并将检索报告和书面意见传送给申请人，从而帮助申请人了解申请的创新程度并制定合理的专利布局策略。

此外，新专利法还修改了异议的时机，根据现行的专利法，异议程序是在授权前进行，而根据修改后的专利法，异议程序在授权后进行。将异议程序改为授权后则无需等待异议期满即可进入授权程序，从而使申请人可以尽快地获得授权。

（四）增加药品的补充保护证书

原创药品的研发需要投入高达数十亿的研发成本，而基于药品安全性以及有效性的考虑，各国都要求获得上市许可的药品才可销售，这就导致专利权人在专利保护期内很长时间内无法销售药品收回投资。为了补偿药品专利权人损失的专利保护期，新修改的专利法加入药品专利保护证书的章节，对补充保护证书如何申请、维持以及西班牙局如何处理进行了规定。

（五）增加限制或撤销程序

根据修改后的专利法第 105~107 条，专利权人在专利有效期内可以对其专利向西班牙局申请限制或撤销，限制或撤销具有追溯力。

（六）降低费用

为了促进创新，鼓励中小微企业保护自己的成果，新修改的专利法规定中小微企业的申请费、检索费用、审查费用可以请求减免。如果企业符合相关法律规定的中小微企业的标准，在申请专利时上述费用可以减免 50%。

（七）修改实用新型要求

根据修改后的专利法第 137 条，新的具有创造性、实用性的产品、化学物质，若其制造或使用具有有益效果则可以通过实用新型进行保护。而根据修改后的专利法第 139 条，用于评价实用新型的现有技术的范围与评价发明的现有技术的标准相同，即西班牙国内外各种形式公开的内容都属于现有技术的范围。由此可见，新修改的专利法将实用新型的保护范围延伸到化学物质，将现有技术的标准延伸到西班牙国外公开的内容。

四、专利法改革的影响

（一）提高专利权的确定性

新专利法要求对发明的新颖性和创造性进行强制审查，专利权被无效的风险大大降低。在后续的专利侵权等司法活动中，相关主体对诉前禁令、侵权判定等程序都会有更为准确的预期，避免了专利权不稳定而产生的诸多问题，保障了创新活动的顺利开展。

（二）增加西班牙国内申请的吸引力

新专利法案为申请人带来诸多益处。新专利法案简化了程序，使得申请人在西班牙申请专利更为便捷。新专利法案将在先技术检索提前到申请阶段，使得申请人可以尽早获得检索报告确定专利布局策略。新专利法中对特定的发明人和中小企业，在申请、检索以及审查时，提供50%的折扣，从而使其更容易保护他们的发明。良好的审查服务、低廉的费用促使西班牙的国内申请途径成为想要在西班牙保护发明创造的企业、机构、企业家纳入考虑的一个具有吸引力的专利申请方式。

（三）推动经济发展

专利制度不仅保护专利本身，更在于激励创新，维护社会公平，进而推动社会经济全面发展。因此，新专利法案在方便申请人和提高专利的法律确定性的同时，更是与西班牙经济发展密切相关。

首先，申请程序的简化以及申请费用的降低，自然会吸引更多的西班牙研究机构、中小企业和个人参与创新以及保护其创新成果的热情，从而在一定程度上刺激西班牙的创新，助力于西班牙在技术竞争中抢占优势。

其次，虽然近几年西班牙深受经济低迷和债务危机困扰，但专利活动依然活跃。保护创新已成为欧洲企业维持和提升其市场竞争力的重要途径，西班牙市场对申请人，尤其是亚洲申请人而言具有很大的吸引力。随着西班牙专利法的改革，简便的申请程序和较低的申请成本必然会招致更多非西班牙申请人对这一市场的青睐，也必将给西班牙市场带来更多的新产品和新创造，从而有利于确保西班牙市场的经济活力和竞争力。

（四）给审查工作带来巨大压力

新专利法强制审查新颖性和创造性，审查员将需要发出不止一次的审查意见通知书并需要对申请人答复的文本及意见进行审核，大大增加了审查工作的工作量。目前西班牙局专利审查员仅130人，在专利审查部门工作的所有工作人员也仅240人，❶ 大部分审查员一年仅进行几个专利申请的实质审查工作。可以预见如果将原先90%经过一般授权程序审查的申请进行实质审查会给西班牙局造成何等巨大的压力，进而也将影响到专利审批的时效性。

---

❶ 孙大龙，等.2014年国家知识产权局赴西班牙阿利坎特大学ML知识产权项目专利和技术转移模块团组学习报告［R］.

五、中国申请人如何应对

（一）基于简化的程序，合理选择申请途径

修改后的西班牙专利法简化了申请程序，允许申请人以任何语言提交申请，也允许引用某一国家的在先申请而获得申请号和申请日，并且还修改了专利审批流程，将在先技术检索提前到申请阶段，将异议程序改到授予后进行。这些变化大大简化了在西班牙申请专利并获得授权的程序，而且还能尽早获得关于三性的参考意见，使得向西班牙局直接递交申请成为很有吸引力的选择。

与西班牙国内申请相比，EPC 以及未来的统一专利体系通过一次申请即可在欧盟所有成员国获得有效的专利保护。当然，如果竞争对手无效该专利，也可通过一次无效程序将其在各个国家的专利无效。专利申请人在享受"毕其功于一役"的申请便利的同时，也同时承担了可能被竞争对手"一枪毙命"的风险。

我国申请人考虑在欧洲地区进行专利布局时，决定采用向欧洲各国直接申请还是采用 EPC、PCT 或未来的统一专利体系申请，应综合考虑下列因素：

（1）申请预算；
（2）待申请专利可能涵盖产品的重要性及将来可能进入的市场；
（3）竞争对手及可能侵权产品所在地；
（4）未来涉讼的可能性。

我国申请人可以基于自身情况确定采用何种申请方式，当只需在包括西班牙在内的欧洲少数国家获得专利保护时，可以向西班牙局递交一份中文申请文件或声明引用中国的在先申请获得申请号和申请日，从而在享受申请便利的同时，避免通过 PCT、EPC 途径申请而花费大笔费用，同时降低被竞争对手一次无效而"一招毙命"的风险。

（二）利用药物补充证书制度，延长药物的保护期限

大多数国家药物专利保护期限为 20 年，而基于新修改的西班牙专利法，可以对要求申请颁发补充证书，从而延长药物保护期限。由于药物研发是高投入、高风险的科研项目，保护期限的延长涉及巨大利益。我国申请人可以充分利用该制度，为自己谋取最大利益。

（三）合理利用加快程序，尽早获得授权

新专利法修改专利审批流程，将在先技术检索提前到申请阶段，强制审查新颖性和创造性、将异议程序改到授予后进行。可以预见，审批程序的改变将使申请人尽早获得检索报告，但也影响到专利审批的时效性。此外，西

班牙局目前的审查资源是按照绝大多数发明不经过实质审查而配置的，这无疑将进一步影响审批速度。

目前，中国国家知识产权局与西班牙专利商标局开展了双边专利审查高速路项目（PPH）试点业务。❶ 因此，在要求中国优先权的情况下，如果中国的在先申请已经被授权或其权利要求已经被中国国家知识产权局认为符合授权条件，可以利用专利审查高速路项目获得加快审查，从而有望更迅速地获知审查意见，减少答复审查意见通知书的次数，尽早获得专利授权。

六、结　语

随着中西贸易的深入，越来越多的中国企业开始寻求在西班牙对其创新成果予以保护。随着新专利法案的实施，中国申请人在西班牙申请专利将变得更为便捷。中国企业应充分了解西班牙专利法改革的最新动态，从而借助专利开拓西班牙市场，提升自身竞争力。

---

❶ 资料源自 http://www.sipo.gov.cn/ztzl/ywzt/pph。

欧洲软件专利保护现状分析

通信发明审查部 吴江霞

摘 要：软件专利一直是专利领域研究和讨论的热点，欧洲软件专利保护又具有不同于其他国家和地区的显著的特点。本文首先给出了欧洲对软件专利概念的界定，之后围绕欧洲专利局专利审查实践中软件可专利性判断标准，分析了欧洲软件专利保护的不确定性，并通过欧洲各国对软件专利保护的不同态度，分析了欧洲软件专利保护的不稳定性，以期对目前欧洲软件专利保护现状的最新发展进行深入的剖析，从而为我国申请人及社会公众提供关于欧洲软件专利保护全面准确清晰的视图，为我国在欧洲的软件专利申请、布局和诉讼提供帮助。

关键词：软件专利 计算机实现的发明 欧洲

软件专利一直是欧洲专利领域探讨争论的热点。产业界对此有各种声音，同时由于软件专利不同于其他专利的特点，使得软件专利成为专利审查实践和专利学术研究讨论的热点之一。目前欧洲的软件专利保护状况是一个各方博弈的结果。随着欧洲成为中国最大的贸易伙伴，中国在欧专利申请不断增加，与欧洲的专利合作不断深入。同时，软件专利正在成为中欧各国产业界投入和竞争的重点，导致软件领域专利申请增长迅速。这就需要我们对欧洲软件专利保护状况有一个清晰深入的认识。本文首先对欧洲软件专利的概念进行界定，然后从欧洲专利局专利审查实践的判断标准和案例法，以及欧洲各国的软件专利保护状况等方面，对目前欧洲软件专利保护现状进行分析，以期对欧洲软件专利保护现状给出全面深入的解读。

一、软件专利概念界定

"软件"这一术语具有多重意思。它可以是编程语言撰写的实现某一算法的程序列表，或者是装载于计算机设备中的二进制代码，可带有附属文件，例如声音文件，数据文件。欧洲专利界认为"软件"概念过于含糊多义，于是引入了"计算机实现的发明"（computer-implemented invention）这一概念来代替含糊多义的"软件"概念，并将"计算机实现的发明"定义为：涉及计算机、计算机网络或其他可编程设备的使用，发明的一个或多个特征完全或部分通过计算机程序实现。

欧专局（EPO）公布的对"计算机实现的发明"概念的说明[1]指出，单纯的程序列表也属于"计算机实现的发明"。《欧洲专利公约》（EPC）第52条将单纯的计算机程序列表明确的排除在可专利范围之外。《欧洲专利公约》第52条原文如下：

第52条 可授予专利权的发明

（1）对于任何领域内有创造性且能在工业中应用的新发明，授予欧洲专利。

（2）下列各项尤其不应认为是第一款所称的发明：

a. 发现、科学理论和数学方法；

b. 美学创作；

c. 进行智力行为、比赛游戏或商业活动的方案、规则和方法，以及计算机程序；

d. 信息的显示。

（3）第2款的规定只有在欧洲专利申请或欧洲专利涉及该项规定所述的主题或活动的限度内，才能排除上述主题或活动取得专利权的条件。

上述条款中所指的"计算机程序"即指的"单纯的程序列表"，它是不能获得专利权保护的，而应采用版权即著作权进行保护。"单纯的程序列表"只是计算机实现的发明的一种表现形式，被排除在可专利范围之外。计算机实现的发明并非全部被排除在外，采用新颖的非显而易见的方式解决了某一技术问题的计算机实现的发明，在欧洲是可以被授予专利权的。

二、软件专利审查实践

欧洲的软件专利审查实践正在追求稳定和容许变通间寻找平衡。EPO对专利审查中计算机实现发明的可专利性判断标准，给出了明确的规定，但规定在可操作性方面又存在不确定性，EPO目前仍然无法彻底消除这一不确定性。EPO上诉委员会试图通过案例法的使用，为计算机实现的发明可专利性的判断标准作出细化，以期提供明确稳定的可预期性。但案例法本身的特点使得其明确性和稳定性也只能是相对的。

（一）可专利性判断标准

判断一项计算机实现的发明是否具有可专利性，其思想的基本出发点是：专利保护应该保留给技术创新。这在专利系统形成初期就成为欧洲法律传统

---

[1] European Patent Office. Patents for Software [M]. Munich, Germany：EPO, 2013.

的一部分。那么 EPO 如何判定一项计算机实现的发明是否属于技术创新，是看它是否满足以下条件：即寻求保护的主题必须具有技术特征，或者更加确切地说，必须具有技术启示，也就是说，向本领域技术人员提供关于如何采用特定技术手段解决特定技术问题的指导。这里包含了两层意思：一是发明必须具有技术特征，二是发明解决的问题必须是技术的，纯粹的金融、商业或数学问题不属于这一类。比如，为了延长 X 光显像管的使用寿命只在周一上午使用显像管，延长 X 光显像管的使用寿命是个技术问题，只在周一上午使用显像管则不属于技术特征。❶

依据上述判断原则，EPO 给出了实质审查中用以评价计算机实现的发明权利要求可专利性的处理方法：❷

1. 审查权利要求以确定其是否涉及被排除在外的主题，即是否属于技术发明。

《欧洲专利公约》第 52 条中明确给出了不被视为"发明"的主题列表。列表提到的具体项目中包括"计算机程序"。需要强调的是，只有当欧洲专利申请或专利仅仅涉及列表提及的主题时，才被排除在外。由计算机程序实现或可以由计算机程序实现的具有技术特征的发明不被排除在可专利性之外。

因此，审查权利要求以确定其是否属于"发明"是通过评估权利要求是否包含技术特征来完成的。如果权利要求中完全没有技术特征，则可以根据《欧洲专利公约》第 52 条的规定，以仅仅涉及排除在可专利范围之外的主题为由作出驳回。

2. 如果权利要求具有技术特征，则进行新颖性和创造性的审查步骤。

创造性的审查中，需要确定发明是否包含技术上的创造性。如果权利要求缺乏技术上的创造性，则根据《欧洲专利公约》第 56 条驳回。如何确定是否具有技术上的创造性，通过以下审查过程完成：与软件专利相关的发明申请很大一部分属于"混合"（mixture）发明，即权利要求既包括技术特征又包括非技术特征。此时审查通过以下步骤完成：

（1）确定权利要求的非技术特征；
（2）基于权利要求的技术特征选择最接近的现有技术；
（3）确定技术特征与最接近的现有技术的区别技术特征；
（4）确定区别技术特征是否显而易见；
（5）如果没有区别技术特征，或者区别技术特征是显而易见的，则根据

---

❶ Supplymentary Publication, 17th European Patent Judges' Symposium, Tallinn, 9 – 12 September 2014, ISSN 1996-7543.

❷ Dennis Crouch. Comparing US and European Software Patent Eligiblity ［EB/OL］. http://www.patexia.com/feed/comparing-us-and-european-software-patent-eligibility-20141013.

《欧洲专利公约》第 56 条以缺乏创造性为由驳回权利要求。否则，认为发明具有技术上的创造性。

以上关于审查方法的规定很好地体现了欧洲判断计算机实现的发明是否具有可专利性的标准，即专利应当授予未被明确排除在专利保护之外的具备新颖性、创造性和工业实用性的任何技术领域的任何发明。

从 EPO 以上关于审查实践中可专利性判断标准的概念定义和审查方法中，可以看出 EPO 期望对计算机实现发明的可专利性给出清晰的判断方法。但基于下面将要分析的原因，在具体审查过程中仍然存在着不确定性，使得边界情况的去向并不明朗。

《欧洲专利公约》详细给出了新颖性、创造性和工业实用性这些可专利性要求的定义（参见《欧洲专利公约》第 54、56、57 条），但没有对"技术"这个使用最频繁的术语给出法律定义。例如，Technical field、Technical problem、Technical character、Technical means、Technical features、Technical teaching、Technical effect、Further Technical effect 等。EPO 也曾经公开承认"技术"以至"发明"并不是被界定得那么清楚，有待后续案例法予以厘清。[1]

（二）案例法为可专利性判断做进一步解释

欧洲专利上诉委员会（The Boards Of Appeal）隶属于 EPO，由 27 个技术部组成，每个部包括 1 个主席、1 个法律专家和 4 个技术专家。上诉委员会的职责是对 EPO 在授权或驳回过程中作出的决定进行复审，并且享有独立裁决的权利。例如对案件是否具有可专利性发生争论时，他们可以对《欧洲专利公约》作出进一步的解释，以具体说明哪些主题排除在可专利性范围之外，哪些没有以及为什么没有排除在外。

针对过往案例作出的解释说明将被作为后续案件审理的参考和准绳。在计算机实现的发明领域，许多针对过往案例作出的复审决定（decisions）对《欧洲专利公约》关于"发明"这一术语的相关规定作出了进一步的解释说明，为哪些是具有可专利性的发明提供了判断指导。其中包括一些已有十几年历史，沿用至今的经典案例，比如 T26/86 机控 X 光机案例、T208/84 计算机图形处理案例、T6/83 网络数据处理案例、T38/86 文本处理案例，也包括新近作出的具有里程碑意义的 T641/00 关于 Comvik 公司双 ID 申请的案例、T258/03 关于日立（Hitachi）公司拍卖方法的案例以及 T1227/05 关于 Infineon Technologies 公司模拟电路的案例。

上诉委员会通过这些典型案例对计算机实现的发明可专利性判断作出的

---

[1] 袁建中. 欧洲软件专利发展十年回顾 [J]. 电子知识产权，2009（7）.

进一步解释：

（1）不排除技术过程控制或执行的可专利性，不论其是通过硬件还是软件来实现。技术过程通过硬件电路还是计算机程序执行是依赖于经济或技术难度因素的，而专利保护的是其中的技术思想，因此可专利性不应以引入了计算机程序为理由而被否定。

（2）"计算机程序/计算机程序产品"是用于保护计算机实现的发明的特殊形式的权利要求。它的引入是为了给分布在数据载体上的计算机程序提供更好的法律保护。这种形式的权利要求不同于写成一串指令的"计算机程序"。如果用于实现相应方法的计算机程序运行时，发明创造能够产生除硬件与软件之间物理交互之外的其他技术效果，是可以取得可专利主题地位的。程序执行产生的普通物理结果，例如电流，并不足以给计算机程序带来技术特征，也不足以成为"发明"，而是需要进一步的技术效果，例如在计算机程序的作用下控制工业过程或机器某部分的工作而获得的技术效果。

EPO认为上诉委员会就软件可专利性问题的案例法目前已经达到稳态，是可行、可靠的，能够为计算机实现的发明申请提供可预报性。同时，EPO主席希望通过申诉委员会的工作，为社会同时也为专利审查提供指导计算机实现发明可专利性问题的更细化的观点。不难看出，EPO希望能够给出更具确定性和可预报性的计算机程序可专利性问题的审查指导。这对降低社会公众申请计算机实现发明专利的成本，提高社会总体效率大有裨益。比如，涉及计算机实现的发明专利最终以其所涵盖的发明不具有可专利性，在侵权诉讼中被宣判无效，如果能够在早期就将一个可专利性缺乏说服力的案件彻底解决，则可以省诉讼双方为专利侵权案件的投入。毕竟，专利诉讼是一个需要投入大量金钱耗费大量时间的过程。

但是，案例法仍然不是表述严谨避免歧义的法律条文，其自身固有的不确定性不可避免。EPO在G3/08意见中就明确指出，申诉扩大委员会发现，案例法中任何由时间带来的可能的分歧是一个变化中的世界的正常发展，基于案例法的审查实践就属于这种情况。也就是说，EPO承认了案例法在作为判断标准方面有限的明确性和稳定性，并且是不可避免的。因此，在欧洲给出关于计算机实现发明的可专利性判断的无歧义条文前，还无法达到真正的稳定和可预期。

三、欧洲各国对软件专利的态度各不相同

欧洲各国对于软件专利保护并不统一，与欧洲专利法律体系有关。在专利审查方面，欧洲的专利审查机构，除各国设立的本国专利局外，跨国审查机构是EPO，它主要系依据《欧洲专利公约》所设立，目前包括38个成员国

及2个承认EPC效力的延伸国。在EPO获得授权的专利,还需要依赖欧洲各国的国内法律体系予以保护。在立法方面,欧洲没有制定统一的专利法,《欧洲专利条约》只是各成员国国内专利法的框架,各成员国拥有各自的国内专利法。在司法方面,欧洲也没有设立统一的专利司法机构,而由欧盟各成员国的国内法院对各自的专利法以及EPO的法条作出解释。因此,即使EPO对专利作出授权决定,但专利权在各国的后续命运,并不完全一致。这也反映出欧洲各国对于软件专利的不同的规划和态度。

在英国,高科技公司就英国专利局拒绝受理包括磁盘和下载在内的计算机程序专利申请的规定提出上诉,英国专利法院支持了这一诉讼请求,认为英国专利局对计算机程序专利申请一概予以拒绝的做法有失妥当。而与此同时,英国上诉法院以不具有可专利性为由认定某高科技公司有关电话拨打方法的授权专利无效,并对英国专利局拒绝向一件帮助填写公司注册表格的计算机程序专利申请授予专利权给予了支持,上述判决促使英国专利局颁布了一项计算机程序专利申请的审查实务说明,给出了较严格的计算机程序专利审查标准。英国关于计算机实现的发明可专利性审查的门槛比EPO谨慎严格,英国法院的有些判决中,即使具有技术特征的商业方法也是不可能获得专利权的。

在德国,[1] 其国内专利法有关可授权专利主题的条款表述与《欧洲专利公约》第52条完全一致。从德国联邦法院审理的计算机实现的发明可专利性案件中,德国非常强调"解决技术问题,采用技术手段,以达成技术效果"。比如在2013年的909车载导航系统案判决书中明确指出,要求保护的发明与最接近的现有技术之间的区别是"驾驶轨迹的语音提示含有街道名称",而这并非技术特征,因此不能认定发明采用技术手段解决了技术问题,而是仅涉及信息内容的呈现,这正是被排除在可专利范围之外的主题。可见,德国关于计算机实现的发明可专利性的判断方法与EPO比较接近,相比于其他欧洲国家,德国对于计算机实现发明的可专利性要求是相对宽松的。

在西班牙,[2] 2015年颁布的新专利法将软件或计算机程序纳入申请专利的范畴,取代1986年的专利法。

可见,欧洲各国对软件专利的态度各不相同,从而导致获得授权的欧洲软件专利在欧洲各国的命运各不相同,无法真正实现稳定的专利权。欧盟曾

---

[1] H.-Peter Staudt. 德国和欧洲专利中技术发明的概念(上)[EB/OL]. http://www.aiweibang.com/yuedu/75140884.html.

[2] 西班牙新专利法将软件纳入专利范畴[EB/OL]. http://mp.weixin.qq.com/s?__biz=MjM5OTk5OTU1NQ==&mid=206937606&idx=5&sn=ec35f0b2788dd9d9f89732fdc76d0429&scene=2&srcid=0329WOYQlpgVzB8ziqA1TYKx&from=timeline&isappinstalled=0.

试图调和欧洲各国在软件可专利性方面的分歧现象,并由欧洲委员会提出《欧洲软件专利指令》,但在各方角力与抗争的情形下,仍于 2005 年在欧洲议会上遭到否决。

四、结束语

现阶段,新产品或新流程的创新之处往往就在于计算机程序所实现的方法和/或方法的计算机实现过程。因此,软件专利或者说计算机实现的发明受到了越来越多的关注,关于软件专利的诉讼也越来越密集,影响力越来越巨大。因此,需要知识产权界对软件专利何去何从给出更加科学的方向,实现对现有产业的促进和推动。欧洲软件专利保护目前呈现出有限的确定性和稳定性,以及在欧洲各国内部的差异性,是欧洲乃至世界软件及相关产业发展现状所决定的。随着产业发展对软件专利要求的更加具体化,软件专利的保护需要更加稳定和可预期。这也是提高社会整体效率的必然要求。

中欧公开不充分审查标准比较研究

专利复审委员会　王荣霞
原专利审查协作江苏中心　赵永辉
光电发明审查部　范文扬
材料发明审查部　孙　洁

摘　要： 说明书是否充分公开是专利实质审查中的一项重要条款，而对于公开不充分的审查也是我局目前审查实践中存在问题较多的一项法律条款。欧洲专利局（简称欧专局）是世界上重要的专利组织，具有较高的专利审查质量。本研究在梳理已有的涉及充分公开的研究成果的基础上，系统整理了欧专局对说明书充分公开的审查标准，并与我国关于说明书充分公开的审查标准进行比较，比较的视角包括了所属领域的技术人员的含义、普通技术知识的含义、公开不充分与其他法律条款之间的关系、涉及公开不充分时的证明责任、部分公开不充分的情形、生物领域的特殊情形以及实验数据等相关问题。并在此基础上提出了初步的研究结论和建议。

关键词： 欧专局　充分公开　审查标准　比较

对于说明书是否充分公开的审查是专利审查中的一项重要内容，将欧专局和我国关于公开不充分的审查标准进行比较研究，具有切实的意义。目前已经开展的这方面的研究主要包括综合性的对比研究，和对特定领域中涉及公开不充分的具体问题的研究，例如化学、医药领域中的试验数据问题。

在已有研究中，对于"普通技术知识"与"现有技术"的理解存在争议，对于是否应当借鉴欧专局对于本领域技术人员在评价公开不充分时的能力的规定也存在分歧。有观点建议借鉴欧专局的做法，规定为创造性和充分公开中的本领域技术人员不同，也有观点建议将充分公开判断中的"本领域技术人员"修改为"本领域普通技术人员"。

下文中通过对欧专局关于充分公开的法律规制的系统分析，来探讨其对于充分公开的相关规定，以及其与我国关于公开不充分的法律规定的不同之处。

一、欧洲专利局关于"充分公开"的法律规制

(一)《欧洲专利公约》中关于"充分公开"的规定

《欧洲专利公约》第 83 条规定:欧洲专利申请必须以充分清楚和完整的方式公开发明,以使所属领域的技术人员能够实现该发明。

(二)《欧洲专利公约实施细则》中关于"充分公开"的规定

《欧洲专利公约实施细则》第 42 条第 1 款 (c) 和 (e) 规定:说明书应当写明请求保护的发明的技术问题(即使没有明确写明其为技术问题)及解决其技术问题的技术方案使之能够被确切理解,并对照背景技术写明发明的有益效果;说明书应当详细描述至少一种实现发明的方式,必要时给出具体实施例,如有附图,应参照附图。

(三)欧洲专利局《审查指南》中关于"充分公开"的规定

为了完全满足《欧洲专利公约》第 83 条和《欧洲专利公约实施细则》第 42 条第 1 款 (c) 和 (e) 的规定,说明书中必须要详细描述至少一种实施发明的方式。申请文件描述的详细程度与所属领域的技术人员的技术知识水平相关,对于所属技术领域技术人员而言,虽然没有必要将用于实施发明的公知的辅助技术特征都记载在说明书中,但是对于那些对实施发明而言必要的技术特征应详细描述。说明书应当包含足够的信息以使所属领域的技术人员在权利要求请求保护的整个范围内能够实施该发明,而不需付出过度劳动和创造性技能。欧洲专利申请是否充分公开的判断基于整个申请文件,包括说明书和权利要求,如有附图,还包括附图。

欧洲专利局《审查指南》Part F 第三章对公开不充分进行了专门的阐述,其具体内容包括 11 项。

1. 充分公开

必须详细描述实施发明的至少一种方式。由于申请是针对本领域技术人员,因此不必要也不需要给出众所周知的附加特征的细节,但是说明书必须充分详细地公开对于实施发明必不可少的所有特征,使得本领域技术人员明确知道如何实施本发明。一个实施例也可以是足够的,但是当权利要求覆盖一个较大范围时,除非说明书给出了多个实施例或者描述了替代性的实施方式或变型,能够扩展到权利要求所要求保护的范围,否则通常不应当认为申请满足《欧洲专利公约》第 83 条(以下简称"Art. 83")的要求。但是,必须顾及特殊情形的事实和证据,某些情形下用有限数量的实施例甚至一个实施例也足以例证一个很大的范围(另参见 F-IV, 6.3)。对于后者情形,除了实施例以外,申请必须包含足够的信息以使本领域技术人员使用普通技术知

识就可以在要求保护的整个范围内实现发明,而不需要付出过度劳动和创造性技能。在本文中,"要求保护的整个范围"可以理解为落入权利要求范围内的任何具体实施方式,即使有限数量的反复试验和错误也可以被允许,例如在未开发领域或者当存在技术困难时。

关于 Art. 83,公开不充分的反对意见则意味存在着以事实证明为依据的严重疑问。在特定情况下,如果审查小组能够给出充分理由说明该申请没有公开充分,申请人有责任证明该发明能够在要求保护的整个范围内被实现和重复。

为了完全满足 Art. 83 和《欧洲专利公约实施细则》第 42 条第 1 款(以下简称 "Rule 42(1)")(c)和(e)的规定,发明必须既在结构方面又在功能方面进行描述,除非各部分的功能是一目了然的。确实在某些技术领域中,对功能的清楚描述比过分详细的结构描述更为合适。

2. Art. 83 与 Art. 123(2)

确保所提交的申请文件达到了充分公开的程度,即所有权利要求中的要求保护的发明都符合 Art. 83 的规定,这是申请人的责任。如果权利要求用参数定义发明或其某个特征,提交的申请文件必须清楚表述确定参数数值所用的方法,除非本领域技术人员知道该使用何种方法或者所有方法都获得相同的结果。如果公开严重不充分,这样的缺陷不能通过随后进一步补交实施例或特征而不违反 Art. 123(2)来消除,Art. 123(2)规定修改不能引入超出申请文件记载范围的主题。因此,在该情形下,申请通常会被驳回。但是,如果仅仅是发明的某些实施方式存在缺陷,此时可以通过根据充分公开的实施方式来对权利要求进行限制、并删除其他公开不充分的实施方式来克服。

3. 公开不充分

有时所提交申请文件中的发明存在根本性的公开不充分缺陷使得本领域技术人员不能实现该发明,从而不符合 Art. 83 的规定并且基本上无法补救。需要特别提及两种情况。第一种情况是发明的成功实施依赖于偶然性,也就是说,当技术人员按照教导实施发明时,发现发明所宣称的效果是无法再现的,或者成功获得该技术效果的方式是完全不可靠的。可能产生该情形的一个例子是涉及突变的微生物工艺。第二种情况是发明由于违反已经被广为接受的自然规律而根本不可能成功实施,例如永动机。如果权利要求不仅仅要求保护其结构,还涉及其功能,则其缺陷不仅不满足 Art. 83,同时也不满足 Art. 52(1),即不具备"工业实用性"。

4. 关于实施和再现发明可能性的举证责任

如果如上所述对实施和再现发明的可能性存在严重怀疑,申请人或者专利权人有责任对其可能性进行举证或者至少论证其成功实施是可信的。

5. 部分公开不充分的情形

（1）仅发明的一部分不能实施

仅部分发明例如发明的多个实施方式中的一个不能实施，并不能立即得出发明主题作为一个整体不能实施的结论，即其不能解决相关技术问题并由此获得预期的技术效果。

然而，如果该缺陷没有被克服，应当按照审查小组的要求删除与发明无法实施部分相关的说明书内容及权利要求，或标记为不属于本发明内容的背景技术信息。然后必须在说明书中陈述其余权利要求能够得到说明书支持，并且与被证实不能实施的那些实施方式无关。

（2）缺乏众所周知的细节

说明书不必为了充分公开的目的而记载本领域技术人员根据教导实施发明所需要的所有操作细节，前提是根据权利要求的定义或者基于普通技术知识这些细节是众所周知的并且清楚的。

（3）实施发明的困难

一项发明不应当由于实施过程中遇到合理程度的困难而被直接认定为其不可实施。

6. 涉及生物材料的发明

（1）生物材料

涉及生物材料的申请适用 Rule 31 的特殊规定。如果发明涉及生物材料或其用途，而该材料不能被公众获得也无法通过在欧洲专利申请中记载而使本领域技术人员实现该发明，此时认为申请文件的公开不满足 Art. 83 的规定，除非满足了 Rule 31（1）和（2）的第一和第二句以及 Rule 33（1）第一句。

（2）生物材料的公众可获得性

审查员必须对生物材料是否能被公众获得形成意见。这存在几种可能性，生物材料可能是已知的并且很容易被本领域技术人员获得，也可能是标准保藏菌种，或者审查员知道已经被保藏在认可的保藏机构并且公众可不受限获得的其他生物材料。另外，为了满足审查员的要求使申请符合 Rule 33（6）规定，申请人可以在说明书中给出识别生物材料特征的充分信息，以及可以使公众在认可的保藏机构不受限地预先获得该生物材料的充分信息。无论上述哪种情形，都无需提出任何意见。然而，如果申请人对于公众可获得性未给出信息或者信息不充分，并且生物材料是一种未被列入例如那些已提及的已知目录中的特殊菌种，那么审查员必须假定该生物材料无法被公众获得。

（3）生物材料的保藏

如果生物材料不能被公众获得并且说明书的记载不足以使本领域技术人

员实施发明,则审查员必须审查:

(i) 是否提交的申请文件给出了申请人可获得的关于生物材料特征的相关信息,此处的相关信息涉及生物材料的分类及其与已知生物材料的显著差异。

一般来说,申请日时本领域技术人员所熟知的相关生物材料的信息被假定为可以被申请人所获得,因而必须由其提供。必要时,该信息应当按照相关标准文献通过实验提供。

在此背景下,应当给出与生物材料的识别和繁殖相关的每一个更加详细的形态学或生理学特性的信息。

如果被保藏的生物材料除非在生物系统中否则无法自我复制,此时生物系统的上述信息也应给出。如果需要例如其他生物材料例如宿主细胞或辅助病毒,而其又无法被充分说明或者无法被公众获得,这样的材料也必须被保藏和被表征,另外还必须对在该生物系统中生产生物材料的方法进行说明。

在很多情况下,上述所需信息已经提交给了保藏机构,只需将其写入申请文件即可。

(ii) 是否在申请日时提供了保藏单位的名称及保藏物的保藏编号。如果保藏单位的名称和保藏编号是后提交的,应当核查其是否是在 Rule 31 (2) 所规定的相关期限内提交的。如果是该期限内提交的,还需进一步核查是否在申请日提供了可以将保藏物与后提交的保藏编号关联到一起的参考资料。通常,保藏者本人为保藏物的鉴别参考资料可以在申请文件中使用。根据 Rule 31 (1) (c) 的后提交资料的文件可以是包含保藏单位名称、保藏编号和上述鉴别参考资料的信件,或者也可以是包含所有这些资料的保藏收据。

(iii) 是否由申请人以外的其他人进行保藏的,如果是,保藏者的姓名和地址是否记载在了申请文件中或者是否已经在 Rule 31 (2) 规定的期限内提交。在该情形下,审查员还应当核查满足 Rule 31 (1) (d) 中所述规定的文件是否已在相同期限内提交给欧洲专利局。

除了上述(i)至(iii)所述的核查,如果之前申请人没有提交保藏证明或等同证据,审查员还应当要求申请人提供保藏单位出具的保藏收据或同等效力的生物材料保藏证明。

如果已经在 Rule 31 (2) 规定的相关期限内提交了该保藏收据,该文件本身被视为根据 Rule 31 (1) (c) 提交的信息。

另外,所述的保藏单位必须是欧洲专利局官方公报所列出的被认可的机构之一,最新的被认可的保藏机构目录将在官方公报上定期发布。

如果不满足以上要求中的任何一项,则所讨论的生物材料不能认为按照 Art. 83 规定用保藏的方式进行了公开。

此外有两种情形，申请人在给定的申请日以后、在提交该文件相关期限内，同时在 Rule 31（2）中（a）至（c）规定的任一期限届满后可提交文件，在其中给出 Rule 31（1）（c）以及适当时 Rule 31（1）（d）所需的有关保藏的信息。如前面内容所述，在 Rule 31（2）规定的相关期限后提交信息的结果是，该生物材料被视为没有按照 Art.83 规定通过保藏的方式进行公开。这些情形是当关于保藏的信息包含以下任一项时：

（i）根据 Rule 40（1）（c）规定引用的在先提交的申请，在 Rule 40（3）规定的两个月期限内或者 Rule 55 规定的期限内提交了该申请的副本；或者

（ii）后提交的，但是在 Rule 56（2）规定的两个月期限内提交的说明书遗漏部分，当满足 Rule 56（3）的要求时，该申请不重新确定申请日。

（4）优先权要求

一份申请可以要求涉及 F-III，6.1 无法获得的生物材料在先申请的优先权。在该情形下，仅当该生物材料依照在先申请递交国家的要求在不迟于在先申请申请日进行了保藏时，该发明才被认为公开于在先申请中以满足 Art.87（1）的优先权要求。并且，在先申请中关于保藏的参考信息必须能够被确认。当欧洲专利申请中提及的生物材料的保藏物与优先权文件中提及的保藏物不一致时，如果欧洲专利局认为有必要，申请人可以选择是否提供二者相同的证据。

（5）欧洲-PCT 案件

涉及前述无法获得生物材料并且指定或者选定了欧洲专利局的国际申请必须满足《专利合作条约》13bis 以及 Rule 31 的规定，这意味着为了该生物材料的充分公开，在被认可的保藏单位的保藏必须不迟于国际申请日，相关信息必须在申请中给出，并且在国际阶段必须提供必要的指示。

7. 专用名称、商标和商业名称

如果使用专用名称、商标或商业名称或类似用于词语仅表示来源，或者如果它们可能表示很多不同的产品，则用它们表示材料或者物品是不符合要求。如果使用了这样的词语，为了满足 Art.83 的规定，则必须能够不依赖于该词语而充分确认该产品，使得本领域技术人员在申请日能够实施该发明。然而，当这类词语成为国际接受的标准说明性术语并且具有确切含义时，它们允许被使用而不必再对它们涉及的产品进行进一步说明。关于涉及商标的权利要求是否清楚的评定（Art.83）。

8. 引用文献

欧洲专利申请中引用的其他文献可能涉及背景技术或者本发明公开内容的一部分。

如果引用文献涉及背景技术，可以在原始申请时记载或者在随后日期中引入本申请中。

如果引用文献直接涉及本发明的公开内容，那么审查员应首先考虑根据 Art. 83 知道在引用文献中它是什么，对于实施本发明事实上是否是必需的。

如果不是必需的，应当从说明书中删除通常的表述"在此作为参考文献引用"，或相同类型的任何表述。

如果该文献涉及的内容对于满足 Art. 83 的要求是必需的，审查员应当要求删除上述表述，作为替代，将该内容清楚地编入说明书中，因为对于本发明的必要特征，专利说明书应自身包含该内容，即，不需参考任何其他文献就能明白。还应记住引用文献不是依照 Art. 65 应翻译的文本部分。

然而，必要内容或必要特征的编入应符合 H-IV，2.3.1 提出的限制。可能检索部门已经要求申请人提供引用的文献，以便能进行有意义的检索。

对于本发明的公开内容，如果在原始申请时在本申请中引用了一篇文献，该引用文献的相关内容应认为是本申请内容的组成部分，因为按照 Art. 54 (3) 引证的申请的目的不同于在后申请。对于本申请申请日前公众不能得到的引证文献，至今只有 H-IV，2.3.1 部分提到的情况符合。

由于 Art. 54 (3) 的影响，极其重要的是，如果引用仅涉及所引用文献的特定部分，该部分应当在引用中清楚标识。

9. "Reach-through" 型权利要求

在某些技术领域，存在如下情况：

(i) 将下列物质之一及其在筛选方法中的用途限定为对本领域的唯一贡献：

——一种多肽

——一种蛋白质

——一种受体

——一种酶，等，或者

(ii) 限定了该分子的一种新作用机理。

可能的情况是这样的申请含有所谓的 "Reach-through" 型权利要求，即权利要求中涉及的化合物（或该化合物的用途）仅以对上述分子之一发挥的技术效果有关的功能性术语进行了限定。

根据 Art. 83 和 Rule 42 (1) (c)，权利要求必须包含对解决问题足够的技术公开。对化合物的功能性限定覆盖了具有权利要求中限定的活性或效果的所有化合物。没有对其身份的任何有效指示而要分离和鉴定所有潜在化合物，或者要测试每个已知化合物和每个可想象的未来化合物的该活性以观察其是否落入该权利要求的范围内属于过度劳动。在效果上，申请人试图要求专利保护尚未发明的物质，申请人可测试用于限定化合物的效果这一事实并不必然导致该权利要求充分公开；事实上它构成了对技术人员执行该研究计划的邀请。

一般来说，涉及可借助于新型研究手段发现的只有功能性限定的化合物的权利要求涉及未来的发明，按照 EPC 没有计划对其进行专利保护。

对于这种"Reach-through"型权利要求，将权利要求的主题限定到其对本领域的实际贡献既是合理的也是必要的。

10. 说明书的充分公开和 Rule 56

按照 Rule 56，为了保留原始申请日可撤回遗漏部分，且该部分不再视为本申请的一部分。

在这种情况下，审查员应当仔细评估在不依赖于所撤回的遗漏部分包含的技术信息的前提下本发明是否仍然充分公开。如果审查员得出的结论是不符合 Art. 83 的要求，应当提出相应的驳回理由。最终，本申请可能因没有充分公开而被驳回。

11. 充分公开和清楚

权利要求模糊可能导致没有充分公开的缺陷，然而，模糊也涉及权利要求的范围，即，Art. 84。因此，一般来说，只有在该权利要求的整体范围受到影响以至于完全不能实施其中限定的发明时，权利要求的模糊才会导致按照 Art. 83 的缺陷。否则，适用于按照 Art. 84 的缺陷。

具体来说，如果权利要求包含不当限定的参数，技术人员根据作为一个整体的公开内容且使用其掌握的普通技术知识不能确定（无需过度劳动）解决本发明所述问题必需的技术措施，那么应当提出按照 Art. 83 的缺陷。对于不当限定的参数，如果技术人员不知道其是在权利要求的范围内还是在范围外起作用，那么该问题涉及没有进行清楚的限定且单独地属于按照 Art. 84 的缺陷问题。

在 Art. 83 和 Art. 84 之间存在微妙的平衡，需要根据个案特点进行评估。因此，需要注意的相反情况是，没有充分公开的缺陷不仅仅是 Art. 84 的隐含缺陷，特别是在权利要求模糊的情况下。另一方面，即使缺乏支持/不清楚不是反对的基础，其涉及的问题也可能事实上关系到 Art. 83。

二、涉及"公开不充分"的中欧法律规制对比分析

（一）专利法、实施细则层面

中欧关于说明书充分公开的规定，都对说明书提出了"清楚"和"完整"的要求，以及"使所属领域的技术人员能够实现"的要求。

不同之处在于，欧洲专利公约中对清楚和完整采用了"充分"这一限定，

要求以"充分"清楚和完整的方式公开发明，在字面上看起来比我国专利法中对公开充分的要求更高。

《欧洲专利公约实施细则》第42条第1款（c）和（e）给出了公开充分方面的相应规定，我国在《专利法实施细则》中未就说明书充分公开的事项加以规定。

（二）审查指南层面

对我国和欧专局审查指南层面关于充分公开的相关审查标的对比，可以归纳为下几方面：所属领域的技术人员、普通技术知识、公开不充分与实用性、公开不充分与其他法律条款、证明责任、部分公开不充分的情形、生物领域（含Reach-through型权利要求）、专用名称方面的规定、引用文献、实验数据。其中，较为主要的是以下几个方面：

1. 对所属领域的技术人员的理解

如上文所述，此前的相关研究中认为，EPO在评价公开不充分时的所属领域的技术人员与评价创造性时是不同的，其仅知晓本领域的普通技术知识，而不知晓本领域的现有技术；为评价创造性或非显而易见性，技术人员预期能够获得现有的所有相关文献。但是，在判断充分公开时，此人不应预期进行任何检索以获得描述本身遗漏的必要信息。只不过可以依赖公知常识来填补描述缺陷。然而，在欧专局的法律规制中，并未找到这样理解的证据。

EPO《审查指南》Part G 第VII章3节中对所属领域的技术人员进行了解释，并明确记载了"应当牢记所属领域的技术人员在评价创造性和充分公开时具有同样的水平和技能"。

在欧洲《审查指南》对专利申请是否充分公开的规定中，明确写明申请是针对所属领域技术人员，因此不必要也不需要给出公知的附加特征的详细信息。

我国在审查指南中指出所属领域的技术人员的含义在评价创造性时和评价公开充分时是相同的，在审查实践中也执行了这样的标准。

我国和欧专局对于公开不充分评价中本领域普通技术人员的含义的规定是相同的，但审查实践中的执行标准是否也一致，则有待进一步的案例研究给出结论。

2. 对于普通技术知识的含义的解释

普通技术知识是欧专局所特有的一个概念，与我国的"公知常识"相对应，二者的含义并不完全相同。

关于普通技术知识，欧洲专利局规定，审查充分公开时需要对证据是否构成普通技术知识作出判断，根据欧洲专利局《审查指南》的规定和欧洲专利局申诉委员会的判例法，判断文献记载内容是否构成"普通技术知识"的原则包括以下三项：技术手册、专著和教科书中公开的技术信息才有可能构成普通技术知识；专利文献和经过全面检索获得的技术情报通常不构成普通技术知识；作为例外，对于一些新的技术领域，由于教科书还不能提供相关技术知识，专利文献和科技出版物也可能构成普通技术知识。但是，即使是在新的技术领域，也不是任何专利文献和科技出版物都可以构成普通技术知识，是否构成普通技术知识的关键在于能否合理推断出所述专利文献和科技出版物中记载的内容被所属领域的技术人员所广泛获知。作为一个规则，如果所描述的有疑问的知识可以从教科书或专著中得到，则这种描述是充分的。

我国《专利审查指南》中相对应的概念是"公知常识"，并以举例的形式对公知常识加以解释。本领域中解决该重新确定的技术问题的惯用手段，或教科书或者工具书等中披露的解决重新确定的技术问题的技术手段都属于公知常识。

比较二者的规定，可以发现，EPO将专著和某些新技术领域中由于教科书还不能提供相关技术知识的情况下的专利文献和科技出版物也纳入了普通技术知识的范畴；而我局则在教科书和工具书之外给出了"惯用技术手段"这一公知常识的情形。

3. 公开不充分与实用性条款的适用

在欧专局《审查指南》规定的属于公开不充分的情形，与我国认为不具有实用性的情形存在一定的交叉关系，因而有必要列出，加以明确。

第一种情况是发明的成功实施依赖于偶然性，也就是说，当技术人员按照教导实施发明时，发现发明所宣称的效果是无法再现的，或者成功获得该技术效果的方式是完全不可靠的。可能产生该情形的一个例子是涉及突变的微生物工艺。第二种情况是发明由于违反已经被广为接受的自然规律而根本不可能成功实施，例如永动机。

EPO认为第二种情形同时也不满足Art. 52（1），即不具备"工业实用性"。

上述情况下，发明存在根本性的公开不充分缺陷使得本领域技术人员不能实现该发明，从而不符合Art. 83的规定并且基本上无法补救。

此外，EPO还认为一项发明不应当由于实施过程中遇到合理程度的困难而被直接认定为其不可实施。给出的例子是：一种人造髋关节只有经验丰富和能力超群的外科医生才能将其安装到人体之内，这样的困难并不会妨碍从说明书中充分获取信息来制造外科整形设备，并取得再现发明以制造出人造髋关节的结果。而这种情形，在我国的审查中，也是属于不具有实用性的情形。

4. 对于公开不充分的证明责任

充分公开审查中，明确证明责任的分配具有重要意义。

对于公开不充分所涉及的证明责任，欧专局给出了清楚的规定。EPO 的《审查指南》中规定：关于 Art. 83，公开不充分的反对意见则意味存在着以事实证明为依据的严重疑问。在特定情况下，如果审查小组能够给出充分理由说明该申请没有公开充分，申请人有责任证明该发明能够在要求保护的整个范围内被实现和重复。从而规定了审查员和申请人双方在公开不充分的审查中各自的责任：审查员应当充分说理，而申请人承担证明责任。

此外，EPO 还就关于实施和再现发明可能性的举证责任进行了明确：如果如上所述对实施和再现发明的可能性存在严重怀疑，申请人或者专利权人有责任对其可能性进行举证或者至少论证其成功实施是可信的。在异议程序中可能出现如下情况，例如反对者通过做实验表明专利主题无法实现预期技术效果。

与之形成对比的是，我国对此问题的规定则相对简单，指出"审查员如果有合理的理由质疑发明或者实用新型没有达到充分公开的要求，则应当要求申请人予以澄清"。

5. 部分公开不充分的情形

新修订的欧洲专利局《审查指南》增加了对部分公开不充分情形的解释，包括仅部分发明不能实施、缺乏众所周知的细节和实施发明存在困难。

（1）仅部分发明不能实施

发明中仅有部分实施例不能实施，并不能直接得出发明主题整体不能实施，即不能解决其技术问题并获得预期技术效果的结论。但如果该缺陷不能被克服的情况下，应审查小组的要求，必须删除无法实施的那部分说明书内容及相关的权利要求，或将之标记为不属于本发明内容的背景技术信息。还必须在说明书中写明其余的权利要求可以得到说明书的支持，并与被证实不能实施的那些实施例无关。

（2）缺乏众所周知的细节

说明书不必为了充分公开的目的而记载本领域技术人员根据教导实施发明所需要的所有操作细节，前提是根据权利要求的定义或者基于普通技术知识这些细节是众所周知的并且清楚的。

（3）实施发明存在困难

如上文所述，实施发明存在困难与我国审查实践中不具有实用性的情形存在交叉。而对于仅发明的一部分不能实施和缺乏众所周知的细节，尽管其处理方式与我国审查实践并无矛盾，但其对这些情形的明确规定是我国《专利审查指南》中所未给出的。

除在上述几方面我国与欧专局的审查标准存在区别以外，EPO《审查指南》中明确规定了 Reach-through 型权利要求所涉及的发明的充分公开的审查标准，而我国的审查指南中并无相应规定；我国审查指南中对实验数据进行了具体要求，而 EPO 的审查指南中并未对实验数据进行专门的规定；我国与欧专局对专用名称、商标和商业名称是否满足充分公开的做法一致，但欧专局审查指南中给出了审查标准，我国并未进行明确文字规定。

结　语

本文初步探讨了中欧在公开充分审查中的法律规制的区别，但对应审查实践中对于标准的执行情况，有待于进一步的深入研究，以明确 EPO 在公开不充分的评价中对于"本领域技术人员""普通技术知识"等概念的把握标准，并为我国的审查实践提供有益的借鉴。

浅谈 ISO 9001 质量管理体系对欧洲专利局的影响

审查业务管理部　边钰涵

摘　要：ISO 9001 质量管理体系是被普遍认可的质量管理标准，它科学概括了世界先进的管理经验精华。质量问题是近年来各国/地区专利组织聚焦的热点问题，各专利组织纷纷采取措施提升专利审查质量及对其的管理。ISO 9001 质量管理体系作为先进的管理理论和实践指导，为促进专利审查质量提升提供了有力的工具，受到多个专利局的青睐。欧洲专利局（简称欧专局）的专利审查质量居于世界领先水平，这与其通过 ISO 9001 标准认证密不可分。本文首先介绍了 ISO 9001 质量管理体系的概况，然后阐述了欧专局质量管理体系的有关内容，最后从构建标准化质量管理机制、坚持主动改进、建立高质量专利申请良性循环以及提升服务意识和质量意识四个方面分析了 ISO 9001 标准在提升专利审查质量管理方面的影响。

关键词：ISO 9001　专利审查质量管理　影响

一、引　言

ISO 9001 质量管理体系是被国际公认的科学管理体系，它是概括、总结、提炼世界各国质量管理理论和实践的精华而形成的质量管理标准，提供了一套应用性较强的质量管理方法。ISO 9000 族标准自发布以来，由于其科学性、适用性和良好的效果，不仅被企业所广泛采用，而且在服务业、政府部门也受到青睐。由于专利审查及其相关工作重视过程管理和用户导向，ISO 9000 族标准的多项原则与专利审查及其管理较为契合，近年来国际上多家专利管理和审批机构在专利审查管理过程中引入了 ISO 9001 标准，以改进质量管理、提高专利审查质量。例如英国知识产权局（UKIPO）的专利授权过程在 2003 年获得了 ISO 9001：2000 标准的认证；❶ 美国专利商标局（USPTO）的新审

---

❶ Trade Marks and Designs Division ISO 9001 Quality certification ［EB/OL］. https://www.gov.uk/government/news/trade-marks-and-designs-division-iso-9001-quality-certification.

查员培训项目在 2009 年通过了 ISO 9001：2008 标准的认证。❶

欧洲专利局的专利审查质量在世界范围内得到广泛的认可，它在 2004 年 12 月发布了"欧专局质量使命"和"欧专局审查质量战略"，要求准备实施一个正式的质量管理体系，并在 2007 年根据 ISO 9001 标准建立了质量管理体系。经过多年筹备，欧洲专利局的专利授权程序于 2014 年 12 月通过了 ISO 9001 标准的认证，专利信息以及授权后流程于 2015 年 12 月通过了 ISO 9001 认证。欧洲专利局历经十余年建立完善质量管理体系，并努力通过了 ISO 9001 标准的认证。ISO 9001 标准对欧专局的审查质量提升以及质量管理体系的建立和运行产生了怎样的影响，值得深入探讨。

二、ISO 9001 质量管理体系概述

ISO 9000 族标准源自"二战"期间美国军工企业的管理实践，是由国际标准化组织（ISO）制定的一套关于质量管理的国际标准的统称，其目的是帮助提供不同类型的产品和不同规模的组织建立和运行有效的质量管理体系，为希望不断提升产品和服务以便更好满足用户需求的企业和组织提供指导和工具。它最初发布于 1987 年，后经不断完善而形成系列标准。ISO 9000 标准由众多质量管理体系标准文件组成，为组织建立起以过程为基础的质量管理体系提供指导，其核心标准有 4 个，见表 1。❷

表 1　ISO 9000 标准核心组成

序号	标准文件名称	内　　容
1	ISO 9001：2015《质量管理体系要求》	对建立质量管理体系提出要求，目的在于提升顾客的满意度
2	ISO 9000：2015《质量管理体系基础和术语》	表述质量管理体系基本原则并规定各种质量管理关键术语
3	ISO 9004：2009《质量管理体系业绩改进指南》	提供考虑质量管理体系的有效性和效率两方面的指南，据此标准建立的质量管理体系比依据 ISO 9001 标准建立的体系对组织有更高的要求

---

❶ United States Patent And Trademark Office. Patent Training Academy Receives ISO 9001：2008 Certification [EB/OL]. http://www.uspto.gov/about-us/news-updates/patent-training-academy-receives-iso-90012008-certification.

❷ 刘黎. 政府部门实施 ISO 9000 质量管理体系存在的问题及对策 [D]. 广州：中山大学，2010.

续表

序号	标准文件名称	内　　容
4	ISO 19011：2011《质量和（或）环境管理体系审核指南》	提供审核质量管理体系和（或）环境管理体系的指南

在 ISO 9000 族标准所包括的 22 个标准中，ISO 9001 标准是唯一可认证的质量管理标准。ISO 9001 标准通过明确在各项工作中应达到的基本质量要求，为组织规定了增进顾客满意所必须开展的工作项目，各组织可以根据所属行业、自身规模、顾客要求、法律法规要求等因素，采用适用的管理工具与方法，不断提高质量管理水平、追求持续成功，符合认证要求的可以获得国际承认的质量管理认证证书。ISO 9000 标准曾在 1994、2000、2008 和 2015 年进行换版，目前最新版本 ISO 9001：2015 标准已经发布。❶ ISO 9001：2015 标准以 7 项质量管理原则为基础，分别是：①以顾客为关注焦点，②领导作用，③全员参与，④过程方法，⑤改进，⑥基于事实的决策方法，⑦与供方互利的关系。

ISO 9001 质量管理体系是一个对各企事业单位的质量管理进行评估和登记注册的体系，它总结了各国先进的企业管理经验，适应全球经济一体化的发展。❷ 该体系不仅借鉴了系统论，信息论和控制论的思想，也有很强的科学性、经济性和社会性，同时国际标准化组织能够根据情况变化，及时对 ISO 9001 质量管理体系进行修改。据国际标准化组织统计，目前有来自 170 多个国家的超过 100 万企业和组织通过了 ISO 9001 的认证。

三、欧洲专利局基于 ISO 9001 标准的质量管理体系情况❸

欧洲专利局于 1977 年依据《欧洲专利公约》成立，共有 38 个成员国。欧专局的宗旨是维护成员国的利益、促进创新、竞争和经济增长；主要职能是负责世界各国申请人提交的欧洲专利申请的受理与审批工作。❹ 欧专局的专利审查质量居于世界前列，根据英国《知识产权资产管理》（*Intellectual Asset Management*）杂志所针对中、美、日、欧、韩世界五大专利局所开展的年度用户满意度调查结果显示，2010 年、2011 年、2012 年、2015 年和 2016 年，

---

❶ 由于本文所涉及的通过 ISO 9001 标准认证的机构尚未进行 ISO 9001：2015 标准的转换，除有特殊说明外，本文涉及 ISO 9001 标准均指 ISO 9001：2008 标准。

❷ 倪永付. ISO 9001 质量管理体系在基层检验检疫部门的应用研究——以济宁检验检疫局为例［D］. 济南：山东师范大学，2014.

❸ 本文关于欧洲专利局的质量管理信息均来自于欧洲专利局官方网站"质量"专栏，网址 www.epo.org/about-us/office/quality.html。

❹ 来源：http://www.lvse.com/site/epo-org-1081.html。

欧专局的专利审查满意度均得分最高。欧专局在2007年根据ISO 9001标准建立了其审查质量管理体系，包括检索、审查、异议、限制和撤销在内的专利授权程序在2014年12月通过了ISO 9001：2008标准的认证；2015年12月欧专局宣布，与专利审查工作相关的欧洲专利公布、欧洲专利登记簿和官方公报以及授权后费用缴纳程序亦获得ISO 9001：2008标准的认证。欧专局的质量管理体系已覆盖专利审批、信息公开和授权后流程在内的所有与专利申请有关的业务。

（一）质量方针

质量方针是欧专局进行质量管理的纲领性文件，它论述了管理层和员工必须遵守的原则。

该质量方针包括法律确定性、服务、持续改善、参与、有依据的决策、开放和承诺7个原则。❶

（1）法律确定性：欧洲专利制度的用户期望欧专局授予的专利权拥有最高程度的法律有效性。因此，欧专局完全依照适用的法律框架，尤其是欧洲专利公约及其他国际条约的规定高效、及时地授予专利权和作出决定。

（2）服务：欧专局通过提供可靠、高效且有效的服务，致力于维护欧洲专利制度的所有用户以及欧洲共同体的利益和满意度。

（3）持续改善：欧专局通过不断改进其培训体系、工具、程序，来提升其产品和服务的完整性、一致性和及时性，以及其员工的技巧和能力。

（4）参与：欧专局鼓励和授权管理层和员工参与到质量改善的活动中。

（5）有依据的决策：欧专局的决策均依据事实作出，这些事实必须经得起检验和挑战，并使得调整措施以及改进产品和服务质量成为可能。

（6）开放：欧专局与其用户建立密切的联系，以提升质量、提高其过程和服务的效力。

（7）承诺：欧专局的高层通过积极参与质量改进活动并起到领导和表率作用而践行质量政策。

（二）质量管理体系

欧专局实施质量管理体系的目标是为了确保向用户提供的产品和服务的质量能够满足和超越各方面的要求和用户的期待，致力于追求卓越。在实现质量目标的过程中，欧专局重视过程监控和管理评估。质量管理体系的范围包括检索和审查、异议、限制和撤销，以及专利信息和授权后流程。管理层会对质量管理体系运行的效率、效果以及需要调整的决策进行常规性评估。欧专局计划—执行—检查—改进（PDCA）运行示意图见图1。

---

❶ 曲燕，王大鹏．试析专利审查质量与质量文化建设的关系［J］．知识产权，2013（11）：89-93．

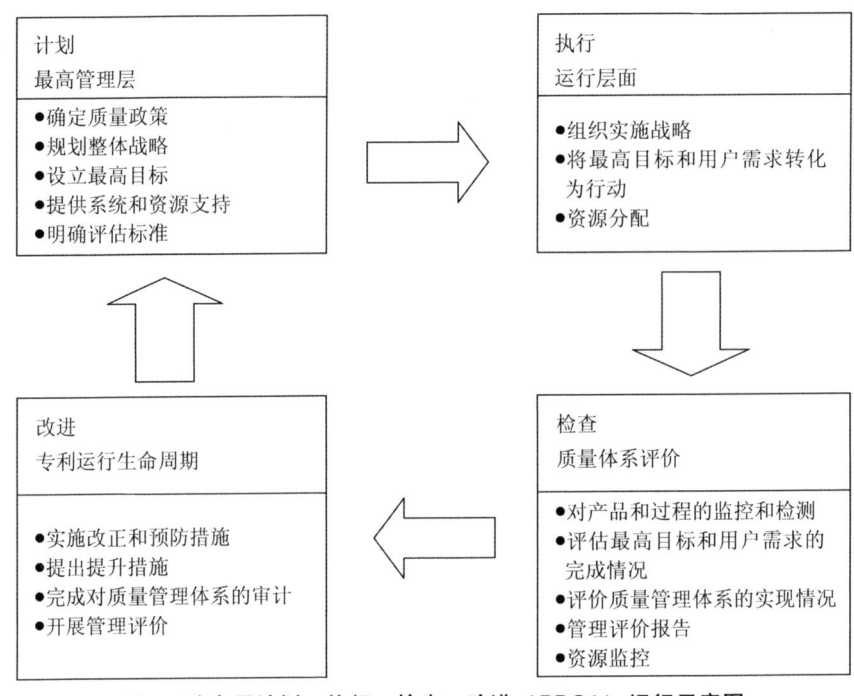

```
┌─────────────────────────┐         ┌─────────────────────────┐
│ 计划                     │         │ 执行                     │
│ 最高管理层               │   ⇒    │ 运行层面                 │
│ ● 确定质量政策           │         │ ● 组织实施战略           │
│ ● 规划整体战略           │         │ ● 将最高目标和用户需求转化│
│ ● 设立最高目标           │         │   为行动                 │
│ ● 提供系统和资源支持     │         │ ● 资源分配               │
│ ● 明确评估标准           │         │                          │
└─────────────────────────┘         └─────────────────────────┘
         ⇑                                       ⇓
┌─────────────────────────┐         ┌─────────────────────────┐
│ 改进                     │         │ 检查                     │
│ 专利运行生命周期         │   ⇐    │ 质量体系评价             │
│ ● 实施改正和预防措施     │         │ ● 对产品和过程的监控和检测│
│ ● 提出提升措施           │         │ ● 评估最高目标和用户需求的│
│ ● 完成对质量管理体系的审计│        │   完成情况               │
│ ● 开展管理评价           │         │ ● 评价质量管理体系的实现情况│
│                          │         │ ● 管理评价报告           │
│                          │         │ ● 资源监控               │
└─────────────────────────┘         └─────────────────────────┘
```

图 1　欧专局计划—执行—检查—改进（PDCA）运行示意图

（三）质量指标

欧专局向用户公开的质量指标包括用户满意度、专利授权程序的及时性、用户服务的及时性和外部投诉4个方面，属于与用户相关性较大的4类指标。在欧专局网站上会将上述指标按照年度公开，尚未涉及欧专局内部管理的指标。

（四）外部质量反馈措施

欧专局采取了多种质量反馈措施，全面听取组织内部和外部相关方的意见，以不断地提升质量。外部质量反馈措施主要包括：

1. 用户满意度调查和咨询

欧专局委托独立的第三方调查机构采访用户对欧专局整体以及对具体申请的满意度，调查分为针对检索和审查服务和针对专利管理服务两种形式。调查结果在欧专局网站上向公众公开。此外，欧专局管理层会不定期与申请人和有关专家学者召开讨论会，用户所提出的质量问题会直接反馈给欧专局有关部门解决。

2. 外部投诉

欧专局有专人负责处理外部利益相关方的投诉，用户可通过纸件、电子邮件和网页的途径向欧专局进行投诉，但投诉程序不能代替已有的法律救济手段。

3. 外部质量监督机构

为了使利益相关方在欧洲专利制度的发展过程中有献言建议的机会，欧专局的首任局长在 1978 年创立了常设顾问委员会。其成员包括来自产业界和专利行业的代表以及主席指定的工业产权律师。每年委员会及其细则、指南、专利文档和信息小组召开讨论会议。

4. 质量伙伴会议

欧专局每年组织多国/地区的用户召开质量伙伴会议，进行面对面交流，例如 2014 年、2015 年均在中国举办该会议。

（五）欧专局组织机构

在 30 年的发展历程中，EPO 不断根据形势的发展变化调整和完善其组织机构设置。EPO 的机构设置分为局、总部（Directorates-General，简称 DG）、部、处和科 5 级管理框架，设有局长 1 人，副局长 5 人。2004 年年底，EPO 完成对机构设置的重组工作，所有的审查业务整合纳入审查业务部，对审查工作提供业务支持的质量管理、培训、文献和自动化等部门整合纳入业务支持部。上述改革措施有助于形成各部门职责分明、相互支持的高效运作机制。❶ 欧专局局长对质量管理体系负全面责任，他通过建立质量方针和质量目标来支持质量管理体系的运行。欧专局的组织机构设置分为局、总司（简称 DG）、司（或部）、处和科 5 级管理框架。

（1）审查运行总司（DG1）：下设检索、实审和异议部。

（2）运行支持总司（DG2）：下设专利管理、质量管理、设备/文献和信息系统部。

（3）申诉总司（DG3）：下设各上诉委员会。

（4）行政管理总司（DG4）：下设财务、人事、规划管理、专利信息和语言服务部。

（5）法律和国际事务总司（DG5）：下设欧洲/国际事务、国际法律事务/专利法、法律服务和欧洲专利学院。❷

四、ISO 9001 标准促进质量管理的思考

ISO 9001 质量管理体系在促进专利审查质量提升方面发挥了积极作用，对欧专局的质量管理产生了积极影响，可供其他专利审批机构借鉴。

---

❶❷ 中华人民共和国国家知识产权局. 欧洲专利局［EB/OL］. www.sipo.gov.cn/gjhz/qkjs/201310/t20131023_832329.html.

（一）构建标准化的质量管理机制

机构通过认证 ISO 9001 标准，会在组织内部建立一个"标准化"的明确职责、树立目标的工作流程。这个流程对组织最明显的促进作用，在于明晰了各岗位的职责和权力，将整个组织构成相互关联的网络，使得质量管理有章可循、环环相扣，避免了出现问题互相推诿、扯皮的现象。

欧专局建立了权责明确的组织质量管理机构，部级和局级管理职能清晰。各审查单位（DG1）负责审查执行层面上的过程质量控制；运行支持总司（DG2）下设的质量管理部进行质量政策研究和实施质量保障等。此外，欧专局还推出了新的管理系统——检索和审查的一致评价系统（CASE），旨在加强对不合格产品的辨别、纠错和管理，以确保产品质量和流程得以不断改进❶。各个层级的质量管理部门的职能不重叠、不遗漏。基于 ISO 9001 标准而构建标准化的质量管理机制对提升质量管理水平发挥重要作用。

（二）坚持主动改进

改进是质量管理体系保持生机和活力的源泉❷。作为一个螺旋上升的体系，欧专局的审查质量管理过程严格按照 ISO 9001 标准的质量改进模型实施。首先由欧专局的领导层确定质量政策和目标，随后根据人力资源、培训能力和基础设施情况制定相应的工作计划，并在检索、审查等运行工作中加以落实，输出令用户满意的工作产品和服务。随后对工作执行情况进行检查和评估，根据评估结果提出需要改进的目标和措施，并体现在下一年度的质量政策和目标中。在确定质量政策、质量目标的环节以及对工作产品进行评价的环节中，都有用户互动过程，用户的需求和意见将会直接作用于欧专局的质量管理体系。这样主动的改进方式避免了"头痛医头、脚痛医脚"的情况，促进质量管理体系的不断完善和质量的全面提升。

（三）建立高质量专利申请的良性循环

根据 ISO 9001 标准所提出的"供方—企业—顾客"这一供应链似的经营管理理念，企业在寻找和确定了目标顾客之后，必须选择好关键供货商，与其相互依存、互惠互利、共同理解和满足顾客要求，以建立互惠的"供方—企业—顾客"增值供应链，直至在企业与供方、顾客之间形成战略伙伴关系，使各方共同增值。一个企业要想持续地满足和超越顾客要求，仅关注自身的经营管理是不够的，必须在识别和增进自身的核心竞争力的同时，选择和培

---

❶ 李晴晴.欧洲专利局质量与效率政策介绍与启示［J］.中国发明与专利，2015（8）：24-29.

❷ 倪永付.ISO 9001 质量管理体系在基层检验检疫部门的应用研究——以济宁检验检疫局为例［D］.济南：山东师范大学，2014.

育与企业发展密切关联的供方，明确对其评价和控制的要求。❶

在专利申请质量中这一理念同样适用，供应链相应转换为"申请人—审查员—公众"。欧专局 2007 年年度报告中指出，随着社会、经济、技术和政治的全球化，专利诱饵的增多，专利申请质量每况愈下，甚至出现了未根据《欧洲专利公约》规定撰写的专利申请。符合要求的高质量专利申请有利于推动技术进步，也是有效地进行检索和审查的前提。为提升专利申请的质量，欧专局在 2008 年对指南进行了针对性修订，例如在审查员撰写书面意见和检索报告的过程中，申请人只能有一次主动修改机会。❷ 此外欧专局还利用准备 ISO 9001 标准认证的机会，对容易导致审查工作出现问题的主题开展校核工作，在分类工作中引入质量控制体系等，以提升专利审查的质量。

(四) 提升服务意识和质量意识

ISO 9001 标准以顾客为第一关注焦点，顾客满意是质量管理体系的重要原则性要求。组织应重视顾客对于组织的感受的相关信息，并确定获取和利用信息的方法。2014 年 12 月 9 日，欧专局首次在其网站上公布了用户服务宣言，从服务的内容、质量、方式、反馈等方面对欧专局预期达到的用户服务水平进行了阐述和承诺；❸ 此外，欧专局采取了多种外部反馈措施，例如用户满意度调查、质量伙伴会议等，目的就是尽可能收集用户的意见，从用户角度审视质量管理体系需要改进与提升的方面，并在实践中加以落实，实现质量的改进，为用户提供高质量的产品和服务。

---

❶ 刘敏. 浅谈建立质量管理体系的作用及意义 [J]. 中国科技纵横，2013 (18).

❷ 欧洲专利局. 欧洲专利局 2008 年年度报告 [EB/OL]. http：//www.epo.org/about-us/annual-reports-statistics/annual-report/2008.html.

❸ 李晴晴. 欧洲专利局质量与效率政策介绍与启示 [J]. 中国发明与专利，2015 (8)：24-29.

浅析美欧日韩外部反馈机制

审查业务管理部　李是珅

摘　要：美欧日韩四局作为世界主要知识产权局，立足于为用户提供优质的服务，在外部反馈机制方面采取了多种与用户的沟通渠道和特色措施，其中有些与我局有所类似，有些我局尚未开展。本文将美欧日韩四局外部反馈机制汇总整理，并与我局进行对比，为我局外部反馈相关工作提出建议。

关键字：美欧日韩　外部反馈　法律　机构

引　言

美国专利商标局（USPTO）、欧洲专利局（EPO）、日本特许厅（JPO）、韩国知识产权局（KIPO）与中国国家知识产权局（SIPO）是世界五大知识产权局，承担了全球90%以上的专利申请和审查。专利审查的质量一直是各局以及用户的首要关注点。各局除了在内部通过各种手段改进审查质量之外，也纷纷建立了有效的外部反馈机制，让用户参与到质量管理之中，其中许多措施对我局有一定的借鉴作用。

一、USPTO 外部反馈机制

（一）相关法律

根据35 U.S.C.（美国专利法）第301节，任何人均可在任何时间书面向 USPTO 提出认为与特定专利的权利要求的可专利性相关的现有技术情况，提交现有技术信息可以是匿名的，提交者的身份将不包括在正式文档中并保持机密。

2011年，《美国发明法案》在35 U.S.C. 第122节中增加第（e）项，规定第三方可以提交与正在审查的专利申请可能相关的现有技术，同样要满足以下日期要求：

（1）根据35 U.S.C. 第151节 在专利申请的书面授权通知发给或邮寄给申请人之前；或者

（2）根据35 U.S.C. 第122节 在专利局首次公开专利申请后6个月内，

或在专利申请的审查期间,审查员根据 35 U.S.C. 第 132 节对申请的任何权利要求提出拒绝的首次最终通知之前。

此外,还需要提交:

(1) 对每份提交文件提出的声称有相关性的简要说明;

(2) 按照局长规定的费用;

(3) 提交人的陈述,确认这样的提交符合第 122(e)项的规定。

该条款在 2012 年 9 月 16 日已生效,适用于任何正在审查中的专利申请。

(二) 机构设置❶

根据《美国发明者保护法案 1999》建立的公共咨询委员会是 USPTO 的外部监督机构,对美国商务部和 USPTO 进行建议,成员由代表美国各方利益的外部人员组成,美国商务部长任命人选,对政策、目标、绩效、预算以及费用各方面进行监督,下设 PPAC(专利公共咨询委员会)和 TPAC(商标公共咨询委员会)。

每个财年年末 60 天内,PPAC 和 TPAC 都要筹备一份报告,该报告呈送商务部长、美国总统和参众两院司法部委员会,并且在官方公报上发表并在网站公开,报告长达 70 多页,包括 USPTO 各个方面的信息。

PPAC 有 9 名商务部长任命的有表决权的成员,其中来自小微企业、个体发明人以及非营利组织的代表人数要大于 25%,至少包括 1 名个体发明人,9 人中包括 1 名主席和 1 名副主席,所有成员的介绍都在 USPTO 网站上公开,另外还包括 3 名来自一些劳动组织和协会的无表决权的成员。名单简历都在网上公开。

委员会每年至少需要开两次会,实际上最近几年每年会召开四次正式会议以及若干次电话会议,除多数成员投票表决不同意之外,会议向公众公开,公众可以在会前通过网络或者面交的方式提交书面意见,但是只有主席允许才可以进行发言,会议日程和详细讨论内容也会在网站上公开。

(三) 反馈途径

1. 用户满意度调查❷

USPTO 每年会分别进行内部质量调查和外部质量调查,均委托外部公司进行,每半年各开展一次。内部质量调查主要关于上一季度审查员对于影响专利审查各种因素的满意度,例如局内相关的系统工具、培训等,以及申请人相关的申请质量、答复质量等,外部质量调查主要关于上一季度申请人以

---

❶ 来源:https://www.uspto.gov/about-us/organizational-offices/public-advisory-committees/patent-public-advisory-committee-ppac。

❷ 来源:http://www.uspto.gov/about-us/performance-and-planning/data-visualization-center。

及从业者对于专利审查质量的满意度,例如审查员之间的一致性、驳回决定的合理性以及审查员对于法律和程序的遵守度。内部质量调查和外部质量调查的结果均会在 USPTO 官方网站通过可视化仪表盘的形式进行公开,并保留历史数据。

2. 用户投诉❶

USPTO 更倾向于将用户投诉(complaint)定义为与侵权/欺诈相关。根据《美国发明者保护法案 1999》,USPTO 不涉及和参与针对发明者/公司进行投诉的法律调查,但是会在官方网站提供一个平台公开投诉者的投诉内容,以及另一方针对投诉的答复,使得信息透明防止欺诈。投诉必须包含投诉者和被投诉者的信息和联系方式,写明投诉原因并且承诺愿意公开。

3. 其他形式❷

2015 年 USPTO 发布了 EPQI(专利质量提升计划),其中包含许多征求反馈意见的途径,主要包括:

(1)联邦纪事通告:USPTO 发布政策和制度改革之前,先告知公众,公众可提意见。

(2)网站和电子邮件:USPTO 官方网站所有板块页面都支持点赞和差评,并附有负责人的联系方式和邮箱,并且可以一键分享到 Facebook、Twitter 等社交媒体。新设置的电子邮箱 WorldClassPatentQuality@ uspto. gov 专门用来收集建议和意见。

(3)专利质量峰会:2015 年 3 月 26~27 日召开,包括一系列会议,包括实际出席以及网络参加超过 1 000 人。

(4)路演和圆桌会议:USPTO 在纽约、圣克拉拉和达拉斯举行路演宣传 EPQI,分为介绍、公开论坛以及小组讨论 3 个部分;圆桌会议包括与当地的知识产权组织、产业界的会议。

(5)网络聊天室:每月 1 次,每次 1 小时,提前先确定一个主题,如审查员面对面会晤、专利质量评价、促进全球专利审查等,包括前半小时的介绍以及后半小时的讨论,收集内部审查员以及外部利益相关者的意见和建议。

二、EPO 外部反馈机制

(一)相关法律

根据 EPC Art. 115 的规定,外部公众向 EPO 提交反馈意见仅限于针对请求保护发明的可专利性,不需要支付任何费用,其他要求如下:

---

❶ 来源:https://www.uspto.gov/patents-getting-started/using-legal-services/scam-prevention。

❷ 来源:https://www.uspto.gov/patent/initiatives/enhanced-patent-quality-initiative-0。

（1）必须采用英、法、德3种语言之一；

（2）提交的现有技术等文件可以是任何语言，EPO随后有权要求提交人提供对应的翻译文件；

（3）可以匿名提交意见；

（4）提交的意见中应当删除攻击性的语言。

（二）机构设置❶

为了在欧洲专利制度的发展过程中给感兴趣的相关人员提供发言的机会，EPO首任局长J. B. van Benthem在1978年创立了常设顾问委员会（SACEPO），其成员包括来自产业界和专利行业的代表以及EPO主席指定的知名工业产权律师。成员任命3年为一届。

SACEPO首届会议召开于1979年1月。从此之后，固定会议每年6月在慕尼黑举办。除常规会议外，每年委员会还会组织特别会议、书面咨询等方式讨论解决出现的重要问题。每年委员会及其细则、指南、专利文档和信息小组召开讨论会议。

所有影响欧洲专利制度的问题都会征求SACEPO的意见，这些问题既包括欧洲内部问题和国际问题，例如：欧洲专利公约的修订，在欧洲专利制度中引入宽限期的可能，单一专利，PCT改革等；又包括日常问题，例如，欧洲专利公约实施规则的调整，EPO的收费政策，口头审理程序的实践安排等。委员会常规咨询目标是确保从用户角度审视欧洲专利法及其实践的修订和变化，并在变化实施之前对这些变化进行充分的讨论。

除了委员会的常规会议，由产业界、图书馆、专利文献和专利代理行业的专家组成的特别小委员会每年会在EPO的维也纳分局召开会议，讨论专利文献的问题。委员会还成立了指南特别工作组和细则（rules）特别工作组，职能是就EPO审查指南的修订和实施细则的修订提出咨询建议。

（三）反馈途径❷

1. 用户满意度调查

EPO的用户满意度调查覆盖申请、检索、审查和授权过程，既包括检索和审查方面，也包括专利管理方面。

对于检索和审查方面的调查以3年为周期，循环覆盖所有技术领域，对向欧洲地区申请和PCT申请人进行抽样，调查其对EPO整体和具体技术领域的满意度，包括对于实审员的工作。调查通过电话采访进行，每个周期有7 000名受访者参与。

---

❶ 来源：http://www.epo.org/about-us/office/sacepo.html。

❷ 来源：http://www.epo.org/about-us/office/quality.html。

专利管理方面的调查以 2 年为周期，从 EPO 的大客户群体中选择部分进行，如中国的华为公司，主要调查针对形式审查和用户服务的满意度。调查通过网络进行，每次有数百名受访者参与。

2. 用户投诉

EPO 通过纸件、电子邮件以及网络平台受理投诉，由管理运行总司 DG2 中的质量管理部集中负责处理，处理期限为 20 个工作日，会给出书面答复，并且在 EPO 官方网站上会更新投诉数量、投诉类型、答复比率等相关的信息。对于投诉结果 EPO 会参考纳入年度质量报告，以期发现内部问题，并实施恰当的更正措施，提升用户满意度。

3. 其他形式

EPO 每年通过专利质量伙伴会议与世界各地的用户进行交流，内容包括对于 EPO 需要提高的方面进行建议，也包括对于 EPC 条约的修改、PCT 事务以及法律实务问题等特定议题。另外，EPO 也会与来自全球的资深学者和专家召开专题研讨会，详细介绍 EPO 审查员对于法律条款的运用情况，并且交流实践问题，分享不同观点。

三、JPO 外部反馈机制

（一）相关法律

根据日本专利法第 13 条第 2 项和第 3 项规定，JPO 专利审查中包括信息提供制度，即可以接受公众对于有关发明专利申请不具备新颖性、创造性等信息，2009 年 1 月起接受在线提供。提交信息不需要缴纳费用，可以匿名提交，但是提交的信息会向公众公开以接受检查。

另外，根据信息提供人的要求，审查员在提供信息后的起草下一次审查意见之时，要把该提供信息是否在审查中使用的反馈信息，通过书面文件送达和通知给信息提供人。

（二）机构设置

2014 年 8 月，日本成立了审查质量管理小委员会，隶属于日本经济产业省产业结构审议会下的知识产权委员会，成员由 11 名来自企业、法律界和学术圈的外部专家组成，独立于 JPO，目的是建立可以由外部专家复核的审查质量管理过程的体系。

该委员会每年会发布上一财年的 JPO 质量管理报告，采用一系列指标对包括政策、流程和架构能否满足高质量审查的要求，质量管理是否依照政策和流程要求完成，是否对审查质量提升的措施和信息进行了有效的沟通等方面进行评价，并提出针对性的建议。JPO 必须按照小委员会给出的目标进行改进，并定期公布改进结果。JPO 希望通过外部专家的客观评价和建议，改进和提升JPO的质量管理体系，实现世界级专利审查的目标。

（三）反馈途径❶

1. 用户满意度调查

JPO的用户满意度调查从2012财年开始，每年进行一次，调查分为针对总体质量和特定申请的两部分内容，调查由JPO自己进行，超过90%的用户进行了答复。

对于调查的结果，JPO会在官方网站上进行公布，并且会通过图表的形式对所有调查项的权重和满意程度进行分析，不满意程度越高、权重越大的项目就是需要优先解决的问题。在2014财年，调查结果显示91.1%以上的用户对于国内审查质量选择了中等及以上，96.6%以上的用户对于PCT审查质量选择了中等及以上，而对于审查结论的一致性、创造性的处理以及拒绝理由的说明这三项是最为优先要解决的问题。

2. 用户投诉

JPO通过网页、电话和传真的方式接受外部对于审查质量的投诉，由质量管理室进行答复，必要时也会征求审查质量管理小委员会的意见。网页上有投诉用的表格可以下载，如果有具体的申请号也可以填写。

3. 其他形式

JPO每年通过审查质量座谈会与外部用户进行交流，包括产业集群、日本知识产权协会和日本代理人协会、申请人、代理人、发明人，根据交流的级别JPO会有对应的从局长到审查员级别的人员参加会议，质量管理室的工作人员也会参加。

另外，JPO会定期编写"质量对话"手册，向审查员传达用户对审查质量的反馈信息，并总结质量审计中发现的问题，审查员也可以对其中的内容进行再反馈，共同促进审查质量的提高。

四、KIPO外部反馈机制

（一）相关法律

根据韩国专利法第63条第2项，任何人均可以向KIPO提供驳回专利申请理由的信息和证据。

（二）机构设置

2015年，KIPO成立了由产业界人士以及知识产权局内部管理人员组成的专利质量咨询委员会。产业界成员包括5名来自企业的知识产权管理者，4名

---

❶ 来源：http://www.jpo.go.jp/seido_e/quality_mgt/quality_mgt.htm。

来自大学的教授以及 4 名来自代理机构的从业者。局内成员包括专利审查政策部部长（委员会主席），专利审查政策处处长（干事），专利系统管理处处长，审查质量保障处处长以及主要审查处的处长。

专利质量咨询委员会每年召开两次会议，首届会议于 2015 年 6 月 19 日召开，主要就审查质量提升的相关议题进行了讨论，并提出了以下改进方向：正确审查比缩短周期更能增加用户对于专利质量的信心；减轻审查员的工作负担；鼓励审查员与申请人之间的面对面/电话交流；开展代理机构能力提升项目。

（三）反馈途径[1]

1. 用户满意度调查

KIPO 的用户满意度调查分为顾客满意度调查和审查质量调查。

顾客满意度调查每年进行两次，委托专业公司开展，使用标准的调查问卷通过电话、电子邮件以及传真进行。调查样本数超过 1 000，包括大型公司、中小企业、个人申请人以及专利代理人等，覆盖专利申请、受理、审查、国际申请等 11 个方面。

审查质量调查每年进行一次，使用调查问卷通过电子邮件进行，调查对象主要是申请量较大的申请人和专利律师，对于调查结果 KIPO 会进行分析以改进审查质量。

2. 用户投诉

在 KIPO 官方网站设置有在线受理用户投诉的板块，7~14 天答复，另外设有 6 名由包括专利律师以及教授在内的知识产权专家调查专员，可以进行相关的咨询或者认为审查缺乏透明度来进行申诉，也可以通过热线电话进行咨询。

3. 其他形式

KIPO 每年会在各大城市举行公开说明会，向公众开放，提供最近知识产权政策、专利法、审查指南变化的信息，听取用户对于政策制定以及专利审查方面的意见和建议。

KIPO 内部也会召开小组讨论会，例如在审查部、顾客服务部、知识产权政策部等部门之间，对各部门当前问题进行充分讨论，收集建议和意见，增进各个部门间的相互理解。

KIPO 于 2015 年开始对外部用户进行深度访谈，由质量保障处负责，主要访谈各类企业和研究机构中的专利管理人员，通过面对面或者电话进行，真诚、公开地听取对于专利质量的意见和建议。

---

[1] 来源：http://www.kipo.go.kr/kpo/eng/。

五、对我局的借鉴意义

2015年五局局长会上，五局签署了《苏州共识》，一致同意要为用户和公众提供更好的工作产品和服务。纵观美欧日韩四局的外部反馈机制，无一例外都非常重视外部反馈对于专利质量提升的作用。

（一）相关法律

我国《专利法实施细则》第48条规定，自发明专利申请公布之日起至公告授予专利权之日止，任何人均可以对不符合《专利法》规定的专利申请提出意见。该意见应提交给专利行政管理部门，并说明不符合规定的理由。

可见，在法律层面，五局规定较为一致，都允许外部公众对专利申请提交意见信息。其中，JPO根据要求对于公众意见审查员要进行答复，并以书面形式通知意见提交人，而我国规定对于公众意见的处理审查员不需要答复意见提交人。由于存在公众意见中无法保证质量、提供的对比文件已经被审查员发现、审查员发现了更加合适的对比文件以及我国申请量巨大的现实国情等原因，这样的规定有助于减少审查员的工作负担。

（二）机构设置

美欧日韩四局均设置了具有外部监督性质的机构，其中美欧两局设置较早，日韩两局分别在2014年和2015年设立。美欧日三局的机构组成均为知识产权领域外部专家人士，韩国则由内部和外部人士混合而成。就其职能而言，美欧两局外部机构较为成熟，其对于两局的政策制定、质量管理以及运行效率等有着较强的监督和指导作用；日本的审查质量管理小委员会虽然成立较晚，但是其独立于JPO，监督职能也比较强；KIPO的专利质量咨询委员会由于刚刚成立，更多还处于提出建议和问题讨论层面。

将知识产权领域外部人士引入我局管理之中，有利于倾听外部声音，凝聚行业智慧，更重要的，可以增强透明度，这一点目前也是各局关注的重点。我国"十三五"规划中已经明确提出要建设知识产权强国，而这绝非仅靠我局独力就可完成，需要全社会的广泛参与和共同努力。我局已经建立起知识产权专家人才库，在此基础上尝试建立知识产权顾问委员会，邀请外部专家为我局发展建言献策，无疑对于推进强国建设是有利的。我局初期可以借鉴韩国模式，由局领导牵头，邀请外部知识产权专家参与，局内重要管理部门负责人也参与其中。这样做既避免了我局闭门造车不了解外部情况，又可避免外部人士建议不切合我局实际，内外联动，统筹协调，可先行试点一年或两年，以观后效。

（三）反馈途径

我局的满意度调查和外部投诉机制均已建立并且取得了良好的效果，满意度得分连续 7 年稳步提高，投诉量逐渐下降，这归功于对于投诉发现问题的及时解决，避免了问题的再次出现。我局还有巡回审查、代理机构帮扶、调研、实习、实践等等多个特色项目与外部用户进行交流，也做过个别用户的深度访谈；在局内通过开展政策宣讲、各种论坛、问卷调查等与审查员沟通并收集反馈意见。可以说，我局与用户的沟通途径是多样且有效的。

与外局相比，我局在利用新媒体方面可以更进一步，尤其是 USPTO 的官方网站所有界面都可以点赞、差评并一键分享至多个社交平台。目前我局外网的官方网站新闻更新较为及时，也增加了与社交平台的互动，但是某些板块内容略为陈旧，无法满足用户的需求。另外，我局一直没有占领微博的阵地，而外局例如 USPTO 和 EPO 局长都开设有实名博客，会定期更新例如新出的政策或是自己的分析评论等，一方面起到了宣传收集反馈的作用，另一方面也显得十分亲民。欣喜的是，我局已经有了官方微信，及时发布重大新闻动态，获得了一致好评，但是与用户之间的互动可进一步加强。

建议我局进一步利用新媒体与外部用户进行沟通，如开设局长博客，设置专人维护，每个月更新一期内容即可；外网网站也可以更加人性化，采用更加生动的形式与用户交流；官方微信内容的可读性和趣味性进一步加强，增强与用户的互动性，这不仅仅是用户的需求，也是时代的要求。

第四部分
韩国近况/韩国问题研究

中日韩对于修改的审查之异同分析

> 专利审查协作北京中心　张　靳
> 原专利审查协作北京中心　蒋世超[*]
> 医药发明审查部　吴　立
> 审查业务管理部　王　红

摘　要：本文以第七届 JEGPE 会议讨论的中日韩三局修改超范围的案例为依托，总结归纳了中日韩三局对于申请文件修改的相关法律、指南规定，通过其中的几类典型案例讨论了三局在对于修改的审查上的异同，主要讨论了这几类典型的修改案例：数值范围的改变、"具体放弃"式修改、基于现有技术文献对说明书背景技术的修改、驳回理由最终通知书之后的修改。

关键词：中日韩三局　修改超范围　比较

一、引　言

在专利申请的撰写及审查过程中，对于修改的审查一直是申请人与审查员关注的热点。从前几年在国内知识产权界引起广泛争议的"墨盒案"，到诉至最高院的"曾关生案"，争议的焦点均涉及修改是否超范围。虽然各国对于修改方式和修改内容都有明确的原则性规定，但在具体适用的过程中，往往需要结合原申请文件、现有技术的状况以及修改的目的等各方面来综合判断。中日韩专利审查联合专家组（JEGPE）第七次会议于 2015 年 8 月 25～26 日在北京召开，日本特许厅（JPO）、韩国特许厅（KIPO）以及中国国家知识产权局（SIPO）的专利审查部门的质量管理专家以及审查员代表参加了该会议。本次会议的案例讨论环节围绕数值范围的修改、上下位概念的修改等 37 件修改案例的审查进行了充分的讨论。俗话说，"他山之石，可以攻玉"。借中日韩第七届 JEGPE 会议之际，三局针对各局提交的涉及修改问题的小案例展开了深入的研究和讨论。本文试从三局对修改的相关规定以及案例的分析入手，重点介绍和比较三局在几类典型修改案例中的异同。

---

[*] 第二作者对本文的贡献与第一作者等同。

二、中日韩三局关于修改的法律规定

关于修改，中日韩三局都在各国的专利法和专利法实施细则中进行了原则性的规定，具体如下：

1. 中国《专利法》第 33 条规定：申请人可以对其专利申请文件进行修改，但是，对发明和实用新型专利申请文件的修改不得超出原说明书和权利要求书记载的范围，对外观设计专利申请文件的修改不得超出原图片或者照片表示的范围。《专利法实施细则》第 51 条规定：发明专利申请人在提出实质审查请求时以及在收到国务院专利行政部门发出的发明专利申请进入实质审查阶段通知书之日起的 3 个月内，可以对发明专利申请主动提出修改。实用新型或者外观设计专利申请人自申请日起 2 个月内，可以对实用新型或者外观设计专利申请主动提出修改。申请人在收到国务院专利行政部门发出的审查意见通知书后对专利申请文件进行修改的，应当针对通知书指出的缺陷进行修改。国务院专利行政部门可以自行修改专利申请文件中文字和符号的明显错误。国务院专利行政部门自行修改的，应当通知申请人。

2. 韩国专利法第 47 条规定：

（1）在依照第 42 条第 5 款的任意项指定的期限内或者在审查员根据第 66 条发出授予专利权决定的认证副本之前，申请人可对书面专利申请的说明书或者附图进行修改。然而，申请人在接收到依据第 63 条第 1 款作出的驳回理由通知书之后（下文中的"驳回理由通知书"），申请人仅可在下列项指定的期限内（第（iii）项的情况，提交再审查请求的时候）对说明书或者附图进行修改：

（i）申请人最初接收到驳回理由通知书（除了由依据驳回理由通知书进行修改而发出的驳回理由通知书之外）或者接收到不同于第（ii）项的驳回理由通知书时，答复驳回理由通知书递交答辩的指定期限；

（ii）申请人接收到由依据驳回理由通知书进行修改而发出的驳回理由通知书时，答复驳回理由通知书递交答辩的指定期限；或者

（iii）申请人依据第 67 条第 2 款请求再审查时。

（2）根据第 1 款规定的说明书或者附图的修改应当在书面提交专利申请的原始说明书或者附图公开的内容范围内作出。

（3）根据第 1 款第（ii）项和第（iii）项对权利要求的修改仅限于属于下列项的情况：

（i）通过指定或者删除权利要求，或者向权利要求中加入要素缩小权利要求的范围；

（ⅱ）修改笔误；或者

（ⅲ）澄清不明确的说明；

（ⅳ）修改超出第 2 款的范围的情况下，修改权利要求以恢复至修改之前的权利要求或者在恢复至修改之前的权利要求时根据第（ⅰ）至第（ⅲ）项修改权利要求。

（4）修改在根据第 1 款第（ⅰ）项或者第（ⅱ）项规定的期限内作出的情况下，每一次修改程序中最后修改之前的全部修改将被视为撤回。（2013 年 3 月 22 日修订的第 11654 号法案）

3. 日本专利法第 17 条之二规定了允许修改的时机和原则。

关于修改的时机，第 17 条之二第 1 款规定，一项专利申请，在授权决定的副本送达前，申请人可以对说明书、权利要求书或附图进行补正。但在收到了驳回理由通知后，仅限在下列期间内进行：

（ⅰ）首次收到驳回理由通知的，在根据第 50 条的规定所指定的期间内（答复期间）。

（ⅱ）收到了驳回理由通知之后又收到根据第 48 条之七的规定发出的通知（关于文献公知发明相关信息记载的通知）时，在根据第 48 条之七的规定所指定的期间内（答复期间）。

（ⅲ）收到了驳回理由通知之后又收到驳回理由通知时，在最后收到的驳回理由通知中根据第 50 条的规定所指定的期间内（答复期间）。

（ⅳ）在提起不服驳回查定之审判请求的同时。

关于修改的原则，第 17 条之二第 3 款规定，对说明书、权利要求书或附图进行的补正，应当在专利申请的申请书最早所附的说明书、权利要求书或附图所记载的事项范围内进行。对于外文文件申请，应当在日文译文记载的事项范围内进行补正，但以订正译文错误为目的的话，可在外文文件记载的事项范围内进行补正。"专利申请的申请书最早所附的说明书、专利权利要求书或附图所记载的事项"不仅仅包括"最早说明书等中明文记载的事项"，还包括虽然没有明文记载，但"根据最早说明书等的记载显而易见的事项"。

第 17 条之二第 5 款规定，收到最后的驳回理由通知后，在指定期间内对权利要求书进行的补正应当限于以下列事项为目的：①删除权利要求；②对权利要求书进行限缩；③订正笔误；④对不清楚的记载进行澄清。

三、典型案例

为了突出修改之处并利于讨论，案情介绍都采用简表的形式给出。

(一) 数值范围的改变

【案例1-1】

	修改前	修改后
发明名称	用于临时胶黏的胶黏剂	
说明书	（工作实施例） | HLB	软化点（℃）	胶黏强度（Pa）	洗涤时间（秒）（60℃热水） | |---|---|---|---| | 11 | 50 | 0.0118 | 40 | | 10 | 60 | 0.0147 | 50 | | 9.5 | 50 | 0.0118 | 40 | | 9 | 60 | 0.0196 | 70 | | 8.5 | 65 | 0.0294 | 100 | | 8 | 72 | 0.0490 | 135 | | 7.5 | 85 | 0.0784 | 200 | 上述胶黏剂的活性成分的HLB值为7.5~11，优选9~11……	
权利要求	一种用于临时胶黏的胶黏剂，其不溶于水，但在热水中易溶，其中该胶黏剂的活性成分为脂肪酸聚甘油酯、聚甘油环氧乙烷加成物、聚甘油环氧丙烷加成物，其HLB值均为9~11，或其混合物	[修改1] 一种用于临时胶黏的胶黏剂，其不溶于水，但在热水中易溶，其中该胶黏剂的活性成分为脂肪酸聚甘油酯、聚甘油环氧乙烷加成物、聚甘油环氧丙烷加成物，其HLB值均为7.5~11，或其混合物 [修改2] ……，其HLB值均为9.5~11，或其混合物
注释	HLB是代表表面活性剂分子中亲水基团和疏水基团平衡的数值	

【三局意见】

[JPO]：可接受。

修改1：修改后权利要求中的数值范围"HLB为7.5~11"已描述于原始说明书中。

修改2：修改后的权利要求提到HLB数值范围为"9.5~11"，其最小值不再是"7.5"，在原始公开的说明书中所述范围"7.5~11"之内。此外，原始说明书中提供了9.5和11的HLB范围值，包括在修改后的数值范围内，同样也包括在工作实施例中，因此，认为修改后的数值范围在原始说明书中公开的范围之内。

[KIPO]：可接受。

修改后权利要求的数值范围（7.5~11，9.5~11）在原始说明书的数值范围之内（7.5~11），因此，认为该修改未引入新的主题。然而，如果该修改是在驳回理由最终通知书后作出的，修改1是不允许的，因为其扩大了权利要求的范围。针对最后通知书的修改应当属于下列情况之一：缩小权利要求的范围，改正笔误，澄清模棱两可的说明书，或删除新的内容。❶

[SIPO]：可接受。

实施例给出了7.5~11的一系列HLB值，说明书中也公开了7.5~11的数值范围。将原始记载的数值范围与该范围内的点值进行组合得到新的范围，该修改并未超出原始申请的范围，符合中国《专利法》第33条的规定。

【案例1-2】

	修改前	修改后
发明名称	用于临时胶黏的胶黏剂	
说明书	（工作实施例） | HLB | 软化点（℃） | 胶黏强度（Pa） | 洗涤时间（秒）（60℃热水） | |---|---|---|---| | 11 | 50 | 0.0118 | 40 | | 10 | 60 | 0.0147 | 50 | | 9.5 | 50 | 0.0118 | 40 | | 9 | 60 | 0.0196 | 70 | | 8.5 | 65 | 0.0294 | 100 | | 8 | 72 | 0.0490 | 135 | | 7.5 | 85 | 0.0784 | 200 |	
权利要求	一种用于临时胶黏的胶黏剂，其不溶于水，但在热水中易溶，其中该胶黏剂的活性成分为脂肪酸聚甘油酯、聚甘油环氧乙烷加成物或聚甘油环氧丙烷加成物	[修改1] 一种用于临时胶黏的胶黏剂，其不溶于水，但在热水中易溶，其中该胶黏剂的活性成分为脂肪酸聚甘油酯、聚甘油环氧乙烷加成物或聚甘油环氧丙烷加成物或其混合物，其HLB值均为7.5~11 [修改2] ……，或其混合物，其 HLB 值均为 9.5~11

❶ 韩国专利审查指南，第Ⅳ部分，第2.2.1节。

续表

	修改前	修改后
说明	（说明书中未公开数值范围） HLB 是代表表面活性剂分子中亲水基团和疏水基团平衡的数值	

【三局意见】

[JPO]：可接受。

原始说明书中提供了 7.5（9.5）和 11 的 HLB 值，其限定了修改后权利要求的数值范围。只要根据原始说明书的整体描述，可以确定 7.5（9.5）~11 的特定范围，即可认为该数值限制在原始文件中表述，未引入新的主题，因此该修改是可以接受的。

[KIPO]：可接受。

"新主题"是指超出专利申请原始说明书或附图的要素。这里原始说明书或附图中的主题表示所述要素明确地记载在说明书和附图中，或者虽然未明确记载，但基于申请日时的技术知识，本领域技术人员可以认为已在原始说明书中陈述，换句话说，即使要素未明确记载，如果对于本领域技术人员而言是显而易见的，并且其可以认为该主题已经记载，这类要素不构成新的主题。❶ 在修改 1 和 2 中，申请人公开了 HLB 值介于 7.5~11 的 7 个工作实施例，尽管 HLB 为 10 的工作实施例略微打破了软化点、胶黏强度和洗涤时间的趋势，但这并不意味着 7.5~11 之内存在重大奇点。对于本领域技术人员而言，获得 HLB 为 7.5~11 以及其范围内 7 个实施例的胶黏剂是显而易见的。因此，修改 1 和 2 落在说明书的范围内，未引入新的主题。请注意如果有其他信息或情况使得本领域技术人员认为新增的数值范围并非是显而易见的，则修改不允许。

[SIPO]：不能接受。

新增的数值范围认为超出了原始申请的内容，因为说明书并未公开任何数值范围，工作实施例中仅描述了某些特定的值。根据原始说明书和权利要求，本领域技术人员不能直接地、毫无疑义地确定这些点值之间的范围。

（二）"具体放弃"式修改

【案例 2-1】

	修改前	修改后
发明名称	用于 X 射线断层照像的光敏板	

---

❶ 韩国专利审查指南，第Ⅳ部分，第 2.1.1 节。

续表

	修改前	修改后
说明书	本发明提供了含氮的杂环羧酸,其包括特定的物质,例如2-吡啶甲酸和异烟酸	
权利要求	用于X射线断层照像的光敏板,其在亲水处理的铝板上具有光敏层,由皂化度为60~80 mol%的部分皂化的聚乙酸乙烯酯和具有至少一个乙烯不饱和键的光聚合的单体组成,其中所述光敏层包含1%~100%质量的含氮杂环羧酸,用于部分皂化的聚乙酸乙烯酯	用于X射线断层照像的光敏板,其在亲水处理的铝板上具有光敏层,由皂化度为60~80 mol%的部分皂化的聚乙酸乙烯酯和具有至少一个乙烯不饱和键的光聚合的单体组成,其中所述光敏层包含1%~100%质量的含氮杂环羧酸(**除烟酸外**),用于部分皂化的聚乙酸乙烯酯
说明	*现有技术描述了"烟酸"作为含氮杂环羧酸的一种已被发现	

【三局意见】

[JPO]:可接受。

修改后的权利要求提及"含氮杂环羧酸(**除烟酸外**)",部分改变了原始权利要求,其明确排除了现有技术,因此,该案例符合权利要求应当在原始提交的说明书范围内进行修改的情况。

[KIPO]:可接受。

所谓的"放弃式权利要求"大多数情况下不会引入新的主题。例如,当要求保护的发明未说明是否包括人或动物的治疗方法发明,删除有关人的部分不认为引入了新的主题。❶

[SIPO]:不能接受。

《专利法》第33条的基本要求是,修改不能超出原申请记载的范围。然而,存在几个允许的例外情形。对于"放弃"式的修改,除非申请人能够根据申请原始记载的内容证明该特征取被"放弃"的数值时,本发明不可实施,或者该特征取经"放弃"后的数值时,本发明具有新颖性和创造性,否则这样的修改不能被允许。❷ 一般而言,仅当为克服抵触申请或者偶然在先公开(技术领域要解决的技术问题完全不同于本发明)导致发明不具备新颖性,或者表明排除的技术方案无法实施的情形是允许的。本案中,排除烟酸的目的似乎是为了克服新颖性,然而,如果涉及烟酸的技术方案可用于评价修改后

---

❶ 韩国专利审查指南,第Ⅳ部分,第2.1.2节。
❷ 中国《专利审查指南》,第二部分第八章,5.2.3.3(3)。

权利要求的创造性，则该修改不能被接受，不符合《专利法》第 33 条的规定。

【案例 2-2】

	修改前	修改后
权利要求	用于哺乳动物的外科手术方法，其中……	用于**除人以外**哺乳动物的外科手术方法，其中……
说明	原始说明书中未记载人从主题中排除	

【三局意见】

［JPO］：可接受。

当所要保护的发明包括术语"人类"，由此不符合工业实用性的要求时❶，从发明的主题中具体放弃"人"以克服所述驳回的理由的修改未改变原始说明书中的技术主题。很明显，所述修改未引入任何新的技术内容。❷

［KIPO］：可接受。

所谓的"放弃式权利要求"大多数情况下不会引入新的主题。例如，当要求保护的发明未说明是否包括人或动物的治疗方法发明，删除有关人的部分不认为引入了新的主题。

［SIPO］：可接受。

所述修改是为了克服治疗方法的缺陷，其排除了不能授权的主题"人"，这一类排除不可授权的主题的修改是可以接受的，否则对于申请人不公平。

（三）基于现有技术文献对说明书背景技术的修改

【案例 3-1】

	修改前	修改后
说明书（背景技术）	US 5571540A 公开了由乙醚制造的多层膜……	US 5571540A **和 EP 437521A** 公开了由乙醚制造的多层膜……
说明	EP 437521A 属于现有技术	

【三局意见】

［JPO］：可接受。

增加现有技术文献信息到说明书中的修改没有引入新的技术主题。因此

---

❶ 日本专利法第 29 条第 1 款。
❷ 日本专利审查指南，第Ⅲ部分，第Ⅰ章，4.2（4）（ii）。

这样的修改是允许的。❶

[KIPO]：可接受。

增加现有技术文献例如标题、公开号等不视为增加新内容。

[SIPO]：可接受。

如果审查员通过检索发现了比申请人在原说明书中引用的现有技术更接近所要求保护的主题的对比文件，则应当允许申请人修改说明书，将该文件的内容补入这部分，并引证该文件，同时删除描述不相关的现有技术的内容。应当指出，这种修改实际上使说明书增加了原申请的权利要求书和说明书未曾记载的内容，但由于修改仅涉及背景技术而不涉及发明本身，且增加的内容是申请日前已经公知的现有技术，因此是允许的。❷

【案例3-2】

	修改前	修改后
说明书（背景技术）	—	相关的现有技术文献是 KR 2011-0060738A。该文献公开了一种包括掩埋栅极的半导体装置。该装置被提供以避免栅极绝缘层由于氟造成的恶化，该装置在含钨氮化层被沉积时使用没有氟的金属有机源作为源气体。该装置包括：通过蚀刻半导体基板形成的一沟道。一栅极绝缘层形成在所述沟道的表面。一具有氮浓度梯度的含钨氮化层形成在栅极绝缘层上。通过移除氮一第一钨层形成到含钨氮化层的表面。一第二钨层形成在所述第一钨层上以填充所述沟道

【三局意见】

[JPO]：可接受。

将现有技术文献中的内容增加到说明书的"背景技术"中的修改没有引入新的技术主题。因此，这样的修改应当接受。

[KIPO]：不能接受。

基于仅在现有技术文献中描述而没有在原说明中描述的主题的修改，且依据原申请文件的说明书和附图该修改对于本领域技术人员来说不是显而易

---

❶ 日本专利审查指南，第Ⅲ部分，第Ⅰ章，5.2（1）。
❷ 中国《专利审查指南》，第二部分第八章，5.2.2.2。

见的，则应当视为增加了新内容。

[SIPO]：可接受。

同案例 3-1 的理由。

（四）驳回理由最终通知书之后的修改

【案例 4-1】

	修改前	修改后
权利要求	由一**弹簧**支撑的主机……	由一**弹性体**支撑的主机……
说明	1. 该修改是在驳回理由最终通知书之后作出。 2. "弹性体"只有在作为本申请（在后申请）优先权基础的在先申请中出现。 3. "弹性体"没有出现在提交时的本申请（在后申请）中，也不是显而易见的	

【三局意见】

[JPO]：不能接受。

答复驳回理由最终通知书的修改如果不满足专利法第 17 条之二第 3~6 款的任何要求，应当拒绝这种修改。❶

应当判断答复驳回理由最终通知书的修改是否导致说明书、权利要求或者附图增加了新内容。对于权利要求的修改是否增加了新内容应当逐项对权利要求进行判断。对于由于修改增加了新内容的权利要求，审查员无需判断修改是否属于专利法第 17 条之二第 4~6 款规定的情形。❷ 优先权文件不作为判断修改是否增加新内容的基础。因此，审查员不能依据优先权文件来判断修改是否增加了新内容。❸

本案中将"一弹簧"改变为"一弹性体"的修改引入了新的技术内容，不符合专利法第 17 条之二第 3 款的规定，因而不能接受。

[KIPO]：不能接受。

在判断新内容的增加时作为优先权基础的在先申请不作为判断依据。专利申请原始提供的说明书、权利要求书或附图作为判断修改后的说明书、权利要求或附图中是否增加了新内容的比较依据。"专利申请原始提供的"指在

---

❶ 日本专利审查指南，第Ⅸ部分，第Ⅱ章，6.2.1。
❷ 日本专利审查指南，第Ⅸ部分，第Ⅱ章，6.2.2 (1)。
❸ 日本专利审查指南，第Ⅲ部分，第Ⅰ章，3.2 (1)。

本申请的申请日而不是优先权日随着专利申请一起提交的说明书、权利要求书或附图。因此，在考虑禁止增加新内容的要求时，"弹性体"是否记载在在先申请中并不产生影响。如果依据原始所附的说明书或附图描述的主题，修改的主题不是显而易见的，那么这种修改应当视为增加了新内容。❶ 本案中采用弹性体对于本领域技术人员来不是显而易见的，这种修改应当视为增加了新内容，不符合专利法第47条第2款的规定。

根据专利法第47条第3款的规定，答复驳回理由最终通知书的修改应当是如下情形之一：限制权利要求以缩小权利要求的保护范围，更正书写错误，澄清含糊不清的表述，或者是删除新内容。❷ 本案的修改扩大了权利要求的保护范围，因而也不满足上述要求。

[SIPO]：不能接受。

由于听证原则，SIPO 的审查员在发出通知书时并不能确定哪次通知书是最后一次通知书，而是需要视申请人的答复和修改情况而定。在实质审查过程中答复审查意见通知书所作修改的修改需要满足《专利法》第33条以及《专利法实施细则》第51条第3款的规定。如果是在驳回决定之后的复审程序中的修改，则应当满足《专利法》第33条以及《专利法实施细则》第61条第1款的要求。

根据《专利法实施细则》第51条第3款的规定，申请人所作的修改应当针对通知书之处的缺陷进行修改。如果修改后的权利要求扩大了请求保护的范围，则不符合上述规定。❸ 本案中，将"弹簧"修改为"弹性体"的修改不满足上述要求，因为其扩大了权利要求的保护范围。

此外，申请人在申请日提交的原说明书和权利要求书记载的范围是审查修改是否符合《专利法》第33条规定的依据，申请人向专利局提交的申请文件的外文文本和优先权文件的内容，不能作为判断修改是否符合《专利法》第33条规定的依据。❹ 本案中从原申请文件仅记载的弹簧的方案不能直接、毫无疑义地得出弹性体的方案，这种修改也不满足《专利法》第33条的规定。

---

❶ 韩国专利审查指南，第Ⅳ部分，第2章，1.1、1.2。
❷ 韩国专利审查指南，第Ⅳ部分，第2章，2.1。
❸ 中国《专利审查指南》，第二部分第八章，5.2.1.3 (2)。
❹ 中国《专利审查指南》，第二部分第八章，5.2.1.1。

【案例4-2】

	修改前	修改后
权利要求	权利要求1：一种装置，包括A+B。 权利要求2：一种装置，包括A+B+C。 权利要求3：一种装置，包括A+B+C+D。 [第一次修改] 权利要求1：一种装置，包括A+B+E。 权利要求2：一种装置，包括A+B+C+E。 权利要求3：一种装置，包括A+B+C+D。	[第二次修改] 10-1. 权利要求1：一种装置，包括A+b。 10-2. 权利要求2：一种装置，包括A+B+C+F。 10-3. 权利要求3：一种装置，包括A
说明	1. 所有第一次修改之前的权利要求具备创造性。 2. 第一次修改在非驳回理由最终通知书之后作出。 3. 部件E是新内容。 4. 第二次修改是驳回理由最终通知书之后作出的。 5. 最终通知书中的驳回理由为第一次修改在权利要求1和2中引入了新内容。 6. b是B的下位概念。 7. F不是新内容。	

【三局意见】

[JPO]：不能接受。

为了确定权利要求的修改是否满足专利法第17条之二第5款（ii）的规定，以下第1~3条的要求应当满足❶：

（1）修改是为了限制权利要求的范围。

（2）修改是为了将主题限定至修改之前权利要求描述的主题（"修改前的"发明）。

（3）修改前的发明和修改后的发明就其工业领域和要解决的问题而言彼此相同。

---

❶ 日本专利审查指南，第Ⅲ部分，第Ⅲ章，4.2。

删除用于具体限定发明的一系列内容中的部分内容，这样的修改不属于限制权利要求范围的修改。❶ 本案中，"第二次修改"删除了内容"E"，而该内容具体限定了修改前的发明。因此，该修改不是为了限制权利要求的范围而进行的，不符合专利法第 17 条之二第 5 款的要求。

但是需要说明：不像增加新内容的修改，违反专利法第 17 条之二第 5 款的修改并不包含与发明内容相关的实质缺陷，因而并不构成无效的理由。因此，在适用该法条时，审查员应当确保，对充分考虑原始修改目的前提下，如果待审的发明有授权前景且审查员认为可以有效利用已进行的审查快速完成审查进程，不应当超出必要地严格适用。❷

[KIPO]：权利要求 1、2 可以接受；权利要求 3 不可接受。

对于在某一修改阶段添加新内容的情形，将权利要求恢复至添加新内容之前的权利要求的修改应当允许。如果不接受这样的修改，那么为克服拒绝理由而删除新内容的修改就应会因为违法专利法第 47 条第 3 款的规定而被拒绝。由此，申请人将因无法克服驳回理由而导致驳回，这对申请人过于严苛。当将权利要求恢复至添加新内容之前的内容时，根据专利法第 47 条第 3 款第（i）～（iii）项，即删除权利要求或缩小范围、更正笔误、澄清含糊不清的表述的修改应当被接受。审查员应当通过比较修改后的权利要求和添加新内容之前的权利要求来判断修改的合法性。❸

本案中，权利要求 1 的修改在恢复至添加新内容之前的权利要求（通过删除新内容 E 恢复至 A+B）的同时，缩小了权利要求的范围（将上位概念 B 改为下位概念 b）。权利要求 2 的修改在恢复至添加新内容之前的权利要求（通过删除新内容 E 恢复至 A+B+C）的同时，缩小了权利要求的范围（添加 F）。因此，它们均是合法的修改。权利要求 3 的修改不应当被允许，因为其扩大了权利要求的范围（A+B+C+D→A）。

[SIPO]：权利要求 1、2 可以接受；权利要求 3 不可接受。

如案例 4-1 所分析，实质审查中并不会区分最终通知书和非最终通知书。根据《专利法实施细则》第 51 条第 3 款的规定，申请人所作的修改应当针对通知书指出的缺陷进行修改。

针对权利要求 1 和 2 的修改是针对通知书中指出的引入新内容 E 的缺陷进行的修改，b 和 F 均不是新的内容。该修改可接受。对权利要求 3 的修改扩大了先前权利要求 3 的范围，不属于针对通知书指出的缺陷的修改，因而不可接受。

---

❶ 日本专利审查指南，第Ⅲ部分，第Ⅲ章，4.3.1 (1)。
❷ 日本专利审查指南，第Ⅲ部分，第Ⅲ章，1。
❸ 韩国专利审查指南，第Ⅳ部分，第 2 章，2.5。

四、分析与结论

由这次 JEGPE 会议讨论的一系列案子可以看出三局在对修改方式的要求、修改内容超范围的把握以及修改方式和修改内容的审查顺序三方面存在如下异同。

（一）对修改方式的要求

三局对答复审查意见通知书以及复审阶段的修改方式的要求存在类似之处，比如都不能扩大权利要求的保护范围，并且三局对于修改方式作出限定的基本目的是一致的，即避免审查程序的延长。

但从案例 4 系列可以看出，JPO 和 KIPO 对于答复驳回理由最终通知书所作修改的修改方式有特殊的规定；而由于中国《专利法》及其细则和《专利审查指南》的规定，满足对于理由和证据的绝对听证和事实的相对听证才能驳回，因此 SIPO 对于修改方式的规定是针对答复审查意见通知书的修改或者复审阶段的修改所作出，并不区分最终通知书与非最终通知书。虽然 JPO 和 KIPO 对于驳回也有类似的听证原则，例如 KIPO 的专利法第 62 条规定"在驳回申请之前，审查员应当通知申请人驳回的理由，并给申请人在指定期限内提交书面陈述的机会"，在其审查指南的第 V 部分第三章第 5.2 节规定"在考虑了任何修改后，审查员发现已经通知的驳回理由仍然存在于驳回理由通知书中，审查员应该不管其他驳回理由不发出另外的通知书而作出驳回决定"；JPO 的专利法第 49 条规定"如果答复驳回理由后所告知的驳回理由依然没有被克服，无论通知书是'第一次'还是'最终的'，应当作出驳回决定"，可见 JPO 和 KIPO 对于事实的听证还是与 SIPO 存在明显不同。

（二）修改内容超范围的把握

在判断修改内容是否超范围的审查标准方面，三局各有差异。

对于将现有技术文献加入到说明书的"背景技术"部分的情形，JPO 认为没有引入新的技术主题因而可以接受，SIPO 认为这种修改仅涉及背景技术而不涉及发明本身，且增加的内容是申请日前已经公知的现有技术也可以接受。KIPO 则对此采用了较为严苛的做法，其主流观点仅可以接受增加标题、公开号等信息，但是不能将现有技术文献中描述而没有在原申请中描述的主题增加到说明书背景技术中。

对于数值范围的修改，如果原申请文件仅记载了离散点值而未记载数值范围，JPO 和 KIPO 在无证据表明该点值或范围不能由这些离散点值扩展获得时，通常允许将离散点值修改为数值范围；而 SIPO 采取了较为谨慎的态度，由于不能完全确定离散点之间的范围是否一定能由记载的离散点值扩展获得，如果无证据表明能够获得时，则原则上不允许此种修改。

对于将上位概念修改为下位概念的情形，JPO 和 KIPO 一般认为修改后的技术方案仍涵盖在原始范围之内，并未引入新的内容，因而认为是允许的；而 SIPO 则会考虑该修改后的下位概念与技术方案中的其他特征之间的新的组合是否属于能够直接地、毫无疑义地确定出的内容，采取的仍然是较为审慎的态度。

对于具体放弃式的修改，JPO 和 KIPO 均采取了较为宽松的态度，认为一般均是可以接受的，而 SIPO 对此有较为严格的限制条件。

（三）修改方式和修改内容的审查顺序

对于修改方式和修改内容审查的策略制定上，三局的相似度较高，均认为不应过分严格机械，还需要充分考虑发明是否具有授权前景、是否有利于审查、是否节约审查程序等因素灵活适用。JPO 的审查指南明确如果修改内容不满足专利法第 17 条之二第 3 款规定时，则不再对修改方式进行审查，同时，审查员应当确保，对原始的修改目的给予应有的考虑的前提下，如果待审的发明有授权前景且审查员认为可以有效利用已进行的审查快速完成审查进程，不应当超出必要地严格适用。KIPO 的审查指南则规定对于修改内容的要求和修改方式的要求，无需考虑要求的顺序，应当依据所有的要求逐一判断，同时还明确：专利法第 47 条第 3 款不是旨在实体上限制修改的内容，而是旨在避免因过度修改造成审查困难。SIPO 的《专利审查指南》中没有从文字上明确记载修改方式和修改内容的审查顺序，从实际操作中审查员通常是先审查是否满足《专利法实施细则》第 51 条第 3 款规定的修改方式，再审查修改的内容是否符合《专利法》第 33 条的要求。但是《专利审查指南》也同时规定：对于虽然修改的方式不符合《专利法实施细则》第 51 条第 3 款的规定，但其内容与范围满足《专利法》第 33 条要求的修改，只要经修改的文件消除了原申请文件存在的缺陷，并且具有被授权的前景，这种修改就可以被视为是针对通知书指出的缺陷进行的修改。

最后需要说明的是，本次 JEGPE 会议讨论的案例毕竟是简短的小案例，由于交代的如说明书、现有技术状况等信息并不十分详细，因此仅用于讨论研究用，各案例的结论并不能完全代替各局的标准。

中日韩无效宣告制度、业务流程的比较及启示

国家知识产权局专利复审委员会　熊　洁

摘　要：本文通过比较日本、韩国相对较为成熟的专利无效宣告程序和业务流程，介绍日本、韩国在专利无效制度方面的最新变化和进展，澄清了专利无效宣告程序的基本属性是民事程序，为我国确立专利无效宣告程序的准司法模式以及业务流程优化提供了一些建议。

关键词：无效宣告　准司法模式　业务流程　日本　韩国

专利无效宣告制度是一项确定专利权是否有效的确权机制，主要是为保障专利质量，纠正专利授权机关在授权过程中的疏漏和失误而建立起来的一项补救机制。该机制通过纠正不符合专利条件的发明创造避免被授予独占权，实现对利害关系人及社会大众利益的保护。当前，在我国面临专利授权数量激增所带来的专利诉讼案件上涨的背景下，烦琐、冗长的现行专利无效宣告机制的改革迫在眉睫。2008 年《专利法》第三次修改时，针对无效宣告程序基本属性和后续司法权限方面存在着较为激烈的争论，但出于多方考虑立法部门最终放弃了对这一程序的修订。2010 年 2 月 1 日起施行的《国务院关于修改〈中华人民共和国专利法实施细则〉的决定》及无效宣告制度的优化，主要规定了无效宣告请求撤回的处理规则和无效程序中外观设计权利冲突制度。但是，有关专利无效宣告程序的基本属性、制度功能等问题仍然存在较大争议。本文试图通过比较日本、韩国较为成熟的专利无效宣告制度的共同特征，以及日本、韩国最新的专利无效业务流程和审判现状，深入解析无效制度的基本属性及价值取向，为将来我国专利无效宣告程序制度以及业务流程提供相关的建议。

一、我国专利无效宣告制度的历史沿革及其现实问题

我国《专利法》在历次修改过程中都对专利无效宣告制度进行了调整。1984 年我国第一部《专利法》中采取了授权前异议制度和无效宣告制度并行的立法模式；1992 年《专利法》修正时废除了授权前异议制度，改为撤销制度和无效宣告制度并行的模式；2000 年再次修正《专利法》时废除了撤销制

度，仅保留了无效宣告制度。根据我国现行《专利法》第 45 条、第 46 条规定，任何单位或者个人认为该专利权的授予不符合本法有关规定的，可以请求专利复审委员会（以下简称"复审委"）宣告该专利无效。无效宣告请求人或者专利权人对于复审委作出的决定不服的，可以自收到通知之日起 3 个月内向人民法院起诉。

在实践中，针对一项专利权提出无效宣告请求的情形大致可以分为两种：一是在没有侵权纠纷的情况下，由社会大众，一般与该专利权存在利害关系的民事主体，主动提起；二是被指控侵权人在专利侵权纠纷解决程序中提起。在前一种情况下，我国现行法律将当事人对复审委决定不服提起的司法审查定位于行政诉讼，复审委从中立裁判者成为诉讼中必须为一方当事人辩护的被告。而真正利害关系人不成为当事人，权利难以得到充分保障；在后一种情形下，复审委受理该产权纠纷之后，受理专利侵权纠纷的司法机关或者行政机关通常会中止相应的纠纷解决程序。如果复审委的决定应当撤销，法院只能判决复审委重新作出决定，当事人不服决定还可以起诉和上诉。[1] 由此，在现行法律下，涉及无效宣告的专利侵权纠纷可能会发生确权经历三个程序、侵权经历两个程序共五个程序才能解决，甚至可能出现循环诉讼的问题。从审理时间看，复审委审理无效程序一般需要 6 个月，不服复审委决定的起诉期是 3 个月，一审一般需要 6 个月，二审需要 3 个月。[2] 循环诉讼使得专利权的稳定性和利害关系人行为合法性长期得不到确认，而在侵权案件久拖不决，由于专利权保护的期限性，极易导致相关专利市场价值的丧失，打击当事人从事创造的热情和信心，与专利制度鼓励创新的基本价值追求背道而驰。事实上，专利无效机制作为纠正专利授权审查工作，因为时间、精力及资源有限等而出现失误的机制，在全世界大多数国家的专利管理体系中都存在。但是，笔者通过比较发现，专利机制较为成熟和完善的国家例如日本、韩国在实施专利无效宣告机制过程中却没有出现我国目前面临的上述问题，原因就在于日韩对于专利无效机制的基本属性及价值取向有着较为一致的正确认识，对专利无效的审查业务流程有较为精心的设计，无效宣告的业务流程是根据本国法律传统、司法体系以及诉讼制度进行精心设计与平衡的结果。

二、日本、韩国专利无效宣告制度

虽然日本、韩国的专利无效宣告制度由于法律制度、行政和司法权力设

---

[1] 倪静. 论我国专利无效宣告程序的完善——美、日、德三国制度比较及启示 [J]. 江西社会科学，2013（6）.
[2] 罗东川.《专利法》第三次修改未能解决的专利无效程序简化问题 [J]. 电子知识产权，2009（5）.

置等存在一定的差异，因而在专利无效宣告这一程序设置上也呈现出各自的特色。但是，日韩在专利无效宣告的基本属性和制度价值等方面却存在较为一致的认识，这为我国探索完善相关制度提供了可以借鉴的经验。

（一）日　本

目前，日本实行的专利无效审理制度是于2003年修改并于2004年1月1日起开始施行的。专利无效审理制度规定：法院没有专利无效的初审管辖权，专利无效请求需向日本特许厅（JPO）提出。对特许厅的审理决定不服的，可以上诉至日本东京高等法院。此外，任何人均可以公众利益为由，如发明缺乏创造性等，向JPO提出宣告该专利权无效的请求。希望保持匿名的一方当事人，仍可使用匿名的策略向日本特许厅提出无效请求，但仅限于以公众利益为理由。❶

根据日本专利法第123条的规定，专利申请案经过日本特许厅审查授予专利权后，任何人在专利权利注册后任何时间、甚至专利期限届满后都可向日本特许厅提出专利无效审理请求（在涉及所有权争议的时候，仍需要由有利害关系的一方提出）。无效请求可以基于几乎任何审查员决定专利无效的理由提出。该无效审判程序采取双方当事人对立争讼的结构，无效请求人和专利权人为对抗的双方。

根据法律规定，无效的审理由申诉和审判委员会（Board of Appeals and Trials）内3名审查员组成的小组负责，审查人员经验丰富、至少拥有10年专利审查经验、具有良好的教育背景。这些审判官多为资深专利审查员，具有较强的技术专业背景。整个无效审判程序主要遵循民事诉讼法原则，基本类似于民事诉讼处理案件的方式。当然，由于专利权与公共利益和第三人利益密切相关，因此该无效审判程序除了采取当事人主义外，也具备职权主义色彩，比如，审理时可以考虑当事人没有提出的理由或者证据。对特许厅作出的维持专利有效或者宣告无效的决定不服的，任何一方均可以向东京高等法院起诉，由东京高等法院进行审理。在诉讼中，以专利权人或者无效请求人为被告，日本特许厅不作为一方当事人参加诉讼。但根据特许法第180条规定的意见咨询和陈述制度，在法院允许或者要求下，日本特许厅可派委员或者指派专人在法庭陈述关于专利法的适用以及其他与案件争议相关的事实。为了避免无效审理程序迟延，专利法规定修改专利权的请求在无效请求审理期间不能提起，专利权人可以在针对无效审理提起上诉之日起90天内，请求修改专利权的内容。如果法院认为专利效力需要重新予以考虑，可直接发回特许厅重审。当事人对东京高等法院裁决不服可以上诉至日本最高法院。双

---

❶ 韩晓春.日本实行新的专利无效制度［N］.中国知识产权报，2004-03-27.

方当事人的地位将一直持续到后续的诉讼程序中,直到特许厅的决定最终获得维持或者被确定撤销。

(二) 韩 国

1. 韩国知识产权审判院概况

韩国特许厅审判院(IPTAB)共包括政策部门、审判及上诉委员会以及诉讼部门。目前全体人员157人,其中审判及上诉委员会共有审判长11人,审判官90人。审判及上诉委员会按领域下设11个审判部,每个审判部有8~9人,但是只有一位审判长,承担合议组长的工作,所有案件均由审判长把关。此外审判院还向最高法院、专利法院、首尔中心区法院外派人员达23人。其中大部分外派人员以技术调查官的身份参与专利行政和侵权诉讼案件的审理。

韩国特许厅审判院负责审理的案件类型包括单方当事人(Ex Parte)审判和双方当事人(Inter Partes)审判。单方当事人审判是指在审判中,原告或答辩人没有对方当事人,只有提出要求方。双方当事人是指审判与已注册的知识产权有关,审判中原告和答辩人有对方当事人。双方当事人审判主要包括无效审判、确认知识产权权利范围的审判、针对更正不服的无效审判、对专利权利注册延长专利有效期不服的无效审判。

2. 韩国无效宣告制度

韩国专利权无效宣告的相关制度与日本类似。不同的是,专利申请案经过韩国特许厅审查授予专利权后,专利授权公告后的3个月内任何人均可提起无效宣告请求,但是专利授权公告3个月后只有利害关系人和审查员(审查员既可以是实审审查员也可以是复审审查员)可以启动无效审判程序。

在无效宣告请求的诉讼请求中,对于当事人不服韩国特许厅审判院作出的无效宣告请求审查决定提起的专利行政诉讼,专利审判院都不作为被告,当事人一方起诉后,另一方当事人作为被告。韩国专利法院依据民事诉讼法对案件进行开庭审理。如果韩国专利法院撤销了韩国特许厅审判院的决定,专利审判院将对无效请求重新进行审查,但是,韩国专利法院无权对专利权的有效性直接作出判定。如当事人不服韩国专利法院的判决,还可以向韩国最高法院上诉。韩国的专利诉讼制度是三审终审制,专利法院在审级上属于高级法院,主要负责审理当事人对韩国特许厅审判院作出的决定(判决)不服提起的上诉,对专利法院的判决不服的还可上诉到最高法院。IPTAB作出的无效决定具有准司法的属性。

在韩国的专利无效程序中,具有特点为以下几点:①专利权人可以针对自己已经得到授权的专利权提出订正请求,通过无效程序实现专利文件的授权后修改。❶ ②权利范围审判制度。在韩国可以向地方专利法院提起审判来确认专利权的范围，该审判基于专利的权利要求与可能构成侵权技术的对比，确定该可能构成侵权的技术是否落入专利权的保护范围，从而确定专利权的效力所涉及的具体范围。

三、日本、韩国无效制度的动向与发展趋势

（一）日本的审查政策

近年来，日本的案件积压现象已逐渐消除，压缩审查周期已非其首要任务，因此在审查政策的制定中也有所体现，现在已将提高审查质量置于首位，体现了其新形势下的工作重心转移。

（1）改善程序。包括：①口审程序。原则上，无效宣告全部进行口头审理，商标尽量进行口头审理；②活用审判调查员。类似于技术调查员，辅助审判官工作，都是兼职，主要是大学中的教授或是各专业协会推荐；③改进电子审判庭；④前置审查程序原审查员对结果的利用等。

（2）提高审查质量。包括：加强审查部门的反馈以及交流；通过委员会负责人检查的方式改善质量控制；分析无效决定和法院判决并共享分析结果；利用无效审查的咨询、会审体系；避免实审部与审判部之间审查标准的差异。目前已成立一个复审无效实务研究组，由来自特许厅机械、化学、医药、电学、外观和商标部等每个部门的2~3名审查员、2~3名IP社团企业的人员、2~3名代理人、1~2名律师、1名审判部的部门长和1名审判长组成，对审查审判实务案例进行研究，并最终挑选20个典型案例进行公布。

（二）韩国的立法动向

1. 韩国拟于2016年引入"异议程序"

目前，专利无效审判是韩国特许厅审判院负责审理的多种授权后程序中的一种，其他授权后程序还包括更正审判、确认专利权范围的审判等。

韩国特许厅考虑到专利无效审判程序对于审判官在检索、审理范围等方面的限制，引导社会公众对已授权专利的关注，准备借鉴日本的做法引入授权后的异议程序。异议程序的具体流程是：在一项专利权授权登记之后的6个月内，任何人都可以提出异议请求，异议请求的理由包括基于专利文献或公开出版物而对新颖性和创新性提出异议，如果经审判后发现了撤销授权的理由，则给专利权人提供一次更正的机会，之后才作出审判决定。当事人不服该审判决定时，可以向专利法院起诉。

---

❶ 张鹏，庞谦. 我国创新主体在日本、韩国的专利申请与保护——以日韩专利制度的特点为视角［J］. 电子知识产权，2010（7）.

2. 韩国拟于 2016 年引入"退费"制度

对于无效宣告案件,如果无效宣告请求成立,则退还无效请求费;无效宣告请求部分成立、部分不成立的,则退回无效请求成立部分(按权利要求划分)的请求费。另外,在审查决定作出前,无效请求被撤回或被驳回时,向无效请求人退还 50% 的请求费。上述需要退费的情形,需要 IPTAB 的行政长官确认。

四、日本、韩国专利无效宣告程序的共同特征

(1)将专利无效宣告程序定位于解决民事争议,因而设计出一套区别于一般行政诉讼的程序规范。比如,日本、韩国专利机关有关专利权效力争议的决定程序,大量引进民事诉讼程序精神及原则,采取双方当事人对抗模式,同时认定该程序已经具备第一审法院审理的功能,允许直接向高等法院提起上诉。而且,在专利无效宣告的诉讼救济程序中始终以无效请求人为一方,专利权人为另一方,没有出现以复审机关为被告的情形。

(2)考虑到专利权具有强烈的排他性和垄断性,专利有效与否将对第三人和社会公共利益产生直接影响,因此,在专利无效宣告的程序构造上,除了采取当事人主义的基本模式外,还兼具一定的职权主义色彩。

(3)专利无效宣告程序中对裁判者专业性的明确要求,目的在于应对复杂的技术性问题。比如,日本、韩国都强调裁判者具备一定的技术知识或背景,同时赋予行政专利法官或者审判官相当的独立性。在专利无效宣告的诉讼救济环节中,韩国专利法院以及日本东京高等法院中也配备了大量的技术法官或技术调查官。

五、韩国、日本无效制度及业务流程与我国的区别

(一)韩国无效制度、业务流程与我国的区别

关于无效审判,韩国的无效审判程序大体上与我国相同,其主要区别在于:

(1)请求人资格:专利授权公告后的 3 个月内任何人均可提起无效宣告请求,授权公告 3 个月后只有利害关系人和审查员(审查员既可以是实审审查员也可以是复审审查员)可以启动无效审判程序。

(2)无效审判程序中专利的修改:无效审判中专利权人可以要求对权利要求书、说明书和附图进行更正,要求:a. 缩小权利要求保护范围;b. 更正笔误;c. 澄清模糊的描述。

(3)无效理由和证据的补充期限。韩国 IPTAB 并未对专利无效请求中新理由和新证据的补充期限作出具体规定。理论上来讲,在案件审结之前,无

效请求人可以在任何时候补充新理由和新证据。接受新理由和新证据之后，审判合议组会给专利权人相应的修改机会。但是在实际操作上，口头审理结束之后，合议组就不再接受新理由和新证据。

（4）韩国在专利法中明确规定了依职权审查原则，具体内容是：在审判中可以审查当事人或者参加人没有提出的理由，但是在这种情况下，必须给当事人和参与人在指定期间内就有关理由陈述意见的机会。其同时规定了对于依职权审查的限制，即，在审判中，不能对请求人没有提出请求的权利要求进行审查。

（5）行政诉讼中特许审判院不作为被告，当事人一方起诉后，另一方当事人作为被告。

（二）日本无效制度及业务流程与我国的比较

日本的无效审判程序与我国的无效宣告程序相比，其主要区别在于：

（1）无效理由。日本有涉及权利归属的无效理由，即就共同享有申请专利的权利的发明没有共同提出申请或没有申请专利的权利的人提出的申请。

（2）请求人。除涉及权利归属的无效理由外，请求人为专利权人外的任何人。

（3）参加人。对审判结果具有利害关系的人为辅助一方当事人而参加审判直至审理终结。审理决定的效力及于辅助参加人，参加人可以进行一切审判程序。对专用实施权人以及其他享有就专利登记后的权利（包括通常实施权、质权等）的人应当给予参加审判的机会。在接到无效审判的请求后，应当通知这些权利人。

（4）证据和理由的补充期限。日本提出无效请求后不能再补充提交无效理由和证据。

（5）专利文件的修改。修改对象包括说明书、权利要求书和附图在内的专利文件，其目的仅限于：①缩小权利要求的保护范围；②更正笔误或译文错误；③释明不清楚的记载。

（6）口审通知书。口审通知书中会给出合议组关于无效理由和证据的初步观点，以便于口审中焦点的归纳和双方当事人意见陈述的针对性。

（7）结案预告制度。合议组作出对专利权人不利的决定前先发出审判决定预告通知书，据此专利权人可修改其专利，根据专利权人的修改合议组继续审查并作出审查决定，改变了之前在决定作出后的行政诉讼阶段提出修改请求的方式，缩短了审查周期。

（8）合议组依职权审查。合议组可以依职权对当事人或参加人未提出的无效理由进行审理，但是不得就请求人未请求的权利要求进行审理。也就是说，合议组在审理无效案件时，理由不受限，但审理范围受限。

（9）一事不再理原则。当无效审判的决定生效后，当事人和参加人以外的人仍可以就同一事实和同一证据提出无效审判请求，而不是适用一事不再理原则。这主要是考虑到日本专利侵权民事诉讼判决（日本的专利侵权诉讼中允许被告提起专利无效抗辩）的效力仅及于当事人，为在程序上充分保障第三人对无效审判的决定提起诉讼或者再审等的合法利益，同时为了避免针对某一件专利的维持专利权有效的决定生效后，而在侵权诉讼中无效抗辩被认可的情况下，该专利不能对世无效，从而影响公众利益。

（10）诉讼地位。在专利行政诉讼中特许厅审判部不作为被告，当事人一方起诉后，另一方当事人作为被告。

六、对我国专利无效宣告程序制度以及业务流程的建议

为顺应知识经济和经济全球化的大趋势，建设知识产权强国，我国专利制度已经进行了并且仍然进行着一系列的改革和创新，并建立起了基本完善的专利制度，但是在专利无效制度以及业务流程方面的改革力度稍显不够。日本、韩国专利无效制度及业务流程所表现出来的无效决定的权威性以及高效性，以及借此达到的对专利权相对完备的保护，对整个专利制度的发展具有重大的意义，减少了专利司法与行政执法之间的冲突，强化了对专利权的保护和专利制度自身的稳定性和统一性，对我国专利无效制度和无效审查业务流程的完善具有一定的启示和借鉴意义。❶

（一）对我国无效程序制度的建议

（1）不再将复审委作为专利无效宣告诉讼救济程序中的被告。由于专利无效宣告决定最终影响的是无效宣告申请人和专利权人的利益，因此，不宜将复审委作为专利无效宣告诉讼救济程序中的被告，应当由具体的利害关系人承担当事人的角色。否则，在现行行政诉讼的模式下，这不仅导致程序衔接困难，也使得复审委地位失衡，角色不清，不利于执法标准的统一和纠纷解决效率的提高。

（2）赋予复审委相应的依职权审查的权限。赋予审查组织一定的依职权审查的职能。由于专利权具有强烈的排他性，基于公共利益考虑，可以赋予裁判者一定的依职权审查的职能。比如，其一，可以依据当事人请求原则进行裁判。对于那些不需要证据支持的专利无效的理由，不论当事人是否提出，审查组织一般都应当予以审查。如果请求人撤回无效宣告请求，审查组织应当予以审查，如果认为在请求人已经提交的证据的基础上足以作出涉案专利权部分或者全部无效的决定时，应当继续审查并作出审查决定。这一点我国

---

❶ 何伦健. 中外专利无效制度的比较研究 [J]. 电子知识产权, 2005 (4).

立法已经有相关规定。其二,审查组织可以依据职权调取或者核查证据,对于当事人逾期提供或者补正的证据,如果可能对案件结论产生实质性影响,一般也应当予以接受等。事实上,强化审查组织依据职权审查的能力,能够在较短的时间内相对准确地评定专利权的效力,有利于降低专利无效宣告制度的时间成本。❶

(3) 将复审委无效审理程序设计为准司法程序。专利复审机关审查无效宣告申请时,已经对各项专利要件进行过严格的实体审查,才作出是否无效的行政决定,加之复审委审查的专业性、独立性和严格程序要求,完全可以保障行政决定的质量。因此,针对该行政决定是否恰当的司法审查,没有必要经过两次以上的诉讼程序,否则冗长的程序必将损害制度的确定性成本。因此,本文建议将复审委审理程序设计为准司法程序,而后采取一审终审的民事诉讼救济模式,即不服复审委无效决定,可以直接上诉到北京高院,减少一个审级,这不仅符合专利无效宣告的民事属性,而且有利于权利的及时救济。

(4) 保障裁判者的专业性。在专利无效审判中,法官对于技术性问题的正确理解和裁判对于整个专利无效制度的设置至关重要。笔者认为,在我国暂不具备引入技术法官的背景下,可以考虑聘请专利局或者复审委相关审查人员作为技术调查官参与案件审理,增强合议庭处理技术问题的能力,提高裁判效率,保障裁判结果的公正。

(二) 对我国无效业务流程的建议

(1) 进一步放宽无效程序中对专利修订的限制。日本和韩国都有订正审判程序,专利授权后专利权人可以通过修改程序对专利进行修订,同时在无效程序中亦可对专利进行修订,且在上述两个程序中对专利修改的自由度均大于我国。考虑到我国目前的现状,社会各界对授权后专利修改的限制进一步放宽的呼声较高,同时亦有呼声改变目前的无效制度或将无效程序由复审委向法院的专利侵权程序转移,因此,为增强目前无效制度的生命力,可考虑暂时并不引入授权后的订正审判程序,而是在现有基础上探索进一步放宽无效程序中对于专利修订的限制。

(2) 取消无效程序中1个月内可以补充新的无效理由和证据的规定。为进一步压缩无效周期,可考虑参照日本关于补充新证据和理由的做法,取消请求人自提出无效请求之日起1个月内可以补充新的无效理由和证据的规定,以避免不适当地延长审查周期。

(3) 调整无效宣告请求的收费方式。目前我国无效宣告请求费是按照

---

❶ 武善学,张献勇. 我国知识产权部分联合执法协调机制研究 [J]. 山东社会科学,2012 (4).

"一请求一收费",没有与专利的权利要求项数挂钩,对请求人提出的理由、证据也没有限制。请求人为了给专利权人施加压力,通常会提出无效所有的权利要求,并尽可能多地提出无效理由和证据,这不仅不利于集中复审委有限的资源及时解决有争议专利权的有效性,而且对于合议组付出的工作量也不能予以科学计量。借鉴韩国特许厅的经验,建议进一步细化我局对无效宣告请求的收费方式,将无效宣告请求费与请求无效的权利要求项数挂钩,这样不仅可以约束请求人在提出无效请求时更加慎重,而且这样的收费方式与我局在授权阶段对超出十项以上的权利要求加收附加费的做法也是一致的,具有合理性和可行性。

韩国知识产权局特色审查服务介绍及启示

通信发明审查部　李　龙
机械发明审查部　焦红芳*

摘　要：韩国知识产权局作为国际五大知识产权机构之一，发展出自己的特色服务，使得客户能够根据自己的需要选择最适合的服务。文章主要介绍了韩国知识产权局的三轨制专利审查和实用新型审查体系、三轨制专利审判体系、双轨制商标和外观设计审查体系以及以客户为导向的审查，希望能有助于公众了解韩国相关审查制度，并结合我国的专利申请和审查现状，以期获得借鉴以改进提高知识产权服务。

关键词：韩国知识产权局　特色审查　服务

韩国知识产权局作为世界五大知识产权机构之一，在近70年的发展历程中，发展出了具有特色的知识产权道路，并在国际上受到关注。2006年，韩国知识产权局改制为中央执行机构，成为韩国中央国家机关中首个自负盈亏的机构，这种转变使得韩国知识产权局更注重客户服务，更努力地为创新科技提供支持。此后，韩国知识产权局提出了各种以客户服务为目标的多项措施，包括三轨制专利和实用新型审查服务、双轨制商标和外观设计审查服务、以客户为导向的审查、需求驱动的客户服务等。以下，将详细介绍韩国知识产权局的各种特色服务，以期对我国知识产权管理和服务提供借鉴。

一、三轨制专利和实用新型审查服务体系

韩国知识产权局在2006年和2007年将审查周期降低至世界纪录的9.8个月，❶ 然而，由于不同技术领域具有不同的生命周期以及不同的商业化时间范围，审查周期的统一缩短并不能满足不同技术领域客户的不同需求。

为此，韩国知识产权局于2008年10月❷启动了三轨制专利和实用新型审查服务体系。在该体系下，用户不再只能被迫接受相同的审查周期，而是可以根据自己的需要选择最适合其专利战略的审查轨道。顾名思义，三轨制审

---

* 等同第一作者。
❶❷ 韩国知识产权局2008年度报告第19页。

查包括三种审查方式，即常规审查、加快审查以及延迟审查。

（一）常规审查

常规审查是指按照收到审查请求的顺序进行审查，顾名思义，就是按照申请人递交审查请求的时间，按照时间先后顺序进行审查。常规审查的时间不仅仅与申请人递交审查的时间有关，还往往与案件所属的技术领域有很大关系。发明和实用新型的实质审查是由不同领域的审查员进行提案审查的。某些当前活跃的领域相关申请量较大，这意味着待审案件可能存在积压，则等待审查的时间可能较长；某些非活跃领域申请量相对没那么大，待审案件积压不严重，等待审查的时间可能较短。通常，常规审查的平均周期是17个月。❶

（二）加快审查

加快审查是指用户可以向韩国知识产权局提交加快申请，请求对其申请进行优先审查。加快申请能够帮助用户快速获得专利权，以便于他们快速获得独家市场地位。加快审查的审查周期为3~5个月，❷相对于常规审查，其审查周期明显大大缩短，特别适合希望快速获得专利权的客户。任何申请人只要提交了官方指定检索机构作出的检索报告，都可以提出加快审查的请求。加快审查尤其适合市场中处于追赶地位的申请人。

（三）延迟审查

延迟审查是指申请人可以向韩国知识产权局提交延迟审查申请，请求对其申请按照指定的时间进行延迟审查。申请人可以指定希望延迟审查的日期，延迟审查的日期可以是递交审查请求起24个月至专利申请日起5年内的任意时间，韩国知识产权局在申请人提交的指定延迟审查日3个月内提供审查服务。❸延迟申请适合那些希望由于商业化、市场调研等原因延迟审查的申请人。延迟审查使得客户可以在发明的商业化准备中有充足时间，延迟审查的有效使用可以防止发明由于过早的专利决定而过早地公开。延迟申请还特别适合需要较长准备时间的申请人，此外，延迟申请还能够降低专利维持的费用。任何具有战略利益考量的申请人，可以根据其战略需求选择延迟审查以将其申请的审查延迟在最适合自己的时间范围内。

---

❶ 来源：www.kipo.go.kr 之 IP Policies 之 Super-accelerated examinations for green technology，倒数第3段第5行，2014年5月19日更新。

❷❸ 韩国知识产权局2013年年度报告第26页。

(四) 对于绿色技术的超快审查❶

韩国知识产权局在 2009 年 10 月❷在加快审查轨制下进一步引入了对于绿色技术的超快审查体系，其目标是使得绿色技术的审查结果比加快审查体系更快速地获得，也即是请求之日起 1 个月内。该体系根据对于低碳、绿色增长的国家战略研究和开发，限于法定分类（经由政府财政援助或认证）的"绿色"技术，或者在环境立法诸如《空气环境保护法》中指定的技术。自 2010 年 4 月起，通过《低碳绿色增长基本法》框架下的各种援助政策产生的产品符合超快审查的条件。

超快审查的先决条件包括在线申请、官方指定现有技术检索机构（例如，韩国专利信息机构 KIPI、WIPS 以及 IP Solution 公司）出具的现有技术检索报告以及为什么选择超快审查的书面意见。

截至 2014 年 5 月，除了少数案件不满足先决条件外，超快审查结果全部都在一个月之内提供，最快的案件从提交申请之日起仅用了 11 天。超快审查周期比常规审查（大约平均周期为 17 个月）短 16 个月，比加快审查（大约平均周期为 3 个月）短 2 个月。❸ 如果超快专利申请被驳回，其将作为超快审判处理，在 4 个月内提供审判的结果。超快审判比常规审判（其通常需要 10 个月）短 6 个月。❹ 以这种方式加快绿色技术审查对全球环境的改善大有裨益。

二、三轨制专利审判体系

韩国知识产权局自 2008 年 10 月起，知识产权审判和复审委员会（IPTAB）引入三轨制审判服务，以便更有效地处理专利纠纷。三轨制审判服务包括：超快审判、加快审判和常规审判。常规审判与三轨制专利和实用新型审查服务体系中的常规审查类似，是按照申请人递交审查请求的时间按照时间先后顺序进行审判，其审判周期大约为 9 个月。❺

---

❶ 来源：www.kipo.go.kr 之 IP Policies 之 Super-accelerated examinations for green technology，2014 年 5 月 19 日更新。

❷ 来源：www.kipo.go.kr 之 IP Policies 之 Super-accelerated examinations for green technology 第 1 段，2014 年 5 月 19 日更新。

❸ 来源：www.kipo.go.kr 之 IP Policies 之 Super-accelerated examinations for green technology 第 4 段，2014 年 5 月 19 日更新。

❹ 来源：www.kipo.go.kr 之 IP Policies 之 Super-accelerated examinations for green technology 第 5 段，2014 年 5 月 19 日更新。

❺ 来源：www.kipo.go.kr 之 IP Policies 之 Three-track Patent Trial System，第 1 段最后一行，2014 年 5 月 19 日更新。

（一）加快审判

加快审判包括确定权利范围的审判、由于撤回审判决定而从专利法院返回的审判等。加快审判适用于以下情形：在待审侵权诉讼中的无效审判或者确定权利范围的审判、不正当竞争中的无效审判或者确定权利范围的审判以及贸易委员会提出的贸易案件、双方当事人均递交加快审判协议的案件、无专利所有权的无效案件、审查员拒绝对与绿色技术直接相关的专利申请超快审查的复审案件。加快审判的审判周期为 6 个月。❶

（二）超快审判

超快审判在 1 个月❷的答复意见提交期限终止期内举行口头审理，并且在口头审理后 2 个月❸内作出审判决定。超快审判的案件包括确定权利范围的审判、与侵权诉讼相关的无效案件等。相关各方将在审判请求提交后 4 个月❹内收到审判决定，能够比加快审判更快速地得到处理。

三、双轨制商标和外观设计审查体系

韩国知识产权局于 2009 年 4 月对请求快速获得商标或者外观设计权利的申请人执行加快审查，申请人可以选择两种审查轨道：常规审查和加快审查。

常规审查是先申请先审查，根据商标申请或者外观设计申请的申请顺序进行审查，通常在递交申请后需要 10 个月的时间。❺

加快审查相较于常规审查而言，能够获得优先审查。当申请人请求对商标或者外观设计加快审查时，需要 10 天❻的时间来决定是否能够加快审查。如果确定进行加快审查，则在 45 天内❼开始审查。通常，申请人在请求加快

---

❶ 来源：www.kipo.go.kr 之 IP Policies 之 Three-track Patent Trial System，第 1 段最后一行，2014 年 5 月 19 日更新。
❷ 来源：www.kipo.go.kr 之 IP Policies 之 Three-track Patent Trial System，第 1 段 3 行，2014 年 5 月 19 日更新。
❸ 来源：www.kipo.go.kr 之 IP Policies 之 Three-track Patent Trial System，第 1 段 5 行，2014 年 5 月 19 日更新。
❹ 来源：www.kipo.go.kr 之 IP Policies 之 Three-track Patent Trial System，第 1 段 6 行，2014 年 5 月 19 日更新。
❺ 来源：www.kipo.go.kr 之 IP Policies 之 Two-track examination for Trademarks and designs，图 1，2014 年 5 月 19 日更新。
❻ 来源：www.kipo.go.kr 之 IP Policies 之 Two-track examination for Trademarks and designs，第 2 段第 3 行，2014 年 5 月 19 日更新。
❼ 来源：www.kipo.go.kr 之 IP Policies 之 Two-track examination for Trademarks and designs，第 2 段第 4 行，2014 年 5 月 19 日更新。

审查起 2 个月❶内收到第一次审查结果。加快审查特别适合在申请之后希望向前推进其商业化或者快速解决纠纷的申请人。

综上而言,对于发明和实用新型,申请人可以选择三轨制审查体系,包括加快、常规或延迟审查,其中的加快审查还包括对绿色技术的超快审查;而对于商标和外观设计,申请人可以选择双轨制审查体系,包括加快审查和常规审查。

四、以客户为导向的审查

韩国知识产权局为了使得客户能够获得高质量专利权,转变了审查模式,从审查员仅仅给出拒绝理由转变为以客户为导向的审查体系,通过增强与审查员之间有关发明适当范围的相互沟通,从而帮助申请人能够获得高质量的专利权。

(一)初步审查

初步审查是 2014 年启动❷的试点项目,其允许申请人在审查之前亲自向审查员解释他们的发明,包括申请人和审查员在第一次审查意见通知书之前进行面对面会谈,这种面对面会谈给予申请人解决可能拒绝理由的机会,给予审查员分享相关技术以及解释他们对于特定申请预料不到结果的见解。初步审查程序允许申请人在实际审查之前对专利申请的范围进行修改,从而增加他们及早获得专利权的机会。初步审查程序使得审查员的工作更加严谨,并且增强了政府机构和普通公众之间的沟通。初步审查的试点项目仅限于申请人请求初步审查的扩展优先审查,2015 年对所有加快审查申请进行初步审查。❸

(二)提出修改建议

审查员在审查过程中,对如何修改申请提出修改建议,以使得申请人能够容易地解决拒绝理由中提出的问题。这种方式对于有授权前景的申请而言,能够避免申请人答复的盲目性,节约审查员与申请人沟通的成本,使得申请能够快速获得授权。

(三)提供修改指南

没有法律顾问的个人申请人,由于缺乏对专利法的理解,很容易不恰当地修改他们的申请,从而导致申请常常被驳回,即使申请人的思路是合理的。

---

❶ 来源:www.kipo.go.kr 之 IP Policies 之 Two-track examination for Trademarks and designs,图 1,2014 年 5 月 19 日更新。
❷ 韩国知识产权局 2013 年年度报告第 27 页。
❸ 韩国知识产权局 2014 年年度报告第 25 页。

因此，在告知申请人拒绝理由的时候，提供了简化的修改指南，使得申请人在没有法律顾问的情况下，他们自己也能够容易地解决这些拒绝理由中提出的问题。

（四）集中审查

韩国知识产权局在 2013 年 11 月❶建立了集中审查体系，允许申请人请求对单个产品或者综合交叉技术的多个发明和加快实用新型申请的集中审查，以使得能够适应公司的不同业务策略，支持其对多项知识产权的获得。该体系要求申请人对涉及申请技术进行预先说明，从而使得能够准确并同时审查多个申请，并让公司能够获得与新产品发行同期的知识产权组合。2014 年 4 月，❷ 集中审查扩展至商标和外观设计，以便更好地支持公司构建全面的知识产权组合，也就是说集中审查针对单个产品的多种申请包括对专利、实用新型、商标以及外观设计同时进行审查。对于作为公司战略组成部分的单个产品，公司同时获得对其的多项知识产权是非常重要的。

五、韩国知识产权局特色审查服务对我国专利工作的借鉴

伴随我国知识产权的快速发展，我国目前已经成为全球专利申请受理量最多的国家。2003~2014 年，中国受理的国外发明申请增长了 2.6 倍，而国内发明专利申请增长了 14 倍。❸ 国家知识产权局 2012 年 8 月实施《发明专利申请优先审查管理办法》，对于特定领域符合特定要求的申请，申请人可以申请优先审查；此外，通过与中国国家知识产权局签订专利高速路（PPH）共享协议的国家局和机构提交的申请，可以通过提交 PPH 请求在中国得到快速审查。这些措施，使得一些发明专利申请人能够通过加快渠道快速获得专利授权，在一定程度上解决了部分申请人的加快审查请求，然而，由于中国受理专利申请量巨大，对所有专利申请通过加快审查来缩短审查周期是不现实的。对于近百万件的发明专利申请而言，不同申请人的诉求可能存在差异，满足申请人的不同需求，是提高审查服务的一个重要方面。

（一）完善审查服务体系，提供不同的审查服务

目前国家知识产权局的发明专利申请的申请人，有企业、有高校、有个人、也有科研机构。然而，不同的申请主体可能存在不同的情况，针对不同的情况需要提供不同的审查服务，例如为对于专利申请审查周期有不同预期的申请人提供与其战略需求相匹配的审查服务，为进入复审无效程序的重点案件在审查周期上给予更多的关注，以便于请求人能够尽早获知确定结果，

---

❶❷ 韩国知识产权局 2013 年年度报告第 27 页。
❸ 根据国家知识产权局 2003 年、2014 年年报数据计算得出。

以利于其商业化利用,从而更大程度地满足不同申请主体的需求,为知识产权建设提供有力支撑。

(二) 成立集中审查小组对融合交叉技术审查

随着科学技术和经济社会的发展,互联网和智能制造已经渗透到发明创造的各个领域,技术领域之间的交互融合愈加深入。由于专利审查是分领域的,涉及融合技术的多个专利申请由于侧重于不同的技术领域,将会被分由不同领域的审查员进行审查。然而,由于不同领域审查员对其他领域的相关知识了解程度不同,可能对融合技术的多个发明产生理解偏差而导致审查结果的偏差。为此可以探索成立由各个领域审查员组成的审查小组,对于交叉领域的专利申请提供集中审查。

(三) 对个人申请提供帮助服务

随着国家新经济环境下"大众创业、万众创新"的趋势,小微企业的蓬勃发展,我国个人专利申请的申请量在持续增多。为推动知识产权创造由多向优、由大到强的转变,提升个人申请的质量是非常重要的。

对于个人申请,可以尝试提供简单的操作指南,对审查中经常引用的重要法条进行解释;此外,对于有授权前景的专利申请,可以在审查通知书中指明修改方向,以便申请人能够正确理解审查员的意图,使得申请人能够快速获得专利授权,并提升个人专利申请的授权质量。

KIPO 最新专利审查动态介绍

材料工程发明审查部　孙　洁

摘　要：本文围绕韩国最新情况介绍、审查政策最新动态、韩国局审查和检索等方面进行了详细的介绍，以期帮助我国申请人及社会公众了解韩局的最新发展、专利政策及审查实践等信息。

关键词：韩国　专利政策　预备审查　公众专利

一、韩国申请方式

现阶段，KIPO 的专利申请中 98% 都是通过"在线申请系统"（如图 1 所示）申请的。其"在线申请系统"为申请人进行专利申请提供了更加方便、快捷的平台，申请人只需要在线提交申请，就能够被 KIPO 所接受，即使在非工作时间也能及时获得申请日，这对申请人有着极为重要的意义，同时也节约了人工受理的成本，做到无纸化办公流程。

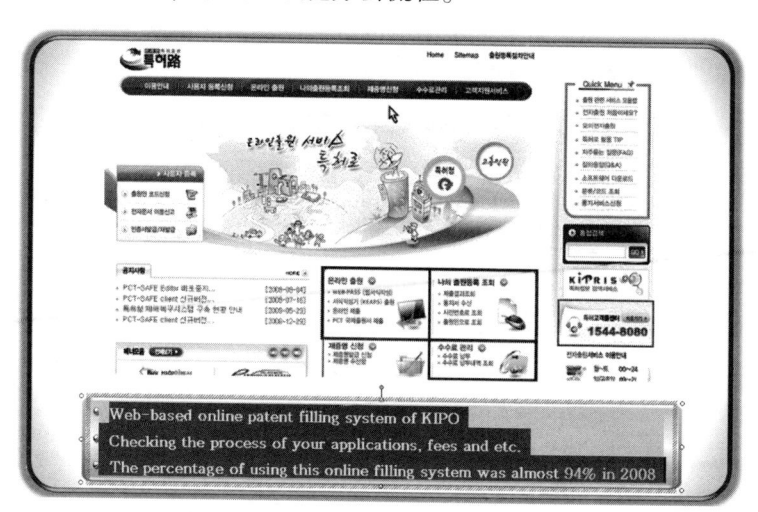

图 1　KIPO 的在线申请系统网站截图

同时申请人也可以在 KIPO 的专门网站（如图 2 所示）查询申请的审查过程，为申请人提供了很大的便利。

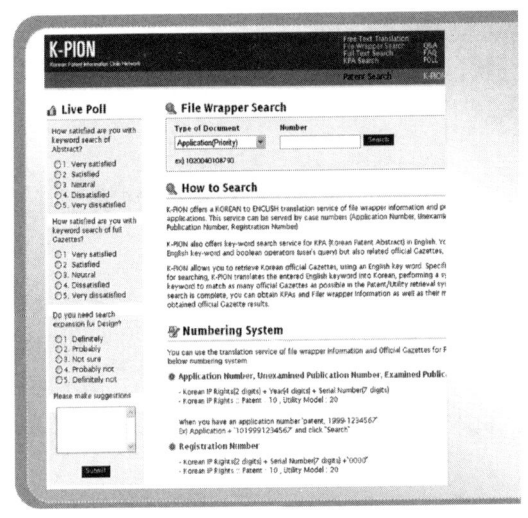

图2　KIPO 的查询申请网站截图

二、检索与审查

(一) 检　索

(1) 在检索前，KIPO 的审查员通常会登录 ISR & T-PION 系统，类似于我局的云审查系统，该系统共享了 USPTO、JPO 和 KIPO 的同族专利审查情况（如图3、图4所示），审查员登录后就能够下载某一申请在上述三局的审查过程的压缩文件，能够共享各局的审查信息。

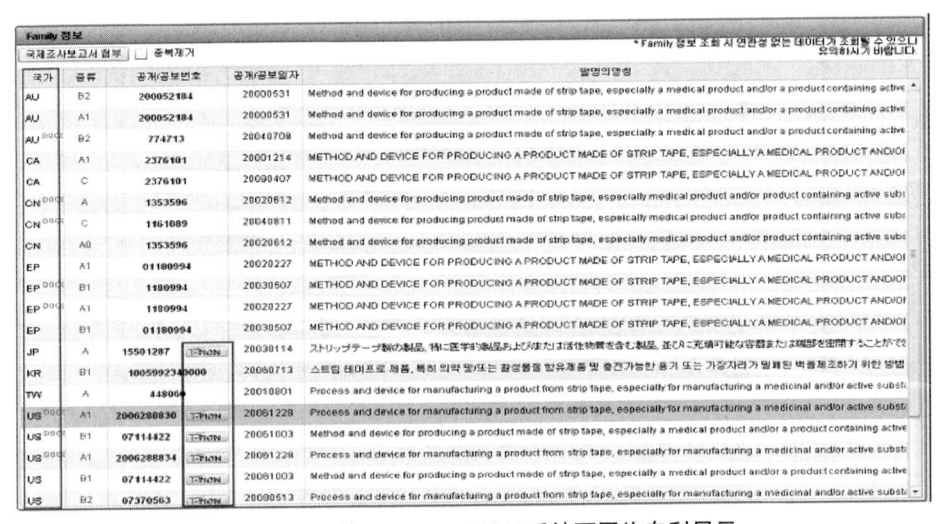

图3　KIPO 的 ISR & T-PION 系统下同族专利显示

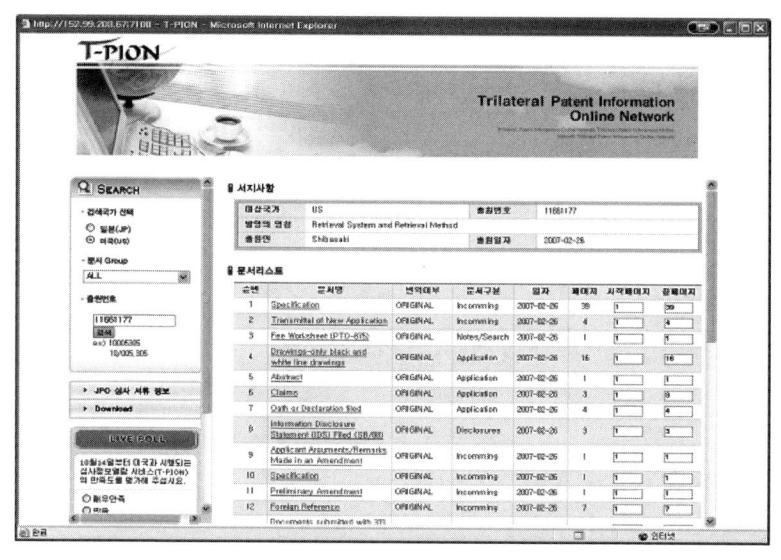

图 4 KIPO 的 ISR & T-PION 系统工作界面图

（2）KIPO 审查员一般先用系统自动生成的关键词进行初步检索，再参考他局的审查结果，必要时也会考虑利用 F-term、ECLA、UC 分类号辅助检索，最后才考虑用关键词、分类号组合进行检索。因为浏览量大，为了节约时间，只是对附图和摘要进行浏览。

图 5 所示为 KIPO 审查员的一般检索过程。

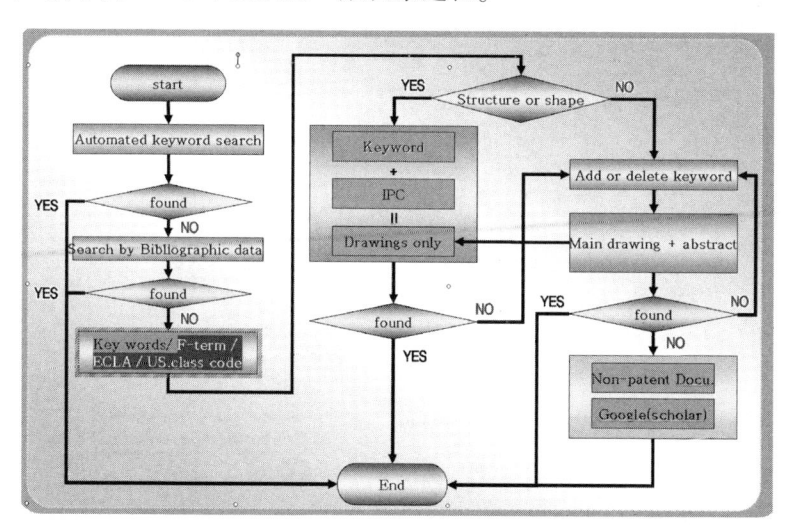

图 5 KIPO 的审查员的检索过程流程图

（3）KIPO 的检索系统 KPMPASS 的图形功能和我局的 S 系统类似，例如

图 6 所示，KPMPASS 还支持韩语、英语和日语 3 种语言，利用机器翻译进行不同语种的翻译。KIPO 的审查员同时可以打开 8 幅附图进行检索和比对。

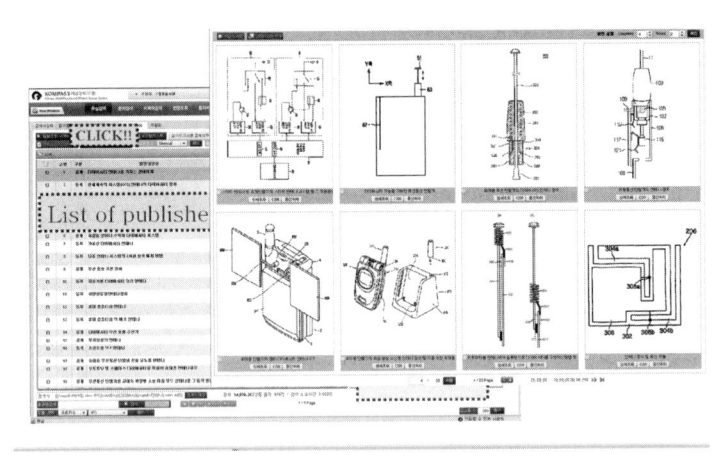

图 6　KIPO 检索系统 KPMPASS 的图形功能展示

（二）分类管理

KIPO 通常分类是由分类服务部门（Application Service Division）进行分类，分类服务部将申请外包给 KIPI（Korea Institute of Patent Information）进行初分，最后由各部门的审查员负责相应领域的分类核对（如图 7 所示）。

为了确保质量，对于外包的一般会根据分类员的表现确定抽检量，并会将抽检结果反馈给 KIPI 进行改进。

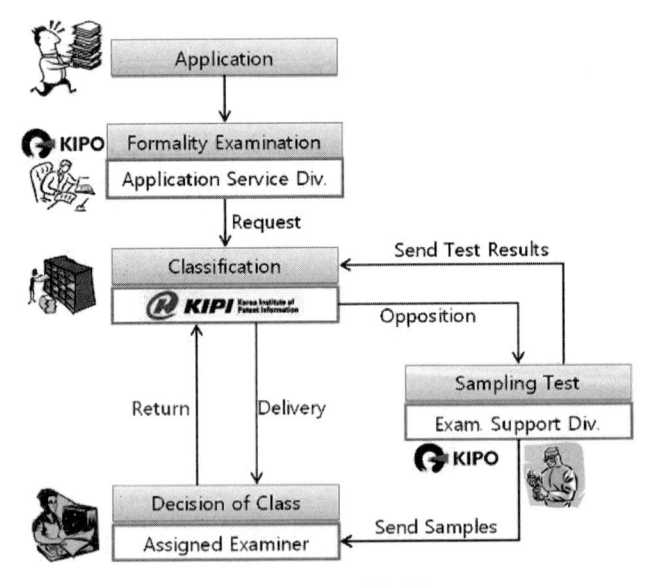

图 7　KIPO 分类流程

(三) 关于形式缺陷的自动审查

对于权利要求存在的形式缺陷，例如清楚、多引多等问题，KIPO 有专门的自动工具进行自动审查，自动工具能够根据权利要求的内容和形式进行审查，极大地减轻了审查员的工作量并且提高了审查质量。

如图 8 所示，自动工具能够圈出权利要求中某些不允许的词，找出没有引用基础的特征，划出多引多的权利要求。

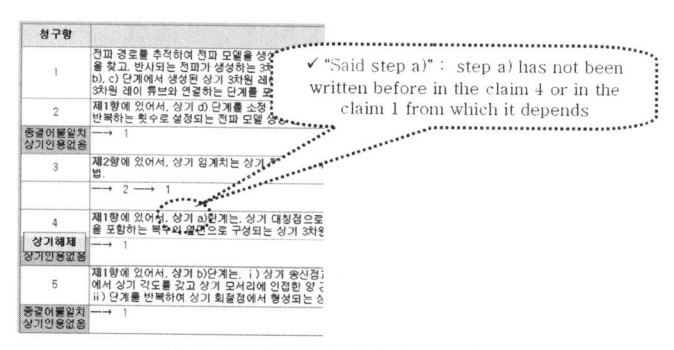

图 8　形式缺陷自动审查工具截图

(四) 审查意见通知书和实质审查程序

1. 审查意见通知书的内容表现形式不同

KIPO 的通知书和我局类似，评述过程相对较详细，而且还会在"一通"中列出特征对比表格，展示给申请人，这样更加直观和明确。而我局通常采用文字进行说明，只有在内部讨论或者自行留档时才会制作特征对比表，并不会展示给申请人。

2. 审查意见通知书说明的重点不同

我局审查员在"一通"评述了所有权利要求的创造性，并没有指出形式缺陷。只有在充分考虑了申请人意见之后，且认为本申请具有授权前景的情况下，审查员在发"三通"时才单独指出形式缺陷。而 KIPO 审查员会在"一通"中找出本申请所有存在的缺陷，例如不清楚、不支持、单一性等，无论本申请是否具有授权前景。KIPO 的授权是在申请人提出修改补正之后进行授权，即一通后授权；但授权后的权利要求与我局三通后授权的权利要求保护范围相同。

3. 实质审查程序中要求听证的门槛不同

在交流中，两局审查员都认可，在发出驳回决定之前，应当通知申请人拒绝授权的理由并给申请人意见陈述和修改文本的机会。如果申请人的意见陈述和修改文本没有克服通知书中告知的驳回理由，则审查员可以作出驳回决定。与我局不同的是，KIPO 在作出驳回决定前不要求严格的听证，例如之前通知书指出了权利要求不具备创造性，如果修改后加入了说明书中的技术特征,但是该技术特征属于本领域公知常识,而不需要引入新的对比文件进行评述,则可以直接作出驳回决定。而我局的做法是,只要事实、理由、证据发生改变,就需要听证,也就是说,只要申请人在权利要求中加入技术特征,事实就已经发生改变,不能直接驳回,继续给申请人意见陈述和修改文本的机会。这种做法虽最大程度保护了申请人的利益,但可能会造成通知书次数多,迟迟不能结案的情况。

三、韩方最新审查业务统计数据及审查政策情况

(一)韩方审查业务最新统计数据

1. 发明申请量稳步增长,新型申请量逐年下降

2013年KIPO发明专利申请量首次突破20万件,2014年发明专利申请量为21万件,自2010年止跌回升之后连续第五年增长。而实用新型申请量则继续下降,2014年全年为9184件,已少于1万件,相较于2005年的3.7万件大幅下降,主要原因是2006年10月起韩国实用新型审查制度改为实质审查制。发明和新型的申请量总和从2005年的19.8万件增长至2015年的21.9万件。

2. 审查周期进一步缩短下降

2014年KIPO从请求审查到发出"一通"的周期为11.1个月,较2013年的13.4个月进一步下降,2015年预计减少到10个月左右;从申请到结案的周期由2013年的30个月下降至2014年的27.7个月。优先审查周期则稳定在5个月左右。

为了能够提高审查员的检索效率,韩方在其审查系统中引入了机器翻译模块,该模块能够很快地将日本文献翻译成韩文,并能将中文文献翻译为英语,以帮助审查员理解。在外包检索方面,为了保证其质量,韩局审查员需要对外包检索的结果进行仔细核查和评价,适时进行补充检索。

3. 审查人力资源情况

目前,KIPO在编审查员748人,其中47%具有博士学位。审查员中有3%的代理人和3%的专业工程师,他们不需要通过公务员考试,而是采取特别录用的方式。韩方表示,KIPO目前已是韩国政府中人数最多的部门,审查员队伍规模扩大受限于公务员的编制。外包检索的量和检索员人数则主要取决于预算。因此,他们认为类似我局审查协作中心的模式较为可取,现在也正在讨论相似制度的可能性。

(二)韩方近期审查政策动向

1. 预备审查

正面审查(positive examination)是KIPO近年来推广的一项审查政策,

旨在通过为申请人和审查员提供更多面对面交流的机会,鼓励审查员在通知书中作出正向审查意见,以及给出申请人关于修改方向和内容的建议等多项措施,从而更快速的授予具有法律稳定性的专利权。

本次会议中,韩方重点介绍了正面审查政策下的"预备审查"(pre-exam interview)制度:优先审查案件的申请人可以提出预备审查请求,被接受后可与审查员进行面谈。面谈中申请人作技术说明,审查员对事先考虑好的驳回理由进行说明,双方就补正方向进行意见交换。

据韩方统计,普通申请的一次授权率是9.7%,而经过预备审查的申请,一次授权率可以达到62.5%;普通申请最终授权率为67.6%,而预备审查申请的最终授权率为81.3%。此外,经过预备审查的申请,其平均审查周期仅为3.6个月,较优先审查申请的5.3个月下降了32.1%。预备审查的申请人中,大公司占32.4%,中小企业占26.4%,个人占25.5%,大学科研机构占10.8%,国外申请人占2.9%。总的来说,个人和中小企业占比较大。

韩方表示,该制度可以减少公众对于专利审查效率的批评,因此鼓励审查员通过该项制度帮助申请人获得高质量的专利授权。此外根据其法律专家的意见,无论申请人是否采纳审查员的正面审查意见,均为申请人自己的意愿和行为,审查员无需承担法律责任。

2. 公众专利评议系统

公众专利评议系统(Community Patent Review,CPR)是韩方一项旨在收集公众意见的线上系统。社会公众可以针对该系统中的申请提出现有技术或其他评议意见,供审查员审查时参考。该系统中的案件由申请人或者审查员针对已公开的申请提出。来自审查政策课的管理员会将其公布在CPR网站上,并且给出该申请的摘要。通常该网站每季度更新,有效评议时间为3个月。KIPO官方网站还提供基于关键词或者技术内容的E-mail邮件服务,提醒用户有其感兴趣或关注的申请上载。

3. 集中审查项目

该项目在KIPO已开展了一年半,去年一年的集中审查案件共有10余批,相关申请合计100多件。据韩方介绍,JPO开展集中审查已有10余年,其每年的集中审查案件比例也不高。此外,韩方认为虽然集中审查主要针对的是大企业,但由于申请的数量不多,提供该项服务所占用的审查资源有限,对个人申请和中小企业申请人的利益影响不大。

四、体会及建议

(一)便利的审查工具有利于提高审查质量与效率

从KIPO审查员的工作流程可看出,若权利要求存在形式缺陷,例如清楚、多引多等问题，KIPO 有专门的自动工具进行筛查，自动工具能根据权利要求的内容和形式进行审查，极大地提高了审查效率和审查质量。

同时，KIPO 的检索系统 KPMPASS 操作简单，界面直观，阅读功能清晰，机器翻译准确快捷，在操作的反应速度上也比较快，这为提高审查员工作效率提供了强有力的支撑。

我局开发的云审查系统刚刚起步，目前还不完善，速度和翻译准确度都不太尽如人意。如果能进一步加大对数据深加工和数据库建设的投入，将大大有利于提高我局审查员进行检索和审查的质量和效率。

（二）审查程序的改进有利于提高审查的效率

首先，审查意见通知书的表现形式不同。KIPO 的通知书和我局类似，都具有较为详细的评述过程。但是，KIPO 的通知书会在"一通"中列出特征对比表格，展示给申请人，具有更加直观和明确的特点。而我局通常采用文字进行说明，只有在内部讨论或者自行留档时才会制作特征对比表，并不会展示给申请人。

其次，在审查程序上，KIPO 审查员在"一通"中进行全面审查，尽可能指出全部缺陷，即使评述了所有权利要求的创造性，还是需要在"一通"中指出可能存在的所有缺陷，而不考虑该申请是否具有授权前景。在某些情况下，KIPO 的做法更加节约程序，通常 KIPO 审查员在"一通"后就能授权，减少了通知书的次数、节约了程序、提高了审查效率。

第五部分
其他热点/其他热点研究

透过外观设计法条约的制定看外观设计制度趋势

外观设计审查部　王美芳

摘　要：本文通过介绍制定外观设计法条约的背景、SCT会议工作概况和最新进展以及条约草案中重点内容，展现了外观设计制度发展趋势；进而对"强制代理不作为取得申请日的条件"和"广义宽限期制度"进行了深入分析，并结合我国申请人对外申请的数据和"走出去"战略等提出建议。

关键词：外观设计法条约　SCT会议　外观设计制度　强制代理　广义宽限期制度　走出去战略

目前与外观设计注册直接相关的国际条约只有《海牙协定》，商标、工业品外观设计和地理标志法律常设委员会（以下简称SCT[1]）正在就制定《外观设计法条约》（以下简称DLT）积极开展工作。

一、制定DLT的背景

虽然海牙体系令外观设计注册更简便，但海牙体系的推广却阻力重重，美国、日本和韩国这几个外观设计大国最近两年才加入，中国至今仍未加入。原因之一是各国法律在申请程序和形式要求方面的规定差异较大。WIPO和一些持积极态度的国家意识到，只有推进国家层面外观设计法律的统一，才能使国际注册体系焕发活力。

另外，即使海牙体系得到广泛推广，很多程序和形式的要求仍由各成员国法律决定，例如，在《海牙协定》的日内瓦文本中，获得申请日所必需的申请文件、宽限期、延迟公布等内容都不是强制性条款。一项国际申请仍将面对各国不统一的标准和要求，甚至存在被驳回的风险。

因此，在海牙体系之外，还需要各国统一外观设计申请的程序和形式要

---

[1] SCT设立于1998年3月，负责专门讨论商标、工业品外观设计和地理标志法律方面问题，向WIPO大会提出建议和政策，供其批准。SCT对WIPO或保护工业产权巴黎联盟的所有成员国开放，这些成员国以成员资格参加SCT。此外，非WIPO或巴黎联盟成员国的联合国会员国、政府间组织和经WIPO认可具有观察员地位的非政府组织，以观察员身份参加这一政府间委员会。1998年7月13日至17日在日内瓦举行的第一届会议上，SCT通过了一条特别议事规则，规定欧洲共同体亦具有成员资格（但无表决权）。

求，使海外申请更具可预见性，降低风险。

二、SCT会议相关工作概览和最新进展

SCT关于DLT的相关工作始于2005年，最近一次讨论DLT相关议题是在2016年4月举行的35届会议。这11年的工作可以简单分为3个阶段：

第一阶段：酝酿、准备（第15~24届）。

WIPO国际局在2005年的第15届会议上提出相关工作建议，随后在WIPO成员国内进行问卷调查，在此基础上形成DLT草案的前身——《法律与操作层面可能达成一致的方面》，SCT对这个文件又争论了3年。为加快进程，从2009年开始，将一年一届的SCT会议改为一年两届。中国从2010年第23届会议开始派员参与讨论。

第二阶段：讨论条文草案和实施细则草案（第25~31届）。

在前一阶段工作的基础上形成DLT草案，包括条文草案和实施细则草案。第二阶段的4年时间主要在争论具体业务条款，并在2014年向WIPO成员国大会提出召开外交会议以通过DLT的建议。

但是，由于发展中国家和发达国家之间就技术援助和能力建设条款存在较大分歧，2014年成员国大会未能就召开外交会议事宜达成一致。

第三阶段：争论技术援助条款及其他（第32~35届）。

第三阶段不再讨论业务条款，争论焦点集中在技术援助条款和非洲组新增加的遗传资源、传统知识和民间文艺来源披露条款的新主张。这种争论是发达国家和发展中及不发达国家的利益之争。

三、DLT折射出的外观设计制度发展趋势

DLT草案包括"条文"和"细则"两个文件，共涉及20个左右要统一的方面。SCT会议针对具体业务条款的讨论很热烈，有时甚至可以说激烈。对业务条款的讨论往往牵扯到国际政治外交，各国或者集团所持的态度不仅仅是出于对这项工作本身的考虑，还与其他工作相关联。如果抛开政治因素，其实各国对于统一外观设计法中关于形式和程序要求的态度是比较一致的，都是"求大同存小异"甚至"求同弃异"，一些在前期对该工作持消极和观望态度的国家逐渐变得更积极，在具体业务条款上不再坚持本国原有做法，期望建立一个更加统一的国家操作体系，使包括本国申请人在内的所有申请人向海外申请时更便利和更有可预期性。目前的DLT草案是各国经过十几届会议讨论的结果，从一定程度上折射出外观设计制度发展趋势。

最早的草案与我国现行法规和做法存在较多差异，经研究，一些内容仅涉及局内业务调整，一些则是与现行法规明显存在冲突。经过我国代表的争

取，有些草案内容已兼顾我国规定，但个别条款则仍与我国规定存在较大冲突。由于篇幅有限，本文仅选择与我国目前法规和做法存在差异的内容进行介绍。

（一）关于申请内容条款

条文草案第3条第1款规定了有关方可以对申请内容提出的最高要求，细则第2条第1款列出了有关方可以进一步要求的项目，以保留某种程度的灵活性。

上述条款明确了申请中可以包含哪些内容，而非要求各国都采用统一的申请内容。该规定明确了申请内容的最大范围，申请人由此可以知道最多需要提供哪些内容。缔约方可以仅要求提供所列各项的一部分而非全部内容，不得要求申请人提供没有被列入的内容。

参会各方对此条款虽有争论，但并不激烈。对我国而言，"简要说明"是申请的必要条件，因此我国代表提出修改建议，要求在其中予以明确。因此，大会在细则草案第2条的说明2.03中注明："说明书包括缔约方国家法律规定的'简要说明'，各缔约方可以自由决定说明书的内容和形式要求。"

（二）关于视图线条

细则草案第3条规定了工业品外观设计的视图可以包含：虚线或点画线。

虚线和点画线是局部外观设计制度的产物，我国目前不保护局部外观设计，也不允许使用虚线和点画线。鉴于我国对于局部外观设计的保护需求和第四次专利法修改也将局部外观设计纳入保护范围，我国未再持反对意见。但即使保护局部外观设计，也不应当出现实线部分表达的内容不属于保护客体的情形，所以我国仍要求在草案中加入"实线部分应当满足主管局对外观设计保护客体的要求"。该主张得到认可，最终写入细则草案第3条的说明中。

（三）关于工业品外观设计的延迟公布

条文草案第9条和细则第6条涉及工业品外观设计的公布，其中包括关于"延迟公布"的规定。

目前部分国家实行延迟公布或者保密外观设计的制度，原因是外观设计授权速度快，有些尚未准备上市的外观设计产品可能会因授权公开而打乱原来的商业计划。但很多国家未实行类似制度，包括发达国家和不发达国家。已实行类似制度的国家认为，在目前信息传播快捷的情况下，如果一个管辖区有该制度，另一管辖区无该制度，如果不采用强制性要求，该制度毫无意义。最初，尚未实行类似制度的国家观点不统一，例如美国、澳大利亚和俄罗斯认为上述观点有道理，可以在本国实行类似制度，而印度、智利、斯里兰卡、秘鲁、马来西亚、哥伦比亚、肯尼亚等国则认为该条款不应该是强制性的，而应该是备选性的。但随着讨论的深入，将延迟公布作为强制性条款几乎已成定局。

我国目前未实行延迟公开制度，经研究，如果引入该制度会带来一系列问题，因此我国在会上提出了"延迟授权"的方案，因为延迟授权同样能给申请人提供一段时间保持其外观设计处于保密状态。

虽然有部分国家反对，但大会最终同意在条文草案第9条的条文说明9.04中加上"通过延缓授权以达到延迟公布的目的这种体制"。

（四）优先权请求的变更、增加和恢复

条文草案第14条涉及更正或增加优先权的要求以及恢复优先权。

我国目前不允许增加优先权请求，而对可更正的优先权声明错误也有严格的规定，不允许对申请日、国别、申请号都写错的请求进行更正，更不允许超6个月优先权期限的申请恢复优先权。

由于对优先权要求的更正和增加主要涉及局内审查规则和管理流程的调整，且有《专利合作条约》的类似做法，因此，本着对申请人友好的态度，我国对优先权要求的更正或增加未坚持反对意见。

关于优先权超期恢复的做法，很多国家和组织目前都未实行，例如韩国和OHIM。但绝大部分国家和组织均支持设立该制度，表示愿意在本国实行该制度。我国在会上仍坚持"应该由缔约方自行决定是否给予恢复"。

（五）关于强制代理

对于在缔约方没有营业所和住所的申请人，条文草案第4条其必须通过当地代理人办理手续，即强制代理。但同时又规定了例外情形——如果是为了申请日和缴费的目的，申请人可以自行办理。

我国《专利法实施细则》规定代理是国外申请获得申请日（即受理）的必要条件。因此我国代表在会上一直坚持反对意见。孟加拉、摩洛哥、西班牙、阿尔及利亚、印度、尼日利亚、特立尼达和多巴哥、尼泊尔和伊朗最初也坚持反对意见，都是以无法通信和申请人面临法律风险为由。随着会议的推进，逐渐只有印度和中国坚持，而最后印度表示只要申请人提供国内联系地址即可，放弃了反对意见。

（六）关于不丧失新颖性公开的宽限期

条文草案第6条规定了不丧失新颖性公开的宽限期的公开方式和期限。公开方式包括"由设计人或其权利继承人公开"，明显是一种广义宽限期制度。而我国实行的是狭义宽限期制度，对公开情形有严格限定。

由于绝大部分国家实行的都是广义宽限期制度，所以其他国家均未对公开方式提出反对意见，只是讨论应该给予6个月还是12个月的宽限期。我国在会上坚持反对意见，认为公开方式应由缔约方国内法规定。

以上内容从一定程度上反映了各国关注的问题和外观设计制度的国际趋势。在SCT会议讨论过程中以及与一些国家的双边交流中，笔者还发现两个趋势：

第一，用户利益至上。

在具体业务问题上，大部分国家都是考虑申请人利益，即使与目前国内法规不一致，只要最终分析于己有益就不会在SCT会上坚持原有观点。例如，关于宽限期的时间期限，有的国家规定6个月，还有的国家则规定12个月。在会议争论过程中，规定6个月的国家请规定12个月的国家解释理由，以备今后国内改法考虑。规定12个月的国家则说其实DLT采用"至少6个月"的措辞也足够了。

SCT会议上对立双方进行的争论往往并非仅仅由各国法律和做法不同导致，更多的是因政治原因或者说其他利益博弈才出现分野。如果抛开这些背后的因素，与会各方其实分歧并不大。

第二，态度开放。

为进入国际平台，只要对自身没有损害，一些国家或者组织就乐意修改当前法律。例如，关于超期提交的在后申请可恢复优先权的制度，很多国家目前的外观设计法对此都无规定。但一些国家和组织（例如韩国、OHIM）表示，加入DLT对本国申请人对外申请是有利的，修改优先权的规定对本国申请人没有什么损害，因此乐于修改本国法。

四、分析和建议

目前条约主要内容已基本达成一致，分歧主要在业务条款之外的利益博弈，那么最终通过条约的可能性比较大。目前草案与我国法规存在较大冲突的方面有两点——"强制代理不作为取得申请日的条件"和"广义宽限期制度"。目前我国对此提出保留条款，这将成为后续讨论的焦点。

对于这两个问题，虽然国际上主流思想（包括发达国家和发展中国家）都对草案持支持态度，但我们不能简单地跟随国际潮流。何去何从，关键要看是否与国情相符再定。笔者分析和建议如下：

（一）关于强制代理不作为取得申请日的条件

对于"强制代理不作为取得申请日的条件"，反对意见主要来自国内代理机构。反对原因有一定的道理，例如担心会造成未充分体现专利代理的价值，影响主管局与申请人间的通信，同时会对国内代理机构业务造成较大的冲击。但笔者认为：

第一，通信不是大问题。

首先，缔约方没有必要向国外发文，可以通过电子邮件简单告诉申请人文件已收即可，后续程序还可以要求通过代理机构办理。另外，还可以通过电子申请系统解决发文问题。

第二，不会对国内代理机构造成大的冲击。

强制代理确实关乎代理机构的利益。国内代理机构担心，先申请、后委托的做法可能引发很多问题，例如会给申请人带来严重的不利后果，会对代理机构的业务造成大的冲击。但笔者认为，如果有不利后果，也是申请人应该自己承受的，而成熟的申请人即使为取得申请日，也必然会选择专业的国内代理机构及时协助其申请。对于这种高水平的服务，代理机构的收费也可以相应提高。

另外，DLT草案明确规定代理是必需的，只是不作为取得申请日的条件。如果申请文件已经很完美，当然不能再要求代理。但一旦存在问题，就必须由代理机构提供服务，并不会绕过代理机构。

取消强制代理作为受理条件对我国申请人也是有利的，便于申请人自行向外申请并及早获得申请日。代理机构利益可能会暂时因进来的申请代理减少而有所损失，但我国整体发展战略的实施和满足企业走出去的需求更为迫切，代理机构也可以转变思路，从走出去的申请中发现更大商机。

（二）关于广义宽限期制度

目前，从发达国家到不发达国家，针对外观设计实行的都是广义宽限期制度。在历次SCT会议上，对于相关条款的争论主要集中在6个月还是12个月的期限，只有我国持续关注公开方式。我们当然不能盲目跟着国际趋势跑，但也要好好审视一下，狭义宽限期制度真的还适用吗？

笔者认为，广义宽限期制度更适用于我国的外观设计保护。理由如下：

第一，设计创新需要加强保护。

设计创新与技术发明不同，发明只透露部分信息，不一定能被模仿，而设计也许只是闪现就可能被模仿。狭义宽限期对于发明专利来说也许足够了，但外观设计更需要广义宽限期制度的保障。

第二，创新模式也需要制度保障。

在"互联网+"模式下，我国的创新速度和模式都在发生变化。很多通过网络进行的投标设计往往在几天的时间内便大量呈献给招标人，未对可能申请专利前的保密义务进行规定，即使规定了，也很难保证万无一失。无论双方谁公开了设计都会导致丧失新颖性的问题。另外，在开发新设计时，设计师往往会做一系列设计，并根据消费者的试用再挑选改进，并非每一个最初的设计都需要申请专利，这就意味着设计在申请前会被公开，而这种公开是行业的需要。

第三，实行广义宽限期制度对公众利益没有侵害。

外观设计的保护仍然是从申请日起，不会从公开日起算。有人认为，公众不能在其公开时确定其最终是否申请专利，如果最终申请并获得保护，会对已经免费使用的公众不公平。但笔者认为公众有义务承担这种风险。首先，不劳而获本身不应当被鼓励。其次，如果直接将别人的设计拿来用，就应当有限度、按规则使用，在设计获权后停止使用或者取得许可。

各国普遍实行广义宽限期制度，对于上述这样的权利人和公众利益间平衡问题不会不考虑，肯定也是衡量之后的选择。

第四，广义宽限期制度对中国申请人更有利。

我国申请人对外申请的绝对数量和相对比例都较小，大部分国内申请人都是只选择在中国申请外观设计专利，国内如果实行广义宽限期制度可以对我国申请人直接发挥支持作用，而国外的广义宽限期制度对于大多数中国申请人来说属于"水中月"。

在外观设计评价报告运行的六年中，我们发现很多影响我国申请人外观设计专利性的公开是申请人自己作出的，包括在互联网上发布的新闻、带图片的销售信息等公开形式，还有些是因为参加不符合专利法规定的展览会、评奖活动造成的公开。因此，实际情况是国内申请人更需要中国实行广义新颖性制度。

还有一些反对意见折射了对国家利益的担忧。例如，"我国企业对外申请的需求很小，加入海牙协定应该就足够了吧？""加入DLT我国得到的利益远不如其他国家得到的利益多吧？"

确实，相对于大量的国内申请，我国走出去的申请相对少得多，但是根据著名的帕列托定律（二八定律），少数派往往是最有价值的。那些能走出去的企业，往往是具有一定竞争力的企业，其外观设计水平往往也在同行业中名列前茅，例如好孩子的童车设计、联想集团的笔记本设计。中国实现国际竞争力，特别是实施"一带一路"战略和"走出去"战略，一定要依靠这些走出去的企业，哪怕只有一家、只有一件，那也要大力帮助，为其铺好发展道路。

衡量一件事是否有价值，恐怕不能只着眼于"是外国人受益大还是中国人受益大"，关键要看是不是对自己"有"价值。今天受益小一点，明天可能受益会大增。何况就算不加入DLT，也挡不住要进来的外国人，只是让他麻烦一些罢了，但同时自己的申请人对外申请也麻烦。

目前，我国对外申请的实际增长趋势其实已经超出了大多数人的预期。

图1是通过海牙途径向外申请的中国申请情况。我国尚未加入《海牙协

定》，但一些企业已经在利用海牙体系对外提交申请。中国申请人的外观设计注册数从 2012 年的 3 件已经增长至 2014 年的 35 件，从 2013 年起就进入申请人十五强（注册数）。而十五强的国家基本是欧盟国家、美国和韩国等设计水平较高的国家。外观设计数目从 2012 年的 8 项增长到 2014 年 150 项，如按设计数算，我国已经并列第八名，比号称设计强国的韩国还多了 100 件。联想集团作为主要申请人，其外观设计注册数在 2014 年已经跃居申请人第七位。

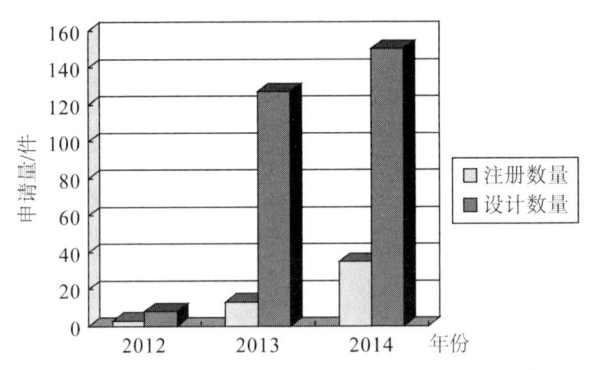

图 1 中国申请人通过海牙体系提交申请情况❶

图 2 和图 3 分别为中国申请人向 OHIM 提交申请情况和欧洲主要国家向中国申请的情况。比较 2013 年的数据可以发现，中国向 OHIM 申请的数量已经大于欧洲国家向中国申请的数量，而这还未包括中国通过欧洲国家局提交的申请数量。

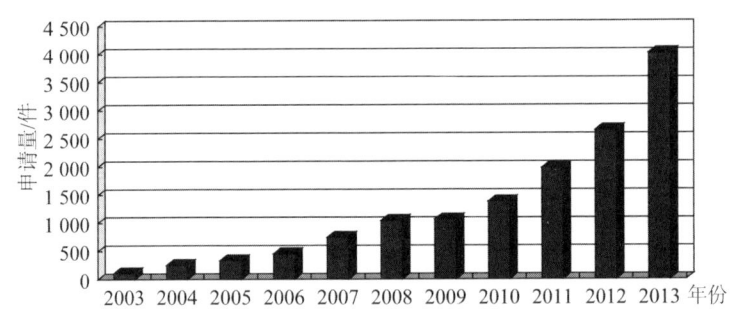

图 2 中国申请人在 OHIM 提交的外观设计数量（2003~2013 年）❷

---

❶ 数据来源：2014 年海牙年度报告。
❷ 数据来源：欧盟内部市场协调局（OHIM）网站。

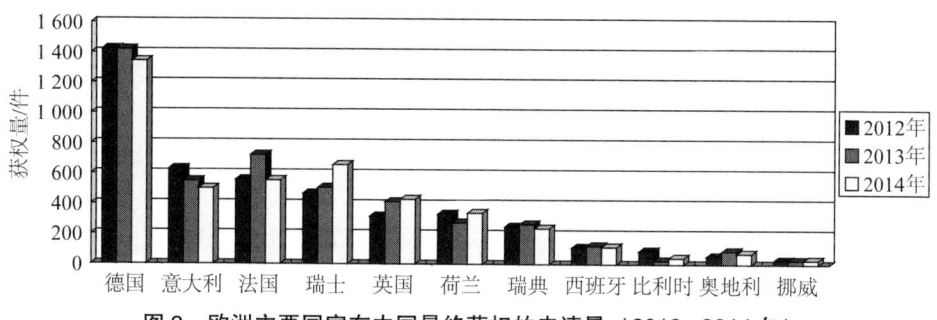

图3 欧洲主要国家在中国最终获权的申请量（2012~2014年）

我国正在实施"一带一路"战略和"走出去"战略，如何让制度的建立与国家发展战略结合是我们要思考的问题。实现知识产权强国梦，打造具有国际竞争力的知识产权制度环境，建立有效支撑产业国际化发展的知识产权体系，需要立法者的综合考量。笔者认为，考虑我国的外观设计制度走向时，要在客观调研的基础上增加一点自信心，运用一点战略思维。要结合我国的发展战略，将国内立法放在国际的大背景下，甚至考虑如何通过国际平台对其他国家外观设计制度的走向施加影响，为我国企业走出去铺好道路，建立一个对我国申请人有较强可预见性、更便利的国际外观设计注册体系。

各国商业方法专利制度解析及对我国相关行业的建议

审协北京中心　武文琛

摘　要：本文通过厘清中美欧日的商业方法专利保护制度历史沿革和保护现状，一方面，希望能够通过解析世界主要国家/地区的商业方法专利保护制度，为相关企业在海外申请专利提供参考；另一方面，着眼挖掘专利制度变革背后的历史动因，总结推动商业方法专利制度修改的影响因素，进而结合我国互联网金融、电子商务等新兴业态的发展现状，预测行业发展趋势，并给出了几点相关行业的专利战略和专利布局建议。

关键词：商业方法　专利制度　专利布局　竞争

一、我国商业方法专利保护政策与环境

20 世纪 90 年代，商业方法相关专利申请开始在我国出现。其中，1992~2000 年，花旗银行在中国申请注册 19 项金融产品类"商业方法"专利在我国引起了强烈反响，[1] 商业方法是否可专利也渐为业界和学者所关注。当时，我国普遍认为以当时国内的经济及技术环境而言，商业方法专利化极可能造成少数企业垄断市场，容易导致专利权的滥用，阻碍相关行业的健康发展和市场繁荣。因此，自商业方法专利申请开始出现的一段相当长的时间内，我国针对商业方法的专利审查较为严格。

21 世纪初期，随着计算机网络在我国的迅猛发展及在商业领域的应用，互联网金融、电子商务等作为一种新的服务经济模式开始崭露头角。作为贸易全球化的必然产物，其所蕴含的巨大商机诱使众多企业投身其中。以中国电子商务市场交易为例，2015 年交易额达到 20.8 万亿元，同比增长约 27%，而这一数值较 2005 年成长初期的 0.68 万亿元增长了 30 余倍，增长势头可见一斑。伴随国家《国务院关于加快培育和发展战略性新兴产业的决定》《"互联网+"行动指导意见》等战略指导性文件的颁布实施，预测未来中国互联

---

[1] 韩颖梅. 金融商业方法专利化的实然与应然——以美国花旗银行成功案例为视角 [J]. 学术交流，2014（7）：92.

网、电子商务等产业规模还将进一步扩大。

事实上，这些新兴服务经济形式的兴起，促使商业方法专利更多的与计算机技术、信息技术等相融合，❶ 而不再体现为单纯的商业运营模式或者运营规则，此前，更倾向于将商业方法作为一种抽象的智力活动的规则和方法予以认定的审查方式似乎有待重新考量。当前，我国正在积极探索与国内乃至国际商业领域发展相适应的专利保护制度，并作出了诸多尝试，如针对与技术手段相结合的商业方法类申请，引入创造性评价方式等，力求明确商业方法专利客体适格性的审查标准等。

二、美欧日商业方法专利保护历史沿革及审查现状

2006年1月，在世界知识产权组织（WIPO）公布并实施的第八版《国际专利分类表》中，增加了一个涉及商业方法的专门小类G06Q，这是商业方法类专利申请引起世界范围内关注的一个直接体现，尤其是美欧日等发达国家和地区，在商业方法专利保护方面经历了相当长的历史演变过程，并积累了丰富的相关经验。研究有关发达国家商业方法专利保护历史及标准，探求其背后的推动因素，以参考并制定适合我国国情的行业发展路线和专利保护策略，不失为一种快速、有效的方式。

接下来，笔者将对美欧日商业方法专利保护的历史沿革和审查现状进行分析。

（一）美　国

《美国专利法》第101条规定"凡发明或发现任何新颖而适用的过程、机器、产品、物质的组成，或对其进行的任何新颖而适用的改进，都可以按照本编所规定的条件和要求取得专利权"。在此基础上最高法院通过Diamond案明确规定自然法则、自然现象和抽象概念3类主题为非法定主题。就美国法定义而言，并未将商业方法明确排除在可专利性主题之外。然而，商业方法由于其主题的敏感性和特殊性，在美国历史上的不同发展阶段，以法院经典判例中公开的不同"测试法"为基准而不断演变，从第一件商业方法专利申请出现至今，百余年时间里经历了左右摇摆、不断调整的过程。❷

1908年美国联邦巡回上诉法院（CAFC）第二巡回法庭在Hotel Security Checking案的判决中明确指出单纯的商业方法不能被授予专利，即"商业方法除外"原则。商业方法专利之所以在当时没有得到认可，究其主要原因还

---

❶ 梁玲玲，陈松. 商业方法创新的专利保护：争议与启示 [J]. 科技进步与对策，2013，30 (17)：108.

❷ 张方泽. 美欧商业方法专利制度对我国的启示 [J]. 现代物业·现代经济，2015，14 (2)：80.

是与时代诉求不相吻合。一方面，当时的商业运作方法大多更像是人为的规定，很难与技术手段紧密联系，这使得商业方法被倾向性地认为属于不可专利的主题；另一方面，彼时正值实体制造当道，作为商业方法承载主体的信息和数据在美国社会普遍不会被当作一种重要的社会财富和竞争工具，自然无法成为产业界为其争辩以寻求专利保护的重点。

此后，CAFC 于 1998 年借 State Street 案确立的"具体、实用、有形"原则，法院指出其从未将商业方法排除在可专利的法定主题之外。对于判断请求项是否包含法定主题时，应关注该请求项之基本特性，特别是"实用性"。此案判决生效后，商业方法专利大门自此打开，导致美国商业方法专利申请量一夜激增。

分析 CAFC 判决标准的大尺度变化，恐怕还是在于时代发展大势的驱动。当时以金融、软件及电子商务企业为代表的商业领域从业者数量不断攀升，放开对于商业方法的专利保护，能够更好地响应企业的高涨呼声，有利于激励企业的研发热情。但遗憾的是，在实操环节中，由于美国专利商标局把握尺度问题，包括著名的亚马逊公司"一次点击"案在内的大量缺乏创造性的基础性、宽泛性的申请均获得了授权，❶ 这严重影响了商业方法专利的整体质量，一定程度上阻碍了科技的进步。

2009 年，CAFC 在 In re Bilsik 案中建立严格的"机器或转换"测试法，该测试法认为，一项商业方法专利申请只有在与机器相联结或能够实现物质或物质状态的转换时才可获得专利权，而且该种机器或转换还必须能够在申请上施加"有意义的限制"，而不仅仅是"微不足道的额外解决步骤"。CAFC 通过修改标准对商业方法专利作了极大限制。然而，2010 年联邦最高法院对 In re Bilski 终审案的判决结果对于此前 CAFC 将"机器或转换"测试法作为唯一标准的态度进行了回撤。

In re Bilsik 案后，业界多认为法院给出的判断标准并不明晰，而这一境况在 2014 年 CAFC 针对 Alice Corp 案判决后再度发生了变化。法院裁定中认为"仅仅要求普通的计算机执行行为并不能将这种抽象的想法变成一个符合专利条件的发明"，并提出第一步要判断权利要求是否属于例外之一，如果是则要看权利要求中还剩下什么；第二步通过各个元素及其组合判断其余附加的元素是否能将权利要求的实质转化为有形的专利。要满足第二步，额外的元素或元素的组合必须足以确保发明的权利要求实际上显著多于不可专利的抽象概念或自然规律本身。

该判决在短短的时间内就使美国新增专利侵权诉讼案件大幅降低，并且

---

❶ 张玉敏，谢渊. 美国商业方法专利审查的去标准化及对我国的启示 [J]. 知识产权，2014 (6)：78-79.

短期内促使13件关于软件与商业方法的有争议的专利侵权诉讼案件被下级法院根据Alice案判决无效。该案判决更像是在"具体、实用、有形"测试法所导致的专利泛滥和"机器或转换"测试法所带来的过度限制之间进行了折中。

Alice案中的判断方式更倾向于向一般性专利审查方式靠拢，即在可专利保护的主题中引入了类似创造性的判断过程。事实上，美国专利局也基于该案拟定了《2014年可专利主题临时指南》，[1] 并广泛征求业界反馈意见。Alice案作为美国关于商业方法的最新判例，其在实践阶段的审查标准及其后续影响也值得持续关注。

(二) 欧 洲

《欧洲专利公约》（EPC）第52条规定：

（1）对于任何应用到技术领域中的新的、具有创造性的并且能在工业中应用的新发明，授予欧洲专利。

（2）下列各项尤其不应认为是第1款所称的发明：发现、科学理论和数学方法；美学创作；智力活动、进行比赛游戏或经营业务的计划、规则和方法，以及计算机程序；信息的表达。

（3）第2款只有在欧洲专利申请或欧洲专利涉及该项规定所述的主题或活动的限度内，才排除上述主题或活动取得专利的条件。

欧洲对于商业方法的专利保护制度经历了一个从严格控制到相对开放的过程。最初很长一段时间内，欧洲认为对商业方法授权会对欧洲的经济构成危害，因此对商业方法的审查十分严格。然而，随着电子商务和互联网技术在欧洲的迅速发展，其开始意识到过于保守的专利保护理念会使欧洲产业在世界金融行业的竞争中处于极为不利的位置。为了维护本土产业的利益，顺应世界范围的专利发展趋势，1999年开始，欧洲专利局的态度明显开始向为商业方法提供专利保护的方向倾斜。

现阶段，EPO认为如果商业方法的演变超出了抽象思维，达到技术性的要求，则具有可专利性。最新的《欧洲专利审查指南（2014）》[2] 也指出：商业方法在具有具体的技术方案或产生实用性前提下可以申请专利保护。

总体而言，EPO目前对于商业方法类申请持相对开放的态度，但由于担心过多的商业方法申请获授权会妨害欧洲国家网络经济的发展，故开放程度较美国谨慎很多。EPO自始至终审慎地制定商业方法的审查标准，强调只有具有实际应用价值、高度创新且已表现为计算机程序的商业方法才可以授予专利。实际上，有一定比例的商业方法专利以创造性的理由被驳回。

---

[1] United States Patent and Trademark Office, USPTO 37 CFR Part 1 [PTO-P-2014-0058].

[2] European Patent Office, European Patent Examination Guidelines (2014), T388/04.

（三）日　本

日本软件服务领域发展迅猛，具有较强的国际竞争优势。出于商业主体的需要和经济利益的诉求，日本对商业方法的保护一直持有积极肯定的态度，并且相关政策比较稳定，积极为民族产业的发展搭桥铺路。

日本专利法的第 2 条规定可授予专利的发明应该是"利用自然规律作出具有高水平技术思想的创作"。JPO 认为涉及商业的发明是涉及计算机软件的发明的一种形式，❶ 而就涉及软件的发明而言，无论是否为法定的主题，都按照其是否属于"利用自然法则的技术思想的创造"来进行判断。不同于美国，日本通过修改专利审查指南实现政策调整，法院却鲜有涉及商业方法案例的判决。从 1999 年 12 月明确商业相关发明可以被认为是软件相关发明进行保护到 2003 年 4 月前后，3 年多的时间里日本特许厅（JPO）频繁地修改相关审查政策。JPO 认为商业方法专利必须以计算机或网络技术为手段，且申请必须清楚、准确的描述对上述技术的利用程度，这强调了商业方法申请具有创造性的重要性。

为更好地配合产业界需求，JPO 还采取了一系列措施用以提高涉及商业方法专利的审查质量，例如增设电子商务审查室、建立商业方法领域非专利文献数据库、提供在国内金融机构实习机会等。

三、我国相关行业商业方法专利保护现状及布局建议

通过上述分析不难看出，无论经历了怎样的调整和波折，也不管当前的把握尺度或松或紧，就中美欧日现行的商业方法专利保护制度而言，对于商业方法可专利性均已不是一刀切的持否定态度，而由是否保护切换到了如何保护这一频道中，并且在审查实践中均不同程度地引入了对于申请专利"技术性"的考量。从某种意义上，这种审查方式可以说是互联网、电子商务、网上金融等新兴商业领域发展进程带来的必然结果，而具体把握尺度则根据各国相关行业建设速度、经济发展速度和市场开放程度的不同而有所区分。

为了更好地应对商业领域的技术发展与变革，一方面需要国家积极探求适合国内市场环境和需求的相关政策，从立法角度明确商业方法专利保护的范围与方式；另一方面则需要相关企业应势而动，不断加强自身创新能力和市场竞争力，做好应对各种复杂市场形势的战略储备。这里，笔者也结合自身经验，提出几点针对相关企业专利战略和专利布局方面的建议。

---

❶ Japanese Patent Office. Implementing Guidelines for Invention in Specific Fields（1997）[S]. Tokyo. Chapter 1-Computer Software-related Inventions.

（一）提高认识，制定并实施以商业方法为核心的专利战略

进入 21 世纪以来，互联网、电子商务等领域一批先行的中国企业已经利用互联网形成了自己独特的竞争力，并通过创新的商业模式占据了国内绝对的市场份额。然而，与之相对的，对于相当多数的国内企业而言，在企业内部却并未形成从创新到专利的有效转化机制，或者虽然有意识地申请了一些专利，但专利申请质量堪忧，专利整体运营能力也十分有限。这使得国内相关企业以知识产权为核心的竞争力远远弱于国外同业，抵御侵权风险的能力大幅降低。

在国家制定的创新驱动发展战略的指导下，各中资银行、互联网经营等相关企业应务必正视目前在知识产权保护方面存在的不足和问题，尽快将技术创新和知识产权战略纳入企业总体发展战略范畴，加大科技研发投入，加强自主知识产权研发能力，打造技术、金融、知识产权等复合型专业人才团队，借鉴外资企业成熟的经验和做法，构建合理有效的专利保护体系。

（二）把握核心，不断提高技术创新含金量

分析近年来国内外商业方法专利申请案件的特点不难发现，商业方法创新多数都是通过计算机网络、信息通信等技术来实现的，先进的系统硬件和通信平台是商业类产品创新和服务创新的基础，而根据国内外主要国家商业方法专利审查标准，与计算机等平台相结合的商业方法专利保护方案也不失为争取专利获权的有效途径。对于寻求世界范围内专利布局的企业，在通过《巴黎公约》、PCT 等途径申请国际专利时，不妨尽可能地提高商业方法专利申请中的"技术含金量"，从而保证国际专利申请的"一键获权"。从审查实践角度，不少国家对于商业方法中所涉及的技术特征的创新高度把握较高，如仅是通过引入公知性的技术手段试图在申请撰写方面打法律的擦边球，恐会竹篮子打水一场空。

此外，国内企业也应及时了解国内外商业方法专利审查动态，研习国内外商业方法授权案例，调整过往苦于某些国家专利法的规定，无法申请商业方法专利的惯性思维，尝试以适当的技术手段争取商业方法类专利申请获权，并由此打开树立企业核心竞争优势的大门。

（三）知己知彼，探索专利布局特色模式

所谓"知己知彼，百战不殆"，企业在苦练内功的同时，也应及时了解国内外商业方法专利的动态趋势，实时跟进国内外同行业的专利申请情况，充分评估企业在国内外竞争范围内的定位和优势，找准创新研发的方向和关键，而非盲目地扩张专利布局范围。对于实力较为雄厚并且具有独特技术优势的企业，可以加紧布局技术基础专利和核心专利，抵御外来资本风险，掌控相

关领域的发展脉搏；而对于大多数中小规模且一段时间内缺乏核心技术竞争优势的企业，则不妨选择制定外围专利战略，在现有技术基础上进行创新。

　　此外，对于面临一定研发障碍或资金不足的企业，还不妨考虑结合自身优势和不足建立企业间联合研发机制或产业联盟。例如，如对于在商业模式和商业运营方面经验丰富，但技术支撑实力有限，遭遇技术层面瓶颈的商业领域企业，可选择与高校科研院所或计算机软硬件技术领域的企业对接，共同研发能够满足商业方法授权要求的相关技术；对于经济或研发能力有限的企业，可横向上联合同领域企业共同出资针对相关产品或服务进行研发，减轻企业经济压力，抑或纵向上与上下游企业或中介企业（如网络运营商、技术支撑商）等保持密切联系，以共同利益和需求作为驱动，加强与相关企业的沟通与协作，构建产业领域专利池，从而形成行业联盟和专利共享的良性互动局面。

现行动物疾病诊断与治疗方法评判标准在水产养殖动物领域适用情况的评析

廖雅静

摘　要：我国现行《专利法》（2008年修正）第25条第1款第（三）项明确规定，对疾病的诊断和治疗方法不授予专利权。该条款自1985年我国颁布首部《专利法》以来从未进行过实质性修改。经过多年发展，动物病害已成为制约我国养殖业的重要因素，养殖动物疾病的诊断和治疗技术迫切需要配套的创新驱动。本文以水产养殖动物作为养殖业的缩影，总结了历年来美国、欧洲、日本、韩国及我国专利法对该技术主题的保护情况，归纳了20个水产养殖领域中涉及"疾病诊断与治疗方法"的发明申请审查结果的实例，从而提出了现行《专利法》第25条第1款第（三）项在养殖动物领域的适用缺陷和修改方向。

关键词：诊断方法　治疗方法　动物养殖　水产养殖　《专利法》第25条

一、产业现状

水产养殖是人为控制下繁殖、培育和收获水生动植物的生产活动。2013年水产养殖全球市场价值为1 351亿美元，到2019年预计将达到1 950亿美元。作为水产养殖大国，中国的年养殖总产量和年国际贸易总额多年稳居世界首位。

水产养殖动物是水产养殖业的大头，但很容易受到疾病和环境条件的负面影响。据不完全统计，我国每年水产养殖动物遭受的病害种类可达200余种，发病率达50%以上，损失率20%左右，呈现病害日益严重、大规模流行性病害频发的特点，造成的直接经济损失也呈逐年上升之势。因此，针对水产养殖动物病害的诊断和防治成为水产养殖业最突出和急需解决的问题。

产业的迫切需求直接反映在相关专利的申请量数据中。据统计，截至2013年12月31日，全球与水产养殖相关的发明专利申请共计24 249项，其中，国内申请人共提交11 023项，占45.5%。全球申请总量中，超过半数都涉及用于水产养殖动物的疾病的诊断和治疗方法，共计12 267项，其中，国内申请人共提交6 117项，占49.9%。

与此同时，根据我国现行《专利法》（2008年修正）第25条第1款第（三）项的规定，疾病的诊断和治疗方法是不能授予专利权的主题。现行《专利审查指南2010》也进一步明确定义，"疾病的诊断和治疗方法"是指"以有生命的**人体或动物体**为直接实施对象，进行识别、确定或消除病因或病灶的过程"。因此，在我国，对动物疾病进行的诊断、治疗、预防、康复、保健等一系列方法都属于"疾病的诊断和治疗方法"的范畴，被排除在可专利的保护主题之外。

因此，对于我国的动物养殖业而言，一方面产业在为新的诊断和治疗技术迫切寻求专利保护，另一方面现行专利法却从源头上断绝了这类技术被授予专利权的可能性。

二、五大国家和地区的保护现状

作为相关发明申请的主要申请国家和地区，美国、欧洲、日本、韩国对于"动物疾病诊断和治疗方法"的专利法规定和审查标准与我国有所不同。其中，美国、日本、韩国专利法对这类主题的可专利性持一致的肯定态度；《欧洲专利公约》虽然将"动物疾病的诊断和治疗方法"列为"授予专利权的例外"，但其在实际执行中对"疾病诊断方法"具有严格的判断标准。与之相比，我国现行《专利法》对"动物疾病诊断和治疗方法"的规定是较为严格的。

（一）美 国

美国成文法从来没有明确赋予、限制或者剥夺医疗方法的可享专利性。疾病的诊断和治疗方法在美国都是可获得专利保护的主题，且不受实施对象的影响，即不论方法是对动物（不包括人）还是人体实施。

"对动物体实施的诊断、治疗和外科手术方法"的可专利性在美国从未经受实质性质疑。但是，两百多年来，美国舆论对给予"对人体实施的医疗方法"的可专利性一直争议不断。在专利审查实践中，该主题的专利性审查标准也相应历经了"严格——宽泛——相对宽泛"的过程。美国社会和法律界关于"对人体实施的医疗方法"的可专利性的尝试、辩论和修正，以及与之配套的法律豁免权规定，对于我国《专利法》第25条第1款第（三）项的修改、审查实践和防止相关权利滥用具有借鉴意义。具体的代表性案例例如1862年的Morton案、1883年的Brinkerhoff案和1951年的Marit诉Wyeth案。上述涉案专利申请被驳回的理由包括"医疗方法不属于可专利的对象""医疗方法的结果具有不确定性"和"医疗方法专利的授予不符合公众的利益和医师的职业道德"。20世纪50年代以后，❶美国专利商标局（USPTO）开始签发包含医疗方法以及纯粹医疗方法的专利。但是，相关专利权人对全体医疗机构行使专利权、要求许可费的做法引发了美国社会和法律界的广泛讨论。在综合考虑了医疗方法专利的实用性、其对医生职业道德的负面影响和对患者利益的损害之后，1996年9月，美国国会修改专利法，增加了第287节（c）的规定，该规定赋予了医生、医院、保健机构、大学和医疗学校等专业医疗机构和人员，在未经专利权人许可的条件下实施专利医疗方法的豁免权。并详细规定了所涉及"专业医疗人员""医疗活动"和"健康护理机构"，以及相关的职业从属关系、医疗活动实施对象的定义。可以说，美国对医疗方法可专利性的认可是多方利益博弈的结果，这一结果在遵循经济规律，使资本的社会效率尽可能最大化的同时，仍然维护了利益相关人的合理诉求和基本的社会公德。

（二）欧　洲

现行的《欧洲专利公约》（EPC，2013年9月修订，第15版）明确规定："以人或动物体为实施对象的外科处理或治疗处理方法，以及在人体或动物体上实施的诊断方法不能被授予欧洲专利权"，从而成文地排除了"疾病的诊断和治疗方法"在欧洲国家的可专利性。在《欧洲专利公约》生效以前，欧洲多个国家的国内法也已将"对人体或动物体实施的诊断和治疗方法"列为不授予专利权的客体范围。❷

但是，1973年版和2000年版《欧洲专利公约》涉及"疾病的诊断和治疗方法"的不可专利性的法条是不同的。在1973年版中，"疾病的诊断和治疗方法"的主题适用于第52条的工业实用性条款；而在2000年版《欧洲专利公约》❸中，这类主题适用于第53条，即可享专利的例外，从而将主题的可专利性和工业实用性分开判断。

此外，1973年版和2000年版《欧洲专利公约》的第54条第4款和第5款还分别认可了已知化合物的"首次药用"发明和"二次药用"发明的可专利性；欧洲专利局（EPO）扩大申诉委员会的第G02/08号决定❹进一步认可了以"给药方案"为治疗方法中唯一未被现有技术所覆盖的已知药品的可专利性。上述两类发明实际上是通过产品权利要求的形式给予诊断和治疗方法以专利保护。

针对"疾病的诊断方法"主题，欧洲扩大申诉委员会的G1/04号决定给

---

❶ 标志性案例是1952年判决的Becton-Dickinson诉Scherer案。
❷ 张清奎. 化学领域发明专利申请文件的撰写与审查[M]. 北京：知识产权出版社，1998：490.
❸ 2007年12月17日生效。
❹ 2010年2月19日生效。

出了确定"诊断方法"的标准,即,"诊断方法"必须包括以治疗为目的的诊断特征和构成诊断前序步骤的技术特征,同时要求实施前序步骤时,必须存在于动物体的特定相互作用。

在权利主张方面,多数 EPO 成员国的专利法都将以下情况列入了"侵权例外"的范围,包括行为之完成限于私人范围内,且无营利目的;和根据医生处方在药房内临时性和小量的药物制造,及此种制药活动。

由此可见,虽然《欧洲专利公约》禁止授予"诊断和治疗方法"专利权,但是欧盟各国对于"对人体或动物体实施的疾病诊断和治疗方法"的专利申请正采取日益宽松的态度。

(三)日 本

日本专利法没有规定"疾病的诊断和治疗方法"不能被授予专利权。日本现行的审查指南也没有排除"对动物体实施的手术、治疗和诊断方法"的可专利性;而仅从工业实用性方面排除了"对人体实施的手术、治疗和诊断方法"的可专利性。❶

2003 年版日本专利审查指南对与"疾病的诊断和治疗方法"相关的内容进行了实质性修订,具体是"如果专利申请是制造药物的方法,或是利用医学相关产品替代人体的部分;虽然这些发明是利用由人体所移除的样品所制得的,也不会被涵盖在不具有产业利用性的医疗方法中"。业界普遍认为,此次修订是对日本再生医学和基因治疗产业进步所做的适应性改变,是从法规层面对日本在诱导性多能干细胞(IPS)领域取得的世界领先地位给予的政策支持。可以想象,制度的松绑将为日本生物医学产业催生一批重量级的专利。

(四)韩 国

韩国专利法对于"疾病的诊断和治疗方法"的可专利性的规定与日本专利法类似,同样没有排除"对动物体进行的手术、治疗和诊断方法"的可专利性。韩国专利局(KIPO)的审查标准(医疗部门)中规定:"处理人体的医疗方法不能被授予专利,源于其没有工业实用性(第 29 条第 1 款)和有悖于国家政策(第 32 条)"。此外,两种或多种药物组合制成的药物发明专利或其制造药物的方法发明均不能包含药事法中规定的处方行为或处方药(第 96 条第 2 款)。另外,韩国专利局的审查标准认可"治疗、诊断或预防除人以外的哺乳动物疾病或者促进它们生长的方法发明"具有工业实用性。

(五)中 国

我国现行《专利法》第 25 条第 1 款第(三)项规定,对疾病的诊断和治

---

❶ 2013 年版日本专利和实用新型审查指南第二部分第一章第 2.1.1 节。

疗方法不授予专利权。《审查指南1993》指出，不授予"疾病的诊断和治疗方法"专利权主要是出于两方面的考虑：一是出于人道主义的考虑和社会伦理的原因，医生在诊断和治疗过程中应当有选择各种方法和条件的自由，任何会妨碍医生诊断和治疗自由的方法都不应当对其进行专利保护；二是这类方法直接以有生命的人体或动物体为实施对象，无法在产业上利用。

《审查指南2001》不再将"对人体或动物体实施的疾病诊断、治疗的方法"列入不具有实用性的情况；同时将外科手术方法划分为"治疗目的"和"非治疗目的"两类区别对待。其中"治疗目的"的外科手术方法属于《专利法》第25条第1款第（三）项规定不授予专利权的对象，而"非治疗目的"的外科手术方法属于不具备实用性的情形。

三、实际案例

在理清法理渊源的基础上，本文整理了20个发明申请案例。作者发现，虽然我国水产养殖业已经具有极大的规模和效益优势，但相关技术的专利审查标准却是最严格的。具体体现在两方面：一是在审查过程中被指出属于不可授权主题的比例最高，二是最终获得授权的比例最低。具体见表1。

通过归纳分析这20件案例发现，"水产养殖动物疾病的诊断和治疗方法"的主题在各国专利局有着不同的审查结果，具体是：

在20件申请中，13件具有美、日、韩同族的申请在上述三国的审查过程中，都没有被指出过属于不授权客体。在克服了其他实质性缺陷后，上述申请的"动物疾病的诊断和治疗方法"的主题均获得授权，除非出现申请人主动修改的例外。

在12件具有欧洲同族的申请中，8件涉及"养殖动物疾病的治疗方法"，其中7件因不符合EPC第52条第4款，被修改或最终驳回（案例5、8~12和14）；另外5件涉及"养殖动物疾病的诊断方法"，其中2件的"疾病诊断方法"的主题获得授权（案例2和3），2件虽然最终没有获得授权，但是在整个实质审查阶段，审查意见通知书中始终没有指出相应主题是不授权客体，而是以其他审级较低的缺陷评述相关权利要求，提示案件的主审审查员认为相应主题符合EPC第52条第4款的规定（案例6和13），仅1件被指出属于"动物疾病的诊断方法"，不符合EPC第52条第4款的规定，而最终删除了相应权利要求（案例14）。

表 1 五个主要国家和地区对于涉及"水产养殖动物的疾病诊断和治疗方法"主题的 20 件专利申请审查结果一览表

案例序号	被分析的权利要求主题	中国 实审过程中是否评述过该主题的可专利性	中国 该主题最终是否被授权	欧洲 实审过程中是否评述过该主题的可专利性	欧洲 该主题最终是否被授权	美国 实审过程中是否评述过该主题的可专利性	美国 该主题最终是否被授权	日本 实审过程中是否评述过该主题的可专利性	日本 该主题最终是否被授权	韩国 实审过程中是否评述过该主题的可专利性	韩国 该主题最终是否被授权
1	治疗用途（鱼）		●		●		●		●	—	—
2	诊断方法（鱼）	—	—		—		●		●	—	—
3	诊断方法（虾）		●		—		—		—	—	—
4	预防方法（鱼、甲壳类）		—		—		—		—		
5	诊断方法（鱼）		x₁		x₁		●		—		
6	诊断方法（鱼）		—		—		●		—	—	—
7	治疗方法（鱼）		x₁		x₁		●		—		
8	治疗方法（水生动物）	主动修改	—	主动修改	—		●	主动修改	x₁	—	—
9	预防方法（鱼、贝）		—		—		●		●	—	—
10	预防方法（鱼）		—		x₁		—		●	—	—
11	治疗方法（鱼、甲壳类）		—		—		—		—	—	—
12	预防方法（鱼）		—		—		●		—	—	—
13	诊断方法（水生动物）		—		—		—		●	—	—
14	治疗方法（鱼）		—		x₁		●		●	—	—
15	诊断方法（虾）		x		—		—		—		
16	预防方法（爬行类）		—		x₁		—		—		
17	治疗方法（棘皮类）		—		—		—		—		
18	预防方法（鱼）		—		—		—		—		
19	预防方法（棘皮类）		—		—		—		—		
20	预防方法（水生动物）		x₁		x₁		—		—		

注：按申请日通知书中指出过"疾病诊断和治疗方法"的主题不可授予专利权，■ 表示审查意见通知书中指出过"疾病诊断和治疗方法"的主题不可授予专利权，x 表示"疾病诊断和治疗方法"的主题最终被驳回，● 表示"疾病诊断和治疗方法"的主题最终以权利要求的形式获得授权。"—"表示该案在相关国家无同族，或者该国同族中的"疾病诊断和治疗方法"的主题因其他原因（如不具有创造性、不清楚等）被删除。x₁ 表示该案最终的主题最终获得授权，其主题最终以端土端土型权利要求的形式获得授权。

在17件具有中国同族的申请中，15件涉及"养殖动物疾病的治疗方法"，3件涉及"养殖动物疾病的诊断方法"（案例14同时含有诊断方法和治疗方法的主题）。在这17件申请中，1件的申请人主动修改为瑞士型权利要求；10件被指出属于不授权客体，最终被修改或驳回（案例5、7、9~12、14、16、18、20）；同时，也有6件从未在实质审查阶段被指出过权利要求主题属于不授权客体，其中的3件最终以"诊断方法"和"治疗方法"的主题获得了授权（案例1、3和17）。

从纵向时间跨度来看，美、日、韩和欧洲专利局对于"动物疾病的诊断和治疗方法"的主题的可专利性都执行了一致的审查标准，该类主题作为授权客体的认定在上述4个国家和地区的操作一直是稳定一致的。但是，在我国的审查结果却存在一定的案件差异。虽然实际上，我国《专利法》第25条第1款第（三）项在多次修改中都是非常稳定的，但是该法条的稳定性却并未产生预期的审查结果一致性。从表1可见，在我国不同版本的专利法和审查指南的生效时间内，"动物疾病的诊断和治疗方法"的主题都有授权的例子，也同时存在被驳回或删除的案例。审查结果的差异不利于我国申请人理解专利授权客体的定义和撰写申请文件。

四、法规评析和修改建议

作为比较对象，美、日、韩专利法的相关规定与我国存在本质的不同，因此不予赘述。《欧洲专利公约》（EPC）对"动物疾病的诊断和治疗方法"的规定与我国现行《专利法》一致，不同之处在于，EPC对"疾病诊断方法"有非常严格的限定。欧洲扩大申诉委员会第G1/04决定指出："所排除的诊断方法必须包含用于医学诊断目的智力活动步骤和作出诊断必需的在前技术步骤，实施在前技术步骤时还必须发生与动物体的特定相互作用。"具体而言，属于"授予专利权的例外"的"疾病诊断方法"必须包括从人或动物体采样的步骤，以及根据方法的检测结果判断采样对象健康状态、得出病症结论的步骤。EPC对"疾病诊断方法"所给出的细化和狭义的定义，为判断权利要求主题是否属于"疾病诊断方法"给出了客观依据，最终大部分"诊断方法"的主题仍能以一致的标准获得授权。

由此可见，造成我国审查结果不一致的最直接原因应该是在"诊断和治疗方法"与"非诊断和非治疗方法"之间缺乏客观明确的界线。具体而言，针对"疾病的诊断和治疗方法"，历次版本的中国《专利法》及其实施细则和审查指南都从未从权利要求的撰写方式上界定过所述方法的判断标准。在现行的《专利审查指南2010》第二部分第一章第4.3.1节中规定，"疾病的诊断方法"是指为识别、研究和确定有生命的人体或动物体病因或病灶状态的过程；并规定其必须满足两个充分必要条件：一是以有生命的人体或动物体为对象；二是以获得疾病诊断结果或健康状态为直接目的。但是该节又进一步指出，即使"在表述形式上看是以离体样品为对象"，只要发明的直接目的是"获得同一主体的疾病诊断结果或健康状态"，则仍然属于"疾病的诊断方法"。结合该节给出的不属于诊断方法的例子来看，判断发明的直接目的是判断"疾病的诊断方法"最重要的标准，这一判断需要审查员综合考虑"现有技术中的医学知识和该专利申请的内容"后再做决断。同样的，同一章第4.3.2节在对于"疾病的治疗方法"的判断原则中，发明的目的对于适用法条也具有决定性的影响。但是，目的属于对技术方案的纯功能性限定，在大量案例中，权利要求不包括或非常隐蔽的包括对发明目的的限定。例如，案例5中"以饲料喂养鱼的方法"、案例10中"扩张水体动物生命活动适合区域的方法"等，都必须结合说明书或现有技术，先对方法使用的"饲料"和"添加剂"是否具有治疗功能作出判断，才能判断权利要求是否落入不授权的客体范围内。因此，以目的作为判断发明属性的标准往往导致不能明确、直接的得出结论，需要审查员结合权利要求书、说明书和现有技术，从其他技术特征、技术发展水平和实验数据的关联性等多个角度作出推断。另外，更常见的情况是，权利要求的方法可用于多种目的和用途，诊断或治疗只是其中之一，例如对人或动物体"中间信息"的获取方法，对于如何区分方法的目的缺乏行之有效的规则。因此，在目前的审查实践中，判断"疾病的诊断和治疗方法"往往需要审查员对权利要求的内容进行推论和解读，这既增加了审查员的额外负担，也不可避免地引入了经验和主观的因素。在缺乏以权利要求撰写形式作为客观判断标准的情况下，对权利要求内容的过度解读和弱化解读，导致了目前对于发明是否属于"疾病的治疗和诊断方法"存在各种判断结果。参考欧洲的做法，其通过权利要求必须包含采样步骤和诊断步骤，实质上限定了"疾病诊断方法"的实施对象和实施者，从而以颇具可行性的方式，清晰且严格地划定了"诊断方法"和"非诊断方法"之间的界线，消除了二者之间模棱两可的灰色地带，为并非以诊断疾病为唯一目的的检测方法留下了生路。

此外，造成我国审查结果不一致的另一个原因是各法条的执行优先度之间存在认识差异。如前所述，由于缺乏客观可行的判断标准，导致难以断言某一技术方案是否属于"动物疾病的诊断和治疗方法"，或者难以排除某一方案包含治疗或诊断用途。在此情况下，大部分案例的审查结果表明，《专利法》第25条是被优先执行的，即，是否属于授权客体的判断结果对案件的命运具有一锤定音的影响。同时，少数案例体现出另一种观点，即虽然《专利法》第25条具有高审级，但是对于无法严格划定是否属于授权客体的发明创造，应该更加考虑《专利法》第1条阐述的立法本意。即制定《专利法》根本上是为了鼓励发明创新，保护发明创造，驳回申请并非专利审批的目的。因此，在缺乏以权利要求撰写形式作为客观判断标准的情况下，处于"灰色地带"的发明申请才出现了在不同的审查员手中面临不同的命运的结局。

但是，归根结底，审查标准的不一致既不利于维护专利权的公信力，也不利于保持专利权的稳定。从美欧日韩的执行情况来看，维持"动物疾病的诊断和治疗方法"的主题的审查标准一致性应该是完全能够且不难实现的。在此基础上，值得深入思考的不仅是各国审查标准的差异，而且还包括对标准所植根的法律法规乃至更深层的法理根源的深入分析。

根据上文对各国专利法相关规定的分析，可以概括出两类观点。

一类观点认为："动物疾病的诊断和治疗方法"符合发明创造的定义，具有产业应用的可行性，应该授予专利权。持有这类观点的国家以美国、日本和韩国为代表。从相关专利的后续社会反响和产业影响力来看，授予这类主题以专利权确实并未对该国的其他法律法规、社会伦理道德和兽医的从业自由形成冲击，或者产生不可挽回的严重负面影响。美日韩等国相关法条的稳定性也是该观点的有力佐证。

另一类观点来自以欧盟和中国为代表的国家和地区，它们反对授予"动物疾病的诊断和治疗方法"以专利权。虽然反对的理由不尽相同，但归根结底，所有理由都可以归结为下面两个问题的答案：一是授予"动物疾病的诊断和治疗方法"专利权是否违反人类道德，二是"动物疾病的诊断和治疗方法"是否能够在产业上应用。例如，2007年版以前的EPC第52条第4款明确规定："以人体或动物体为实施对象的外科处理或治疗处理方法，以及在人体或动物体上实施的诊断方法不应看成是发明，因为其不符合工业实用性"。又例如，现行中国《专利审查指南2010》第二部分第一章第4.3节中指出不授予"动物疾病的诊断和治疗方法"以专利权是基于以下因素的考虑：一是"出于人道主义的考虑和社会伦理的原因，医生在诊断和治疗过程中应当有选择各种方法和条件的自由"，二是"这类方法直接以有生命的人体或动物体为实施对象，无法在产业上利用，不属于专利法意义上的发明创造"。但是，欧盟各国已经表现逐渐软化的态度。例如现行《欧洲专利公约》删除了"不应认为其具有工业实用性"的措辞，表示排除"动物疾病的诊断和治疗方法"作为授权客体的立法本意是为了维护公众健康，保护医学和兽医学从业者在治疗或诊断过程中的自由选择权利。

对此，作者认为，首先，从人道主义以及社会伦理的原因考虑，虽然少数作为宠物养殖的水产动物可能与饲主发生情感上的牵绊，但不可否认的是，水产动物养殖业的主体是占养殖量绝大多数的捕捞动物，如鱼、虾、蟹、贝等。从与人类的亲缘关系远近来看，这些养殖动物大部分都处于进化树的底部或中段，在生存形态和进化地位上与人类相距甚远，情感上一般难以引起社会伦理的共鸣；更重要的是，从养殖动物的最终用途来看，食用和工业应用是绝大部分养殖动物的归宿，而其提供可食用部分和有工业价值部分都是以生命为代价的。生存权是生物实现所有权利的根本。当以剥夺其生存权为最终养殖目的时，对养殖动物再谈论人道主义和社会伦理难免有画蛇添足之感。另外，在绝大多数情况下，动物养殖是一种纯经济学的行为。通过意识形态的标准判断经济学行为的善恶对错，从出发点开始便走错了方向。即使必须考虑这方面的因素，通过专利保护鼓励产业提出更多的"疾病诊断和治疗方法"，提高养殖动物的生活质量，才是真正的人道主义关怀。

其次，就产业实用性而言，水产养殖业的性质决定了养殖动物通常都是同类品种的群体，基数庞大，疾病暴发也总是呈现了大规模、传染性和重复出现的特点。因此，在产业上，水产养殖动物疾病的诊断和治疗方法也都是成批实施、重复进行的。专门针对单个对象实施特定诊断或治疗的情况在产业上既罕见，也几乎没有实施的价值。此外，根据水产养殖业的现状，水产养殖动物疾病诊断和治疗方法的实施者多数情况下并非专业医疗机构的从业人员，而通常是养殖业的生产者，其对于养殖动物疾病诊断和治疗的操作并不需要大量的专业医学培训，而是涵盖在基础生产技能中。因此，从产业现状来看，"水产养殖动物疾病的诊断和治疗方法"一般是针对大样本，由非专业医疗从业人员以有规律可循的重复操作来实施，并且获得统计学意义上可重复的实施结果。因此，"水产养殖动物疾病的诊断和治疗方法"实际上是具有实用性的。欧美日韩专利法和审查指南的相关内容也就此点达成了共识。

总而言之，与美欧日韩相比，中国现行专利法律中，对"动物疾病的诊断和治疗方法"是否能够授予专利权设置了最严格的标准。既包括从客观的角度考虑技术方案是否符合发明的定义，又包括对人道主义和社会伦理等意识形态因素的顾虑，同时还兼顾了相关医学从业者的执业自由。在立法伊始，对上述因素的综合考虑为我国相关产业的初期发展提供了必要的保护和健康的环境，但是随着相关产业规模的扩大和研发实力的提升，兼顾过多将不利于培养养殖业技术的创新和发展。顺应产业发展之势，修改《专利法》第25条第1款第（三）项及《专利审查指南》的相应内容势在必行。

如何高效利用专利审查高速路进行海外专利布局

审查业务管理部　谢青轶
材料发明审查部　扈智静*

摘　要：专利审查高速路（PPH）是近年来广受关注的一项专利局际合作机制，该机制通过专利局间的工作共享，为跨国专利申请提供了加快审查服务。本文对 PPH 机制的发展进行了梳理和分析，并结合其特点就如何利用 PPH 进行海外专利布局提出若干策略，以期为我国申请人和专利从业者更好地运用该机制进行跨国专利申请提供借鉴。

关键词：专利审查高速路　跨国专利布局　申请策略

导　言

随着经济全球化的高速发展，资金、人才以及技术等生产要素的跨境流动日趋频繁，产业链和价值链的全球布局也不断深化，各国的创新主体需要进行大量的跨国专利布局以谋求对其发明创造的有效保护。跨国专利申请的激增对各国专利体系也带来了一定的冲击，特别是给各国/地区的专利行政主管部门（下文统一称作专利局）带来了大量的申请积压（Backlog）以及随之而来的审查延迟问题。仅以三边专利局❶为例，三局的审查延迟每年给全球带来的经济损失高达 76 亿英镑（约合 113 亿美元）。❷

为了解决这一问题，世界各国/地区的专利局开始尝试通过专利审查工作共享（Work-sharing），以减少重复的检索和审查工作，提高审查质量和效率，❸ 进而提出了一种名为专利审查高速路项目（Patent Prosecution Highway，PPH）的工作共享机制。PPH 是一国或地区专利局与其他国家/地区专利局通

---

* 等同第一作者。
❶ 三边专利局是指美国专利商标局（USPTO）、日本特许厅（JPO）和欧洲专利局（EPO）。
❷ London Economics. Patent Backlogs and Mutual Recognition［EB/OL］.［2015-02-08］. https://www.gov.uk/government/publications/patent-backlogs-and-mutual-recognition, page viii.
❸ 关于各工作共享项目的信息参见《专利局之间工作分担计划和用外部信息进行检索和审查》（WIPO/SCP/20/8）。

过签署双边或多边合作协议的形式所建立的一种跨境专利加快审查合作机制。❶

随着我国国家知识产权局（SIPO）对外 PPH 合作的不断拓展，越来越多的我国创新主体也开始使用 PPH 机制来加快其海外专利申请的审查进程。本文旨在对 PPH 机制的主要内容及其发展过程进行梳理和分析，并就如何有效利用 PPH 机制提出若干策略，以期为我国创新主体更加便利、快捷地实现海外专利布局提供借鉴。

一、PPH 机制及其发展与演进

根据 PPH 机制，如果一国/地区的专利局认为一件专利申请的至少一项或多项权利要求可授权，申请人根据专利局间的 PPH 协议，即可请求其他专利局就该申请的对应申请进行加快审查。PPH 本质是一种加快审查机制，使得一国申请人能够在另一国更快地获得专利，有助于海外获权。通过 PPH 机制，各专利局可以充分利用彼此的检索和审查工作成果，减少不必要的重复劳动，提高专利审查质量和效率，并使申请人快速、有效地获得授权。

迄今为止，全球共有 33 家专利局参与到了 PPH 合作网络中，各局共受理 PPH 请求 6 万余件。❷ 中国国家知识产权局（SIPO）自 2011 年 11 月 1 日与日本特许厅（JPO）启动 PPH 试点项目以来，相继与美国专利商标局（USPTO）、德国专利商标局（DPMA）、韩国知识产权局（KIPO）、欧洲专利局（EPO）等 20 个全球主要国家/地区专利局建立了 PPH 合作关系，我国 PPH 对外合作网络已初具规模。❸ 截至 2014 年 6 月 30 日，我国专利申请人已就 1 117 件专利申请向国外专利机构提出了 PPH 请求，PPH 以其高效、快捷、方便的优势，正在被越来越多的国内企业所认可和接受。❹

PPH 机制从概念提出到现在已有近十年时间，其内涵和外延愈趋丰富，形式日益多样，规则也不断细化，其发展与演进主要经历了以下几个阶段。

（一）概念提出：《巴黎公约》路径 PPH

PPH 概念最早由 JPO 与 USPTO 提出，两局于 2006 年 7 月 3 日宣布共同启动 PPH 试行项目，由于该项目仅涉及按照《保护工业产权巴黎公约》（以

---

❶ 万洋. 专利审查高速路机制的法律审思［D］. 武汉：华中科技大学，2013：5.

❷ 各 PPH 参与局信息及相关数据请参阅 http://www.jpo.go.jp/ppph-portal/index.htm（下载日期：2015 年 6 月 8 日）。

❸ 吴艳. 专利审查高速路对外合作网络助中国企业"走出去"［EB/OL］.［2015-06-10］. http://www.gov.cn/xinwen/2014-08/28/content_2741498.htm.

❹ 王康. 国知局：2014 年中国专利审查工作纪实（上）［EB/OL］.［2015-06-10］. http://www.nipso.cn/onews.asp?id=24763.

下简称《巴黎公约》）向两局递交的申请，PCT 申请（包括进入国家阶段的 PCT 申请）、临时申请、植物和外观设计申请、再颁申请和再审程序不可参与此项目，[1] 因此也被称为《巴黎公约》路径 PPH。

该项目的启动和成功实施奠定了 PPH 机制的基础，随后各专利局间的 PPH 协议基本沿用了该项目的理念，即申请人在多个国家提交相同或相近似的申请时，如果首次提交申请的专利局，即首次申请局（Office of First Filing，OFF）认为申请至少一项或多项权利要求可授权，只要其相关后续申请满足一定条件，包括两件申请的权利要求充分对应、OFF 工作结果可被二次或后续申请局（Office of Second Filing，OSF）获得等，申请人即可请求 OSF 加快审查对应的后续申请。[2]

（二）路径扩展：PCT 路径的引入

在初始阶段，只有《巴黎公约》路径的申请才能提出 PPH 请求，PCT 申请是不包括在 PPH 协议框架内的，这无疑限制了 PPH 机制的使用。因此各专利局在后续的 PPH 协议中尝试将 PCT 制度与 PPH 机制进行融合，并得到了世界知识产权组织（WIPO）的支持，WIPO 总干事 Francis Gurry 先生曾表示："对 PPH 和 PCT 的这种和睦关系表示欢迎"。在 PPH 协议中写入 PCT 包括以下两种情形：

1. 基于 PCT 国家阶段工作成果的 PPH

在该路径下，如果一件 PCT 国际申请，分别进入了两个或多个国家的国家阶段（包括 A 国和 B 国），只要 A 国专利局对该 A 国国家阶段的申请已经作出了具有可专利性/可授权的审查意见，申请人即可以根据两局间的 PPH 协议，利用该审查意见向 B 国专利局请求就 B 国国家阶段的申请进行加快审查。虽然该类 PPH 将"申请对应关系"的适用范围扩展到了 PCT 申请，但与上述巴黎公约路径 PPH 类似，都是以专利局所作出的国内工作成果作为 PPH 请求的基础，因此这两种情形也被统称为"常规 PPH"。需要注意的是，由于是以 PCT 申请作为对应关系的桥梁，因此在该路径下，即使首先作出国内审查结果的在先局并不是首次申请局也不影响在后续局提出 PPH 请求，"首次申请"原则的要求已经被淡化。

2. 基于 PCT 国际阶段工作成果的 PPH

2010 年初，EPO、JPO 及 USPTO 三局同意开展为期两年的 PCT-PPH 试点项目。根据该项目的要求，一件 PCT 国际申请，如果在国际阶段由国际检索单位或国际初审单位出具了一份包含可专利性/可授权意见的国际阶段的最

---

[1] 谢静，夏佩娟．美国和日本开通专利审查高速公路［J］．中国发明与专利，2006（8）．
[2] 桂林．我国专利审查高速路（PPH）项目情况介绍［J］．电子知识产权，2013（Z1）．

新工作结果（简称"国际阶段工作结果"），就能以这份国际阶段工作结果为基础向进行该申请国内/地区阶段审查的专利局提出 PPH 请求。❶ 此种途径的 PPH 与常规 PPH 相比最大的区别在于，将提出 PPH 请求的基础进行了扩展，"具有可专利性/可授权的审查意见"不再局限于专利局的国内工作成果，各局在 PCT 国际阶段的工作结果同样可以在 PPH 机制下被其他专利局所利用，❷ 因此该路径也被称为 PCT-PPH。

常规 PPH 最大的限制在于在先审查结果的可及性，即当申请人希望向某一专利局提出加速审查请求时，首次申请局或 PCT 申请其他国家阶段的指定局尚未作出审查结果，❸ 申请人就无法提供在先的可专利性/可授权的审查意见，而 PCT-PPH 则较好地解决了这一难题。当 PCT 申请进入国家阶段时，通常已经获得了国际检索报告及国际初审报告，而且申请人对该申请的市场前景也有了较为明确的评估，此时根据肯定性的国际阶段工作成果提出 PPH 请求，将能在最短的时间内帮助申请人进行专利决策，实现其市场目标。正如 Gurry 先生所说："在 PPH 安排中写入 PCT，为 PCT 申请人增加了一个有意义的层面和选择"。❹

（三）突破"首次申请"原则：PPH MOTTAINAI 模式

如前所述，"首次申请"原则和在先审查结果的可及性问题极大地限制了《巴黎公约》路径下的 PPH 请求，因此各专利局也开始尝试引入新的理念来解决这一问题。

JPO 自 2011 年 7 月 15 日起启动了名为 PPH MOTTAINAI❺ 的试点项目，参与者包括日本、美国、英国、加拿大、澳大利亚、芬兰、俄罗斯和西班牙八国的知识产权机构，该试点的核心内容就是放松了对于"首次申请"原则的要求。❻ 在该项目下，申请人只要收到了任一局的可授权意见，无论该局是

---

❶ 国际阶段工作成果包括：国际检索单位的书面意见（WO/ISA）、国际初步审查单位的书面意见（WO/IPEA）和国际初步审查报告（WO/IPER）。国家知识产权局专利局审查业务管理部. 专利审查高速路（PPH）用户手册 [M]. 北京：知识产权出版社，2012：16.

❷ 有的专利局也允许以其自身完成国际阶段工作成果为基础要求对其国内阶段的申请提出 PPH 请求。

❸ Potts Christopher. The Patent Prosecution Highway: A Global Superhighway to Changing Validity Standards [EB/OL]. [2015-06-20]. http: //ssrn. com/abstract=1959587.

❹ WIPO. 2011 年 WIPO 大会总干事的报告 [EB/OL]. [2015-06-10]. http: //www. wipo. int/export/sites/www/about-wipo/zh/dgo/pdf/dg_report_a49. pdf.

❺ MOTTAINAI 为日文词，其含义为当某个东西或者资源的内部价值没有被合适地应用时而觉得浪费的遗憾感。

❻ Clara N. Jimenez. PPH 2.0: Global Prosecution in the Fast Lane [EB/OL]. [2015-06-20]. http: //www. finnegan. com/files/upload/Newsletters/Full_Disclosure/2013/November/FullDisclosure_Nov13_Print. pdf.

OFF还是OSF，申请人都可以向其他局就对应申请提出PPH请求。不难看出，PPH MOTTAINAI已经突破了"首次申请"原则，只要申请之间具有对应关系，申请人就不仅可以用某一OSF的审查意见要求其他OSF进行加快审查，也可以用OSF的审查意见要求OFF进行加快审查。❶ 这意味着PPH请求的提出已经不再受限于申请提交的先后顺序，而仅仅取决于完成审查意见的先后顺序。各专利局也普遍开始用在先审查局（Office of Earlier Examination，OEE）和在后审查局（Office of Later Examination，OLE）的概念替代原有的OFF和OSF。PPH MOTTAINAI模式的引入使PPH机制对申请人更为友好，更有利于申请人实现"一局授权，多局加快"。❷ 需要注意的是，PPH MOTTAINAI模式仍基于专利局间的双边协议。

（四）PPH规则和合作模式的改变

1. 双边协议的合作模式

最初，PPH协议是基于双边协议的点对点合作模式，即PPH协议仅在两个专利局间生效，通常不涉及第三局。该原则的产生可能是基于专利局间对于彼此审查质量和效率的互信，只有具备较高互信水平的双方，才会承诺基于对方的工作成果进行加快审查。在较长的时间内，后续的PPH协议均采用了这种双边合作的模式，于是PPH的全球合作呈现出一种典型的网络式布局。但因为各双边协议对于申请适格性、权利要求对应性、文件提交、请求修改等方面的规定往往存有差异，PPH规则呈现出一定程度的"碎片化"，申请人在提出请求时必须了解各局PPH协议的不同要求和限制，这也给申请人使用PPH机制带来了一定的困难。❸

2. 五局PPH（IP5 PPH）和全球PPH（Global PPH）

虽然PPH MOTTAINAI模式的引入使得PPH请求不再受限于OFF的审查意见，但申请人仍需要考虑在先审查局（OEE）和PPH目的局（即在后审查局OLE）之间的双边协议情况，这仍为申请人使用PPH机制设置了限制。与此同时，随着PPH合作局的不断扩展，各专利局所需维护的双边PPH合作协议也越来越多，这给各局也带来了不小的工作负担。因此无论是从降低PPH规则差异性角度出发，还是为了减少各专利局维护双边协议的成本，人们开始日益关注PPH规则和合作模式的一体化。

---

❶ 赵晨. 专利审查高速路（PPH）的新发展［EB/OL］.［2015-06-10］. http://www.chinaipmagazine.com/journal-show.asp?id=1913.

❷ 国家知识产权局专利局审查业务管理部. 专利审查高速路（PPH）用户手册［M］. 北京：知识产权出版社，2012：163.

❸ 赵晨. 专利审查高速路（PPH）的新发展［EB/OL］.［2015-06-10］. http://www.chinaipmagazine.com/journal-show.asp?id=1913.

2014年1月，全球出现了两个由多个专利局参与的 PPH 合作协议，即中美欧日韩五局参与的五局 PPH 试点（IP5 PPH）和19个国家/地区的专利局参与的全球 PPH 试点（Global PPH，GPPH）。❶ 按照上述两个协议的规定，只要申请拥有相同的最早日（优先权日或者申请日），且协议的任意参与局已作出审查意见（无论是国内工作成果还是 PCT 国际阶段成果），指明该申请的权利要求具有可专利性，申请人即可用该审查意见为基础要求其他该协议的参与局就对应申请进行加快审查。❷ 此外，IP5 PPH 和 GPPH 的参与局无需与其他参与局单独签订双边协议，只要参与上述两个协议，即可与协议中的所有参与局开展 PPH 合作。

IP5 PPH 和 GPPH 的出现意味着 PPH 的合作方式不再局限于专利局间的点对点合作，而是扩展为多边合作的多元化模式。❸ 上述两协议均包括常规 PPH、PCT-PPH 和 PPH MOTTAINAI 模式，并通过设置一些"最低标准"的方式，在一定程度上提升了各局 PPH 请求规则的一致性。此外，若两个以上参与局经审查确定具有可专利性的权利要求保护范围不同，申请人还可根据其需要的保护范围在各局的审查结果中进行选择，并基于选择后的审查结果再向其他参与局提出加快审查请求。❹ 这些都为申请人使用 PPH 机制带来了更多的便利和策略选择。

回顾 PPH 的发展历程可以发现，随着 PCT-PPH、PPH MOTTAINAI 的逐步引入以及 IP5 PPH 和 GPPH 的出现，除"权利要求的充分对应"以外，包括"首次申请"原则等 PPH 初始阶段的一些限制或要求均得到了不同程度的放松，PPH 机制的便捷性和灵活性得到了显著的提高。

二、PPH 合作网络

截至2016年3月31日，中国国家知识产权局已与20个国家/地区签订了 PPH 合作协议。我局自2011年11月1日启动 PPH 试点以来，该项业务得以顺利推进。截至目前，我局已先后与日本、美国、德国、韩国、俄罗斯、丹麦等19个国家或地区的专利行政机构启动双边 PPH 试点合作；此外，通过五局合作机制由中美欧日韩五局共同达成的 IP5 PPH 试点也已于2014年1月启

---

❶ 美日韩三局同时参与了两个合作协议。关于 GPPH 的详细信息可参考 http://www.jpo.go.jp/pp-ph-portal/globalpph.htm（下载日期：2015年6月10日）。

❷ Paolo Trevisan. Experiences with the Patent Prosecution Highway (PPH) at the USPTO [EB/OL]. [2015-06-08]. http://www.jpo.go.jp/ppph-portal/events/2014%20USPTO%20presentation.pdf.

❸ 当双边 PPH 与 IP5 PPH 或 GPPH 并存时，申请人可优先选择 IP5 PPH 或 GPPH，因其适用范围更大，手续更方便。

❹ Nick Godici. The Patent Prosecution Highway [EB/OL]. [2015-06-08]. http://www.bskb.com/docs/PP-Highway-NG-32310.pdf.

动。至此，我局通过双边和五局合作机制与外局开展的 PPH 合作总数已达 20 个，PPH 对外合作网络已初具规模。

表 1 即为目前 SIPO 的 PPH 试点项目一览表。

表 1　SIPO PPH 试点项目一览表（截至 2016 年 3 月 31 日）

编号	项目名称	首次启动时间	合作类型	编号	项目名称	首次启动时间	合作类型
1	中日	2011.11.01	SIPO ⇌ JPO	12	中加	2013.09.01	SIPO ⇌ CIPO
2	中美	2011.12.01	SIPO ⇌ USPTO	13	中葡	2014.01.01	SIPO ⇌ INPI
3	中德	2012.01.23	SIPO ⇌ DPMA	14	中西	2014.01.01	SIPO ⇌ SPTO
4	中韩	2012.03.01	SIPO ⇌ KIPO	15	五局	2014.01.06	JPO / KIPO ⇌ SIPO ⇌ USPTO / EPO
5	中俄	2012.07.01	SIPO ⇌ ROSPATENT			
6	中丹	2013.01.01	SIPO ⇌ DKPTO			
7	中芬	2013.01.01	SIPO ⇌ NBPR	16	中瑞	2014.07.01	SIPO ⇌ PRV
8	中墨	2013.03.01	SIPO ⇌ IMPI	17	中英	2014.07.01	SIPO ⇌ UKIPO
9	中奥	2013.03.01	SIPO ⇌ APO	18	中冰	2014.07.01	SIPO ⇌ IPO
10	中波	2013.07.01	SIPO ⇌ PPO	19	中以	2014.08.01	SIPO ⇌ ILPO
11	中新	2013.09.01	SIPO ⇌ IPOS	20	中匈	2016.03.01	SIPO ⇌ HIPO

■常规 PPH，是指申请人利用在先申请局作出的国内工作结果向在后申请局提出的 PPH 请求。
▭ PCT-PPH，是指申请人利用有关 PCT 国际阶段工作结果向有关专利局提出的 PPH 请求。
■ PPH-MOTTAINAI：是指申请人利用在先审查局作出的工作结果向后审查局提出的 PPH 请求。
⇌ 两个局均接受此类申请，⟶ 所指向的局为此类申请的受理局。

三、使用 PPH 机制的好处

PPH 机制自出现以来一直朝着对申请人更加友好和易用的方向发展，其优越性也得到越来越多的肯定，具体来说申请人通过 PPH 机制可以获得以下好处：

（一）申请被加快审查，更迅速地获知审查意见

通常各国/地区专利局在决定专利申请的审查顺序时都遵循顺序审查的原则，即按照专利申请提交或者提出审查请求的顺序进行审查。例如美国《专利审查程序手册》中规定：对于一般的美国专利申请，应按照其美国有效申请日（effective U.S. filing date）的先后顺序进行审查，且除特殊规定外，不允许调整这样的先后审查顺序。❶ 而 PPH 请求一旦被通过，PPH 申请将在后续审查局得到一种类似于"插队"的待遇，即得到后续审查局的优先处理，从而能够更迅速地获知审查意见进而获得授权。以 USPTO 为例，其审查的平

---

❶ USPTO. MPEP (Manual of Patent Examining Procedure, E8R9) §708, 37 C.F.R. §1.102 (a).

均结案周期为 29 个月，而 PPH 申请从提出请求到结案的周期仅为 14 个月。❶ 这无疑能帮助申请人尽早就其发明得到完全的专利保护，降低被侵权的可能性，有益于申请人的市场开拓并尽快得到对其创新投入的回报，❷ 特别是在那些已经成熟且极易面临竞争对手侵权的技术领域。或是在电子、软件和信息技术等生命周期较短的技术领域。

（二）答复审查意见通知书次数减少，申请成本降低

由于 PPH 申请已在 OEE 进行了审查，并且申请的全部或部分权利要求已经得到了可授权的肯定性意见，而 OLE 需要审查的权利要求均需要与 OEE 可授权的权利要求充分对应，因此 OLE 的后续审查过程将被简化。这是由于申请人在 OEE 的审查过程中，已通过修改、意见陈述等方式克服了 OEE 的审查意见所指出的形式和实质缺陷，OLE 在审查时所要面对的通常是已经限定在合理范围中的权利要求和较为完善的申请文件，因此 OLE 的审查意见发文次数自然会减少。仍以 USPTO 为例，就其受理的 PCT 国家阶段申请而言，结案时的平均通知书发文次数为 2.4 次，而 PCT-PPH 申请的发文次数仅为 1.6 次。❸ 通知书次数的减少，意味着代理服务费和翻译费用减少，据 USPTO 统计，通过巴黎公约 PPH，平均每件申请可节约 7 907 美元的相关费用；通过 PCT-PPH，平均每件申请可以节约 10 591 美元。❹

另外，许多专利局为鼓励专利申请人应用 PPH 机制，不需要申请人缴纳任何额外费用即可提出 PPH 请求，❺ 并且大部分专利局还允许申请人使用机器翻译来翻译所需提交的部分文件，这也进一步降低了申请人的请求成本。

（三）申请审查结果的可预期性提高，被授予专利权的可能性增加

通过 PPH 机制，申请人可以对自己申请的审查结果有更明确的预期。如前所述，由于 PPH 申请的权利要求已经获得了 OEE 的认可，因而相比于非 PPH 申请而言，PPH 申请被授予专利权的可能性明显增加。在 USPTO，发明申请的平均授权率为 53%，而常规 PPH 申请的授权率为 87.9%，PCT-PPH 的授权率更高达 90.3%。❻ PPH 申请授权可预期性的提高，将帮助申请人更好的制定专利实施策略和后续的市场规划。

---

❶ 数据来源：http：//www.jpo.go.jp/ppph-portal/statistics.htm，下载日期：2015 年 6 月 8 日。
❷ 文家春. 专利授权时滞的延长风险及其效应分析 [J]. 科研管理，2012（5）.
❸ 数据来源：http：//www.jpo.go.jp/ppph-portal/statistics.htm，下载日期：2015 年 6 月 8 日。
❹ USPTO. The Benefits of the Patent Prosecution Highway [EB/OL]. [2015-06-08]. http://www.jpo.go.jp/torikumi/t_torikumi/pdf/user_pph_synpo.pdf.
❺ 仅有 KIPO 要求缴纳少量的 PPH 请求费。
❻ 数据来源：http：//www.jpo.go.jp/ppph-portal/statistics.htm，下载日期：2015 年 6 月 8 日。

(四) 审查质量较高，专利权更为稳定

PPH 机制下较少的通知书次数和较高的授权率并不是因为审查标准的降低，而是因为 PPH 申请权利要求数目和保护范围的缩小，以及通过申请人修改使权利要求更符合授权标准。实际上，PPH 机制有利于专利审查质量的提高。❶ 在 PPH 机制下，虽然 OLE 仍旧要对具体的 PPH 申请按照本国专利法进行实质审查或者履行其他的审查程序，❷ 但通过参考 OEE 的检索和审查成果，不仅能够减少 OLE 审查员不必要的重复工作，也使其对现有技术的检索更为准确和全面，进而提升其审查的质量，并使在后的专利授权更为稳定。此外，通过 PPH 机制，申请人在各专利局能获得比较一致的权利保护范围，也便于专利权的维护和行使，从而避免不必要的专利纠纷和争端。

总而言之，申请人通过 PPH 机制能以更快的速度、更低的成本在多个国家/地区的专利获得更优质的专利审查以及更稳定的专利授权。这不仅仅有利于 PPH 申请人的个体利益，也能促进各参与局所在国专利体系的健康发展，London Economics 曾估算，PPH 通过缩短世界范围内专利申请的审查周期，进而促进世界范围内的技术创新，最终可以带来 60 亿至 230 亿英镑经济效益。❸

四、基于 PPH 机制的跨国专利申请及纠纷应对策略

随着 PPH 参与规模的持续扩展，合作机制的日趋成熟，其快捷性和易用性也不断提高，我国申请人不仅可以考虑通过 PPH 机制缩短现有申请在各专利局的审查周期，更可以尝试将 PPH 作为跨国专利申请策略的有机组成部分，在专利申请之初就加以考虑，从而充分利用 PPH 的优势实现多元化的跨国专利布局，并依托专利储备有效应对与竞争对手的专利纠纷和争端。具体来说，申请人可综合考虑以下几方面因素来确定符合自身利益的 PPH 跨国申请策略：

（一）评估哪些申请需要使用 PPH 通道

为了更好地使用 PPH 机制，第一步应评估哪些申请需要使用 PPH 通道。首先，要考虑专利申请所涉及的技术领域。PPH 机制非常适于电子、软件和信息技术等生命周期较短的技术领域，医药这类通常对审查周期不敏感的技术领域而言，PPH 也有用武之地，例如受药品注册限制较少的原料药企业就

---

❶ 戴琳. 专利审查高速路（PPH）的发展状况与优势分析 [J]. 中国发明与专利, 2014 (7).
❷ 黄德海, 李志东, 窦夏睿. 中美发明专利申请加快审查程序比较研究 [J]. 2014 年中华全国专利代理人协会年会第五届知识产权论坛论文集（第一部分）.
❸ 朱雪忠, 郑旋律. 专利审查高速路对后续申请国技术创新的影响机制研究 [J]. 情报杂志, 2013 (1).

可充分利用 PPH 机制带来的好处。其次，要考虑申请拟覆盖的国家/地区专利局的审查效率和开展 PPH 合作的情况。❶ 申请人可选择审查较快的专利局作为 OEE，并通过 PPH 机制缩短在审查速度较慢的专利局（OLE）的审查周期；❷ 此外，各局的审查质量、在专利客体及其他实体授权标准方面的特殊要求等也可能对使用 PPH 带来影响。最后，要考虑具体申请的市场定位和商业机会，对于为配合海外产品上市或其他市场行为而需要尽快获得授权的申请，PPH 无疑是很好的选择。但对于更强调保护范围的核心专利，则需要考虑 PPH 权利要求对应性对保护范围的潜在限制。

（二）尽快获得 OEE 的审查意见

在确定需要借助 PPH 通道的申请后，就应考虑如何在 OEE 尽早获得可授权的审查意见，申请人可借助各局自由地加快审查制度以及 PCT 途径来实现这一目标：

1. 利用 SIPO 的优先审查制度

我国申请人首先可以考虑利用 SIPO 的优先审查制度。根据 2012 年 8 月 1 日起实施的《发明专利申请优先审查管理办法》，国家知识产权局根据申请人的请求对符合条件的发明专利申请予以优先审查，自优先审查请求获得同意之日起 1 年内结案。申请优先审查的条件是申请人应当启动实质审查程序，即发明专利申请限于已经公开、已经提出实质审查请求并缴纳实质审查请求费，并应提供由具备专利检索条件的单位出具的符合规定格式的检索报告等。❸ 通过申请优先审查，申请人可以在 1 年内即获得审查结果，如果结果具有可专利性，申请人就可以以此为基础，通过常规 PPH 途径向其他与 SIPO 有合作关系的专利局提出 PPH 请求。采用优先审查的一个好处是申请人需要首先向 SIPO 提交对申请的检索报告，这既有利于申请人更好地判断申请的授权前景，SIPO 在该检索报告基础上所作出的审查意见也更为全面，有利于申请人在 OLE 获得授权。❹ 但该制度也存在一定的弊端，申请人需要在 18 个月保密期结束前就提前公开自己的申请，这也可能对申请人的利益带来一定的损失。

---

❶ 例如是否参加了 IP5 PPH 和 GPPH 这种多边合作协议或者与哪些专利局建立了双边 PPH 合作。

❷ MMH. The Patent Prosecution Highway (PPH) — What Is It and How Can Your Company Take Advantage Of It? [EB/OL]. [2015-06-08]. http://www.millermatthiashull.com/inbrief/news_new/4/THE-PATENT-PROSECUTION-HIGHWAY.pdf.

❸ 关于该办法的具体要求请参阅：http://www.sipo.gov.cn/zwgg/jl/201310/t20131023_837456.html，下载日期：2015 年 6 月 8 日。

❹ 郑旋律，朱雪忠. 专利审查高速路影响后续申请局专利积压的机理研究 [J]. 情报杂志，2014（12）.

2. 利用其他专利局的加快审查程序

对于"PPH MOTTAINAI 试点",在中国国家知识产权局未参与该试点的情况下,中国申请人可以间接地利用该试点向海外提加快审查请求。例如,由于 USPTO 和 JPO 有 PPH 扩展试点双边协议,申请人在 SIPO 提交首次申请后,以该申请为优先权先后在 JPO 和 USPTO 提出后续申请,若 USPTO 审查确定申请具有可专利性,申请人可向 JPO 对相应申请提出加快审查请求。❶

在 PPH MOTTAINAI 模式下,即使申请人首先向 SIPO 递交申请,也可利用其他专利局(OSF)的审查意见作为 PPH 请求基础,并借助各 OSF 特有的加快审查机制来尽快获得审查意见。可利用的程序包括:USPTO 的加速审查程序(Accelerated Examination,AE)、Track 1 优先审查程序(Track 1 Prioritized Examination,Track 1),❷ JPO 的加快审查制度和快速信息发布策略(JP-FIRST)项目,❸ EPO 的加快审查(PACE)项目,KIPO 的快速审查制度(fast-track system),❹ 以及加拿大知识产权局(CIPO)的"特别订单"(special order)程序等。❺ 通过这一模式,申请人在 OLE 的选择上不需受限于 SIPO 的合作伙伴,并可以充分利用 GPPH 协议的便利性。

3. 充分利用 PCT 制度

申请人也可以考虑充分利用 PCT 国际阶段的工作成果。根据 PCT 实施细则的规定,申请人最早在优先权日起 9 个月时即可收到 ISA 的国际检索报告,最晚也不会超过优先权日起 16 个月。❻ 此时,申请人就可根据该检索报告的内容决定是否及何时启动国家阶段申请的加快审查。需要注意的是,根据 PCT 细则的规定国际检索单位可以对部分技术方案不进行检索,因此将无法就涉及这部分方案的权利要求提出 PPH 请求,此外如果作为 PPH 请求基础的 PCT 国际阶段工作成果的第Ⅷ栏记录有任何意见,申请人也需要注意 OLE 在 PPH 协议中对此项内容的要求。申请人在上述过程中也应及时和 OEE(包括 ISA 和 IPEA)的审查员沟通、加快答复的速度、缩短通知书次数,为在 OLE

---

❶ 国家知识产权局专利局审查业务管理部. 专利审查高速路(PPH)用户手册[M]. 北京:知识产权出版社,2012:165.

❷ 关于 USPTO 各加快审查程序的详细介绍,请参阅:黄德海,宋融冰,严恩薇,等. 美国专利申请加快审查程序:解决 USPTO 滞后审查的现行有效方式[J]. 电子知识产权,2014(1).

❸ 关于 JPO 各加快审查程序的详细介绍,请参阅:谭凯. PPH 与美日欧加快审查制度对比探讨[J]. 中国发明与专利,2012(1).

❹ 关于 EPO 和 KIPO 加快审查项目的详细介绍,请参阅:何艳霞. 国外专利加快审查机制及其对我国的借鉴研究[D]. 北京:中国政法大学,2010:15-22.

❺ Stephanie A. Melnychuk,David H. Takagawa,GPPH:More Than a Two Lane(Patent Prosecution)Highway[EB/OL]. [2015-06-08]. http://www.patentable.com/gpph-two-lane-patent-prosecution-highway/.

❻ PCT 实施细则 42.1 条规定:"制定国际检索报告或者提出条约第 17 条(2)(a)所述宣布的期限为自国际检索单位收到检索本起 3 个月,或者自优先权日起 9 个月,以后到期者为准。"

的后续 PPH 申请争取更多的时间。

（三）考虑适合 PPH 机制的权利要求保护客体和撰写方式

获得 OEE 的可授权审查意见后，申请人仍需进一步结合 OLE 的专利法和审查规则，明确适合在 OLE 提出 PPH 请求的权利要求保护客体和撰写方式。一方面，OLE 只是利用 OEE 的审查成果，因此如果 PPH 申请涉及 OLE 与 OEE 在专利制度上的差异点时，OLE 仍可能拒绝 OEE 已经授权的权利要求。另一方面，PPH 机制要求在 OLE 和 OEE 的权利要求应"充分对应"，但各 OLE 对"充分对应"的要求可能存有差异，因此申请人也需根据 OLE 的要求以合适的方式撰写权利要求。[1]

结　语

随着经济全球化下国际生产网络的持续扩张，产业链和价值链在各国间布局也日益复杂。面对这一形势，我国创新主体如希望在海外市场取得商业成功，有效且完备的专利布局无疑是"保驾护航"的利器。PPH 机制为跨国专利申请和布局提供了一条快捷便利的通道，我国创新主体可根据自己的商业目的和所能承担的成本，合理考虑各种可选途径或者渠道以充分利用 PPH 机制，从而以更快的速度、更低的成本获得更稳定的多国专利保护，为占领国际市场赢得先机。[2]

---

[1] Donna O. Perdue. Take The Patent Prosecution Highway To Save Time Money Patening The Same Invention In Different Countries [EB/OL]．[2015-06-10]．http://www.pillsburylaw.com/siteFiles/Publications/5A8C5DD74BA2BCFA44 E3FD07B4898F3A.pdf.

[2] 唐春，金泳锋．企业跨国专利申请程序及其使用策略研究 [J]．电子知识产权，2008（5）：25-29.